PROCESS CONTROL
DESIGN METHODS AND PRACTICES OF
GENERALIZED RESILIENT ARCHITECTURE

流程控制 广义韧性建筑的设计方法与实践

胡越 著

中国建筑工业出版社

图书在版编目（CIP）数据

流程控制：广义韧性建筑的设计方法与实践 = PROCESS CONTROL：DESIGN METHODS AND PRACTICES OF GENERALIZED RESILIENT ARCHITECTURE / 胡越著. —北京：中国建筑工业出版社，2023.6
ISBN 978-7-112-28848-9

Ⅰ.①流… Ⅱ.①胡… Ⅲ.①建筑设计—流程—研究 Ⅳ.①TU2

中国国家版本馆CIP数据核字（2023）第109156号

责任编辑：杨　晓
责任校对：姜小莲
版面设计：卢　超　张安翔　梁雪成（按姓氏笔画排序）

流程控制　广义韧性建筑的设计方法与实践
PROCESS CONTROL
DESIGN METHODS AND PRACTICES OF GENERALIZED RESILIENT ARCHITECTURE
胡　越　著
*
中国建筑工业出版社出版、发行（北京海淀三里河路9号）
各地新华书店、建筑书店经销
北京雅盈中佳图文设计公司制版
北京雅昌艺术印刷有限公司印刷
*
开本：965毫米×1270毫米　1/16　印张：38$^{3}/_{4}$　插页：40　字数：615千字
2023年6月第一版　2023年6月第一次印刷
定价：480.00元
ISBN 978-7-112-28848-9
（41275）

阅读说明

通过本书纸张的颜色，读者大致可以推测出书的内容由三部分组成，第一部分为本书的正文，第二部分为案例介绍和照片，第三部分为案例的技术图纸。作为一部建筑学的专著，读者可以根据纸张方便地找到各部分所在的位置。此三部分可以在一起阅读，也可以将后面的案例和技术图纸作为资料单独阅读。

书中列举了14种设计方法，在正文中设计方法被清楚地标出，并可以通过特殊的索引号方便地找到相应的案例。同时，在每个案例的第二页也有同样的索引号，帮助读者了解每个项目所采用的设计方法，并方便读者回溯到正文中关于方法的有关章节。

Cher Hu Yue, je suis très heureux de découvrir le livre qui résume les 20 années d'expérience architecturale de ton studio...

L'architecture est faite pour durer, pour témoigner, pas pour être abandonnée ou démolie. L'architecte a la responsabilité de faire des bâtiments qu'on a le désir de conserver. La question du développement durable est celle d'intégrer le plaisir durable pour que le témoignage demeure. Je suis donc tout à fait d'accord avec ta notion de développement durable qui caractérise ton travail.
Je garde de très bons souvenirs de notre collaboration sur l'interminable projet de NAMOC...

Jean Nouvel

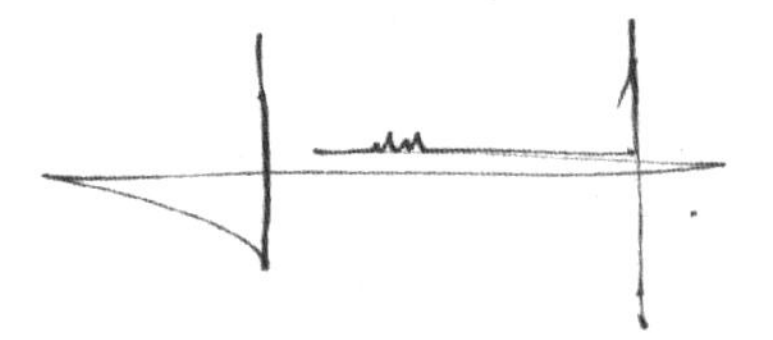

亲爱的胡越，我非常高兴地发现了这本汇集了你和你的工作室20年建筑实践的书……

建筑是为了持久、为了见证而被建造起来的，不是为了被遗弃或者拆除。建筑师有责任建造让人愿意保留下去的建筑。可持续发展问题是一个将可持续的快乐融入其中的问题，为了让见证得以延续。我因此非常认同在你的工作中所体现出的可持续发展的建筑观。

我始终保留着我们一起工作的、永无止境的中国国家美术馆的美好回忆……

让·努维尔

目录
Contents

正文 Essay

1

胡越 著
建筑设计
流程的转变
Changing in Architectural
Design Processes
建筑方案设计方法变革的研究

图 1

流程控制：广义韧性建筑的设计方法与实践

本书的主要内容是介绍胡越工作室成立20年来在流程控制上的实践，因此我们只对流程控制的概念和理论框架进行简要的介绍。本书涉及的建筑设计流程结构和流程图直接采自《建筑设计流程的转变》[1]（图1），为了在实践中尽量减少信息量，本书我们主要针对流程图第四层级中的方案设计部分进行控制（图2）。根据流程结构图，方案设计阶段主要包括设计输入、内部作业、设计评价、设计输出、设计确认五个内容。考虑到设计确认主要是业主的工作，因此这里我们主要针对四个内容进行控制。

一、理论建构

1　概念

何谓流程控制？顾名思义即对建筑设计流程进行控制。从类型上看，这个问题属于设计方法论的问题。建筑设计有普遍可以遵循的方法吗？对这个问题的回答是建筑设计方法论的首要任务。建筑师作为一个古老的职业，在漫长的历史演变过程中形成了在一段时间内相对稳定的约定俗成的设计方法，答案似乎是肯定的。但建筑设计不同于其他工程设计，拒绝普遍的、一般的设计是现代建筑设计师的共同价值追求。由此可见，建筑师又渴望一种个性化的设计方法。

在这种看似矛盾的状态下，设计方法的研究是否还有意义？答案同样是肯定的。虽然发展一种普遍适用的设计方法，并不是现代主义建筑的内在需求，然而对普遍存在的设计流程的研究，有助于理解建筑设计的内在逻辑，并可以基此发现产生广义韧性建筑的方法论基础。由此我们可以看到，在思维黑箱之外，还有在创作中起重要作用的可以被观察和研究的设计流程留待我们去发现。它的价值不是去发现普适的规则，而是去激发我们对设计方法的认识，以批判的立场审视现代主义建筑的问题，发掘传统设计方法的精髓，特别是寻

[1]《建筑设计流程的转变》胡越著，中国建筑工业出版社，2012

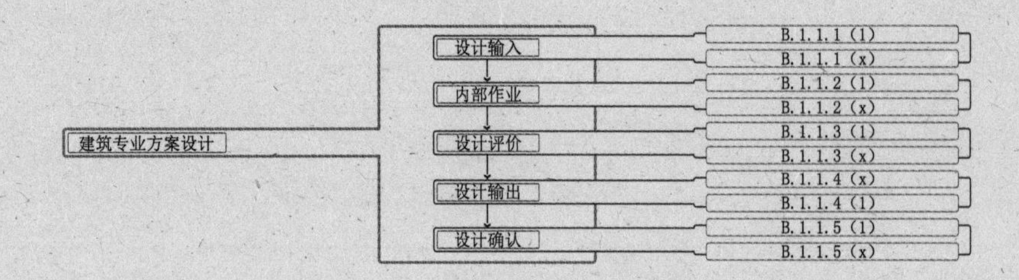
建筑专业方案设计
设计输入
内部作业
设计评价
设计输出
设计确认
B.1.1.1（1）
B.1.1.1（x）
B.1.1.2（1）
B.1.1.2（x）
B.1.1.3（1）
B.1.1.3（x）
B.1.1.4（x）
B.1.1.4（1）
B.1.1.5（1）
B.1.1.5（x）

图 2

找产生好的建筑的设计流程并将其应用到设计流程控制当中，从而实现广义韧性建筑。
建筑设计流程也可以叫作建筑设计过程，是指在一个时间段，一个行政区内相对固定的设计过程节点的有序组合。它主要受下列因素约束：地方行政部门审批建筑工程的外部流程和建筑行业约定俗成的内部设计流程。鉴于设计方法的多义性，我们把设计方法论的研究对象主要聚焦在相对具有普遍性的设计流程上。对设计流程的控制主要指建筑师主动的对设计流程的必要环节进行研究，并有针对性地对该环节进行控制。对流程的控制需要设计方法的支撑，并在设计实践中应用。
需要特别强调的是，流程控制不追求对流程进行全面控制，原因是流程控制需要给感性的设计留有余地，充分尊重传统设计的价值并适度地予以干预是我们需要做的。

2　流程控制的目的

流程控制的目的是为实现“广义韧性建筑”提供设计方法。

3　什么是广义韧性建筑

随着全球气候变化对人类生存环境负面影响的加剧，可持续的建筑设计正在成为显学。
实现可持续的建筑主要包括三个方面：
1）节省能源，指建筑在全生命周期中能耗低，能源利用效率高；
2）节省资源，指建筑在全生命周期中消耗自然资源少；
3）环境友好，指建筑在全生命周期中对自然环境的破坏小。

从建筑的全生命周期来看，可以分成两个时段：一个是建筑的建造时段，另一个是建筑的运营和使用时段。建筑在建造过程中的问题相对比较简单，但在建筑的运营和使用过程中问题则非常复杂。这里需要注意的是，可持续建筑在理论上如果可以把全生命周期

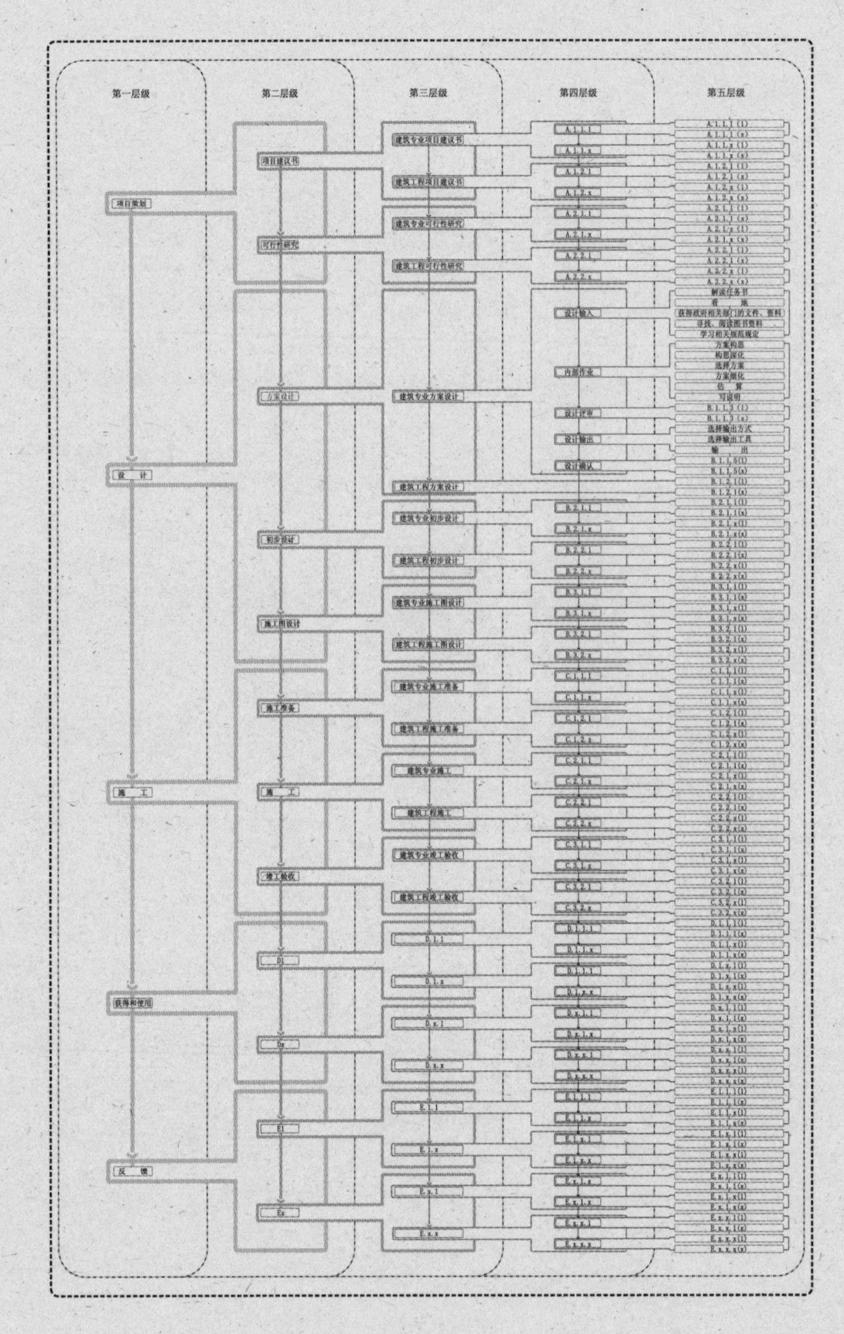
第一层级
第二层级
第三层级
第四层级
第五层级
项目策划
设　计
施　工
获得和使用
反　馈
项目建议书
可行性研究
方案设计
初步设计
施工图设计
施工准备
施　工
竣工验收
建筑专业项目建议书
建筑工程项目建议书
建筑专业可行性研究
建筑工程可行性研究
建筑专业方案设计
建筑工程方案设计
建筑专业初步设计
建筑工程初步设计
建筑专业施工图设计
建筑工程施工图设计
建筑专业施工准备
建筑工程施工准备
建筑专业施工
建筑工程施工
建筑专业竣工验收
建筑工程竣工验收
设计输入
内部作业
设计评审
设计输出
设计确认

图3

中的所有的变化都用能耗去衡量，那么就可以认为可持续建筑就是一个工程技术问题。然而我们知道，建筑起源于审美，只有人们对构筑物提出了审美需求，它才会被称为建筑。因此建筑问题不是纯粹的技术问题，在可持续的设计中，忽视审美、心理、文化的因素是片面的。比如一件东西，是生活必需的，但你不喜欢它，用得不仔细，很快就坏掉了。同样的东西你喜欢它，用得很仔细，它就能长时间发挥作用。由此可以看出仅仅结实、好用并不能够使一件东西长久发挥作用。另外，一个建筑在全生命周期中能够可持续，还必须能够应对持续变动的外部环境。
让建筑在全生命周期中能够全面地、高效地应对经济、技术、社会的变化，此类建筑我把它称为“广义韧性建筑”。那么什么是“全面地、高效地应对”？这里主要指建筑物建成后能够较好地适应各种变化，较少进行大的修改和变动。

广义韧性建筑借鉴了韧性城市这一概念，韧性城市主要指经受自然灾害冲击后能自行恢复其正常功能的城市。它主要将问题聚焦在城市的防灾能力上，主要面对的是规划学和工程学的问题。而广义韧性建筑则将这种韧性能力扩展至迎接全方位的挑战，即建筑在全生命周期内应对各种变化时，可以较少改变或不改变。广义韧性建筑是从更广泛的角度进行研究的可持续建筑，它主要将问题聚焦在建筑的应变能力和弹性上，主要面对社会学、心理学和工程学的问题。

4 实现广义韧性建筑的可能性

首先我们可以确信的是广义韧性建筑是真实存在的。可以粗略地认为现在还在发挥作用的老建筑都符合广义韧性建筑的标准。那些我们珍视的，不仅仅作为文物被保留的，而是在我们的日常生活中发挥着作用的老建筑即属于这个范畴。但是这样的定义未免显得粗糙和缺少可操作性，然而如果我们把广义韧性建筑仅仅纳入当代工程技术的语境下，仿效韧性城市的技术路径进行研究则会面临许多问题。

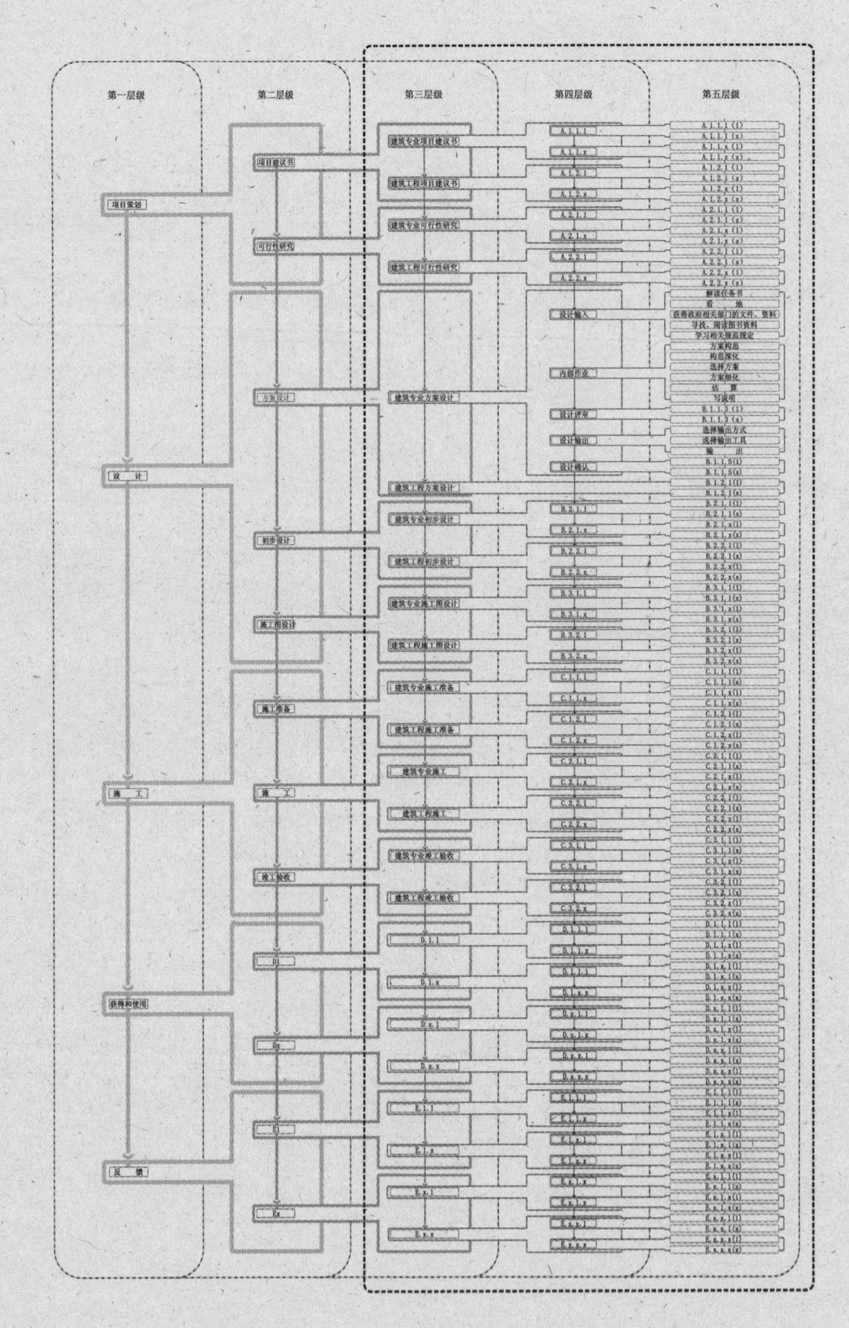
第一层级
第二层级
第三层级
第四层级
第五层级
项目策划
设　　计
施　　工
获得和使用
反　　馈
项目建议书
可行性研究
方案设计
初步设计
施工图设计
施工准备
施　　工
竣工验收
建筑专业项目建议书
建筑工程项目建议书
建筑专业可行性研究
建筑工程可行性研究
建筑专业方案设计
建筑工程方案设计
建筑专业初步设计
建筑工程初步设计
建筑专业施工图设计
建筑工程施工图设计
建筑专业施工准备
建筑工程施工准备
建筑专业施工
建筑工程施工
建筑专业竣工验收
建筑工程竣工验收
设计输入
内部作业
设计评审
设计输出
设计确认

图4

4.1 韧性城市的设计策略

目前韧性城市已经建立了基本的理论框架、可行的评价体系以及设计和实施策略。其技术路线为：定义概念、确定特征、建立评价体系和具体评价内容、制定评价指标、确定定性及定量评价内容、确定评价方法、根据评价结果对设计进行修正。从设计流程看，这个技术路线主要是对规划方案进行科学的韧性评估。

4.2 广义韧性建筑面临的问题

从设计流程的角度分析韧性城市的技术路线，不难发现在设计流程的四个阶段：设计输入、内部作业、设计评价、设计输出中，设计输入阶段输入的数据较干净，已经发生的自然灾害有大量的、准确的数据，可以为灾害建立可信的数学模型，城市在减灾工程学上可以在输入数据和设计输出之间建立明晰的逻辑关系；在内部作业阶段有明确的、普遍的设计方法可以遵循；在设计评价阶段可以进行量化的设计评价。但广义韧性建筑设计流程的各个阶段与韧性城市比情况则远为复杂。

4.2.1 评价标准

首先在确定什么是广义韧性建筑时，必然面临如何确定评价指标的问题。显然在确定指标之前我们必须认识到指标可以分成两大类：工程学的和非工程学的。工程学的部分可以借鉴韧性城市的评价体系进行适应性修改，而非工程学的问题特别是社会学、心理学的问题则是关键。在时间维度上，建筑在建造过程中的问题主要聚焦在工程学上，即施工工法和建筑材料两方面。这一时间段的问题较易控制，也是广义韧性建筑重要的研究内容。但那些非工程学的问题关乎人类情感和社会，不能简单地采用工程学的策略。

4.2.2 感性因素

人类对思想和意识现象的研究还处于初级阶段，我们对人类情感、审美等问题进行形式

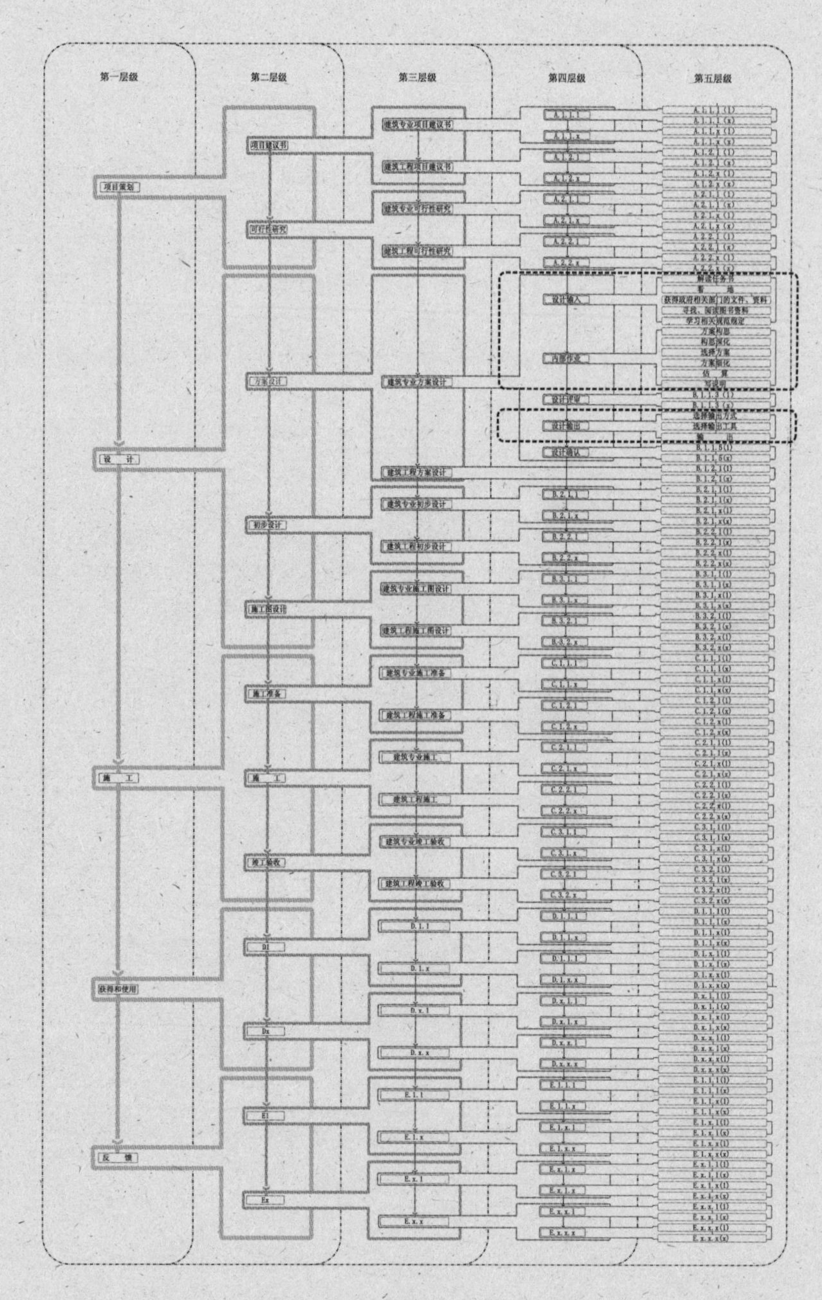

图 5

化、科学化的表达还有很长的路要走。因此将科学的、工程学的方法应用到广义韧性建筑的情感类问题上还为时尚早。

4.2.3 效率和美好的平衡点

同时我们也必须认识到，建筑物在其全生命周期中能够高效地应对各种变化的冲击取决于效率即工程学的问题，同时也取决于人的情感问题即美好的问题。而且这两个问题并不是彼此孤立的，而是相互影响的。因此广义韧性建筑必须是效率和美好平衡的建筑。简单的效率优异或优美的建筑未必能够长期存续，高效运作。

4.2.4 未来预测

韧性城市的设计输入是基于对已经发生的数据的记录和总结，且在可以预见的未来相似的事件还会发生，因此数据是近似可靠的。但对于广义韧性建筑的设计输入来说，未来是无法预测的，因此设计输入也变得不可能。

由此可见，广义韧性建筑在设计输入时数据庞杂、数量大，其中含有大量社会、情感、心理的问题无法量化表达。数据不干净。根据过去经验形成的数据无法准确预见未来。另外在问题整理上，各数据之间很难建立清晰的关系和普遍有效的权重。内部作业中起决定作用的仍然是直觉的、感性的、个人化的，因此无法在设计输入与设计输出之间建立逻辑关系。也无法形成普世的理性设计方法。在设计评价阶段，很难形成具有普遍意义的评价标准。

4.3 解决难题

4.3.1 方法转向

沿用一般工程学的思路解决广义韧性建筑的问题显得困难重重，我认为我们不妨换一个思路来考虑这个问题。既然广义韧性建筑面对着远比工程学复杂得多的问题，那么我们

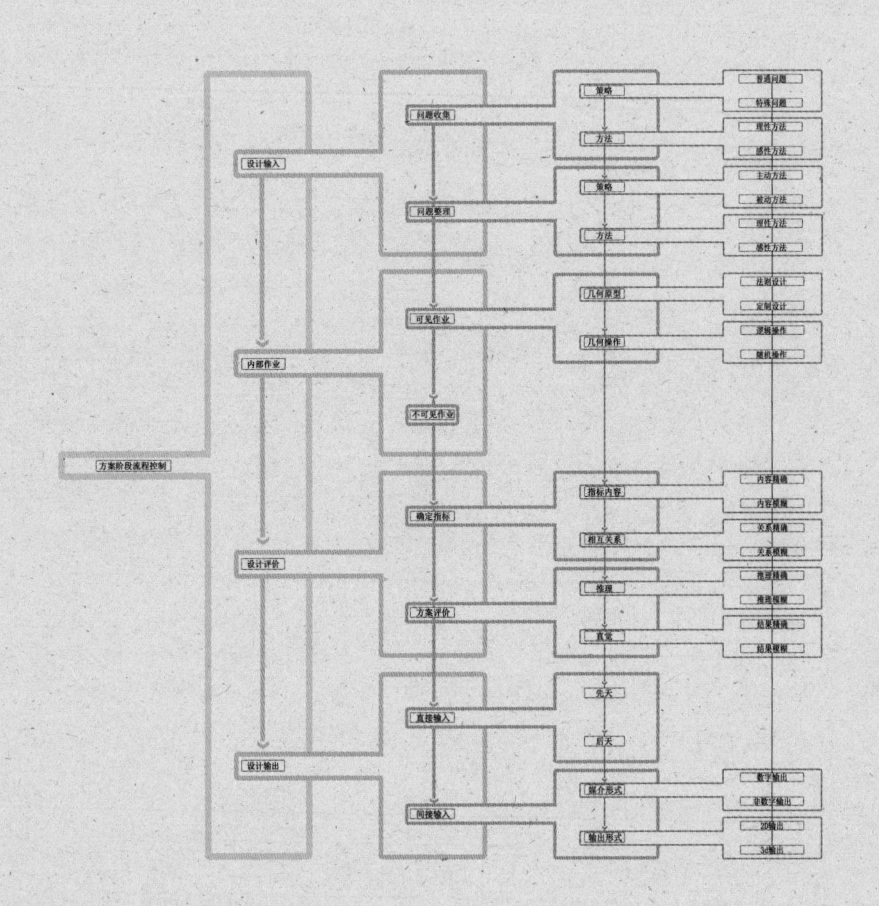

方案阶段流程控制
设计输入
内部作业
设计评价
设计输出
问题收集
问题整理
可见作业
不可见作业
确定指标
方案评价
直接输入
间接输入
策略
方法
策略
方法
几何原型
几何操作
指标内容
相互关系
推理
直觉
先天
后天
媒介形式
输出形式
普通问题
特殊问题
理性方法
感性方法
主动方法
被动方法
理性方法
感性方法
法则设计
定制设计
逻辑操作
随机操作
内容精确
内容模糊
关系精确
关系模糊
推理精确
推理模糊
结果精确
结果模糊
数字输出
非数字输出
2D输出
3d输出

图6

就需要从一个更全面的角度去分析问题。根据普遍的经验，一件东西能够长久留存并持续发挥作用的原因，显然除了效率的因素外，还有强大的心理因素在起作用。一件兼具效率和美好的东西才是值得珍视的，能够长期使用而不被轻易改变或抛弃。而这同样也是广义韧性建筑的禀赋。由此可以推断兼具美好和效率的建筑应该具有下列特征：美观、安全、耐久、适用、灵活、经济……显然可以继续加下去。另外还必须认识到上述特征彼此之间是相互矛盾的，某一方面的好可能带来其他方面的问题，因此需要各种特征的平衡发展，但找到这个平衡点则更加困难。
如果我们重新审视历史上留下的诸多优秀的建筑遗存，我们会发现能够长久保留下来的并持续发挥作用的那些遗存都具有许多共同的特征。但找出这些具有普遍性的特征并非易事，另外简单地把这些特征复制到当代建筑上的想法也过于幼稚。通过研究我们发现产生这些优秀建筑的设计方法对当代建筑设计具有巨大的借鉴作用。这里我还要特别强调一点，这个关于方法的研究显然对大量建造的普通建筑更有意义。

说得直白些，与其纠缠于具体的建筑特征的甄别，不如转向研究产生这些特征的建筑设计方法。当然这里并不是要否定其他的方法，而只是强调通过研究各时代产生优秀建筑的设计方法并将其纳入现代流程控制中来，也是一条可行的路径。

4.3.2 两条路径

仔细想来，研究设计方法也并非易事，因为建筑师的设计方法并不是可以被全部直接观察到的。同时建筑设计方法本身也存在着诸多问题。
借鉴韧性城市的技术路线，我们提出两种针对广义韧性建筑的技术路线：
第一种采用与韧性城市相同的技术路线，在建筑设计流程中增加韧性评估环节以便对设计进行修正。

图 7

第二种采用改变策略的方式，对设计流程进行控制，使改进的设计流程能够有利于产生广义韧性建筑。

显然孤立地采用任何一种路径，都不能全面地解决广义韧性建筑的问题，需要在不同的阶段采用与之相适应的路径。目前我们认为在解决广义韧性建筑建造过程中的问题时主要采用第一种路径，在解决广义韧性建筑建成后全生命周期中的问题时主要采用第二种路径。采用上述策略的原因是在应对建筑建成后全生命周期中的问题时，由于面临的问题过于复杂和庞大，现有的理性方法尚无法胜任。

二、流程控制

5　设计变革与流程分析

5.1　设计流程和设计变革

建筑设计是人的一种创造性活动，人们在漫长的历史中通过不断的实践逐渐形成了一种相对稳定的设计流程，但随着设计变革的出现，设计流程也在不断地变化。从历史的角度看，设计流程的转变忠实地记录了设计的重大变革。然而对设计流程进行专门的研究则肇始于现代西方，其历史极为短暂。对我们可以控制的设计流程中的环节进行研究和控制，将成为一种解决当代建筑危机的有效手段。我们都知道建筑设计往往建立在个人的经验之上，主要是感性的和凭直觉的。在建筑发展的历程中随着人类社会重大的社会分工的出现，建筑设计也出现了两次重大的分工，第一次是职业建筑师的出现，第二次是专业工程师（结构、水、暖、电）的出现。在这两次重大的分工中特别是第二次分工，已经将可以理性化的设计内容从建筑师的工作中分离出去了。因此建筑师的工作内容更像一个艺术家，然而建筑作为实用美术的一种，工程学在其中发挥着重要的作用。这难免使现代的建筑师有些尴尬，一方面我们固守着作为艺术创作的核心价值，同时又

图 8

在从事着大量的工程实践。在这种矛盾的状态下，建筑师的设计方法受到了来自行业内外的广泛质疑。于是渴望对建筑设计方法进行改革的专家学者在20世纪60年代掀起了一场现代设计方法运动。在西方思想传统的影响下，对理性设计方法的推崇成为这场运动的最明显的特征。但人们很快发现，在建筑设计中简单搬用从工程学借来的理性方法，不能解决建筑设计面临的问题。

5.2 流程分析

从上述简单的历史回顾我们可以看到，符合历史发展规律的重大变革和现代设计法运动带来的理性设计尝试同样在设计流程上产生了较大的变动，但结果却非常不同。如果我们从设计流程控制的角度分析，可以看出前两次重大变革在流程图上表现为层级的增加（图3、图4），而理性设计在流程图上表现为第四层级的各环节在第五层级的调整（图5），主要体现在设计输入和内部作业两个环节。具体来说就是采用科学的方法收集设计问题，用科学的方法进行问题整理，用逻辑的方法对设计成果进行推导。

接下来让我们通过对设计流程的分析，看一下传统建筑设计和现代建筑设计普遍使用的方法在流程上有哪些特征。

首先分析设计输入。在问题收集上传统建筑主要采取了专注于普遍问题，弱化对特殊问题的挖掘的策略。表现在成果上是不追求绝对的个性化风格、工法以及材料运用。在现代主义建筑崇尚高级定制的价值观主导下，必然将收集问题的注意力集中在每个项目的个性化问题上，而前现代的设计方法主要以工艺传承和按传统法则进行设计，因此不需要过多挖掘项目面临的特殊问题，同时长期形成的法则主要在于解决某个时代、某个地域的普遍性问题。传统建筑设计和现代建筑设计普遍使用的方法在收集问题的方法上采取感性的方法。在问题整理上主要采取被动的策略，在方法上采取感性的方法。我认为

图9　图10

传统设计方法在设计输入上最有价值的是专注于收集设计的普遍问题。

传统建筑设计内部作业的可见作业部分，在几何原型上采用法则的策略，不追求每一个项目上的原始创新，而是采用成熟的工艺传承的套路获取几何原型。几何操作采取逻辑的法则性的方法进行几何操作。现代主义建筑的高级定制策略则导致在几何原型的来源和几何操作两方面都必须寻求特殊性，即在几何原型来源上提倡个性化，而在几何操作上提倡个人的独特的方法，而以法则性设计为主的传统建筑则恰恰相反。

6　为什么通过控制设计流程可以产生广义韧性建筑

在这里我提出了一个观点，即通过控制设计流程可以产生广义韧性建筑。

首先，建筑设计流程是在一个时间段、一个行政区内建筑师普遍遵循的设计过程，它具有普遍性，且相对稳定。它不是建筑师刻意设计的结果，而是约定俗成的制度。这些特征在以创意、个性化为价值取向的建筑学领域显得极为重要。

其次，建筑设计流程的转变忠实地反映了建筑设计的变革。这些在我的《建筑设计流程的转变》一书中有详细论述，这里就不赘述了。由此出发，我们可以相信通过控制或改变设计流程也可以深刻地改变建筑设计的结果。然而我们已经谈到，建筑设计流程不是建筑师的创意，人为改变的设计流程在建筑设计的特殊生态中是否会被建筑师普遍接受和遵循，是一个必须优先考虑的问题。因此我想在这里特别强调，控制设计流程特别是局部改变设计流程必须和行政管理紧密结合才会有效，同时我们也必须认识到，广义韧性建筑的诉求具有普遍的社会基础，通过专业内部和行政管理的共同努力，对设计流程的适应性改变是能够被大家普遍遵守的。

实践证明通过对设计流程的控制并结合行政管理的需求可以对设计输出产生巨大的影响。例如过去没有节能设计的流程，随着绿色建筑理念的深入，在设计流程中增加了节

图 11　图 12

能设计的相关环节，同时结合行政审批的要求，由此极大地改变了设计输出的内容。此类的例子还有很多，在这里就不一一列举了。

在设计流程的四个阶段中，内部作业仍然是“黑箱”，而设计输入、设计评价和设计输出具有很高的研究价值。特别是设计输入对设计成果的影响巨大，已经成为我们研究设计方法的主要抓手。在通过城市设计消解“定制设计的困境”[1]的同时，如何在现有的大环境下，积极减少传统设计方法的局限就成为我们对设计输入开展研究的主要目的。建筑师在设计的过程中并不是在厘清所有的设计条件后再进行方案构思，而是在解读设计问题的同时即开始进行原始构想，而对设计问题的取舍伴随着原始构想并成为设计的一部分，因此设计问题的选择已经带有了强烈的价值观和个人经验，所以对设计问题本身的探讨实际上也是对设计进行研究。为了消解传统设计中的盲目性、随意性，系统地梳理建筑设计中具有普遍意义的设计问题成为我们最为重要的工作内容。

显而易见的是，设计流程控制可以改善工程类的问题，可以改善设计质量，控制好施工质量，也可设计出广义韧性建筑。

7　技术路线

通过上面简单的分析，我们可以发现传统的设计方法、现代建筑普遍的设计方法以及现代设计法运动倡导的理性设计方法在流程控制上的不同侧重。为了通过控制设计流程产生广义韧性建筑，我们通过设计实践，总结出了下列设计流程：

1）在建筑设计流程结构图的基础上形成流程控制图（图6）；

2）根据流程控制图确定控制内容；

3）确定控制强度；

4）根据控制内容提出相应的设计方法；

5）在实践中运用设计方法设计建筑。

[1] 关于定制设计的困境的详细内容见《建筑学报》2011 年 3 月笔者写的同名文章

图 13

这里需要重点强调的一点是，流程控制首先需要把建筑分成两种类型：一种为重要建筑，另一种为普通建筑。分类需要在分级的城市设计中[1]予以确定。在分级的城市设计中最高一级应归入重点建筑，其余各级应归入普通建筑。普通建筑中的各个级别，可以在控制强度上予以区分。

流程控制除去分类外，还要确定控制内容和控制强度。重要建筑原则上不要求进行流程控制，建筑师需根据具体情况灵活掌握。

7.1 在建筑设计流程结构图的基础上形成流程控制图

流程控制图以建筑设计流程结构图的第四层级为主建立。四个基础步骤是：设计输入、内部作业、设计评价、设计输出。在四个基础步骤下设立次级结构。次级结构的内容是基于流程控制的需求提出的，主要的来源有：对优秀历史建筑的设计流程分析；对现代建筑普遍采用的设计流程的分析；对现代设计法运动提倡的理性设计的流程分析。根据这三个分析确立了流程控制图的三层次级结构。

7.2 根据流程控制图确定控制内容

根据建筑设计流程结构的理论[2]，流程结构的主要特征是横向的层级和纵向的流程。在最后一个层级上设计流程体现出具体的设计步骤，相应地减少了普遍性。根据统计，目前第四层级能够体现设计流程的普遍性，因此我们控制的主要对象是建筑设计流程结构的第四层级。

基于广义韧性建筑面临的复杂问题，流程控制必须是综合地结合工程学的和非工程学的方法进行。其主要控制的内容包括：

1）设计输入中问题收集部分的普遍性问题；

2）问题收集方法的理性和感性的同步控制；

[1] 分级的城市设计指的是在城市设计中加入一个分级控制的设计导则，导则将设计范围内的建筑按重要程度分级，并用一些控制项分别对建筑进行控制，等级最高的建筑控制项最少，等级最低的建筑被所有项目控制。

[2] 建筑设计流程结构的有关内容见《建筑设计流程的转变》，中国建筑工业出版社，2012

图14　图15

3）问题整理部分的主动策略；
4）问题整理方法上的理性与感性的协同控制；
5）内部作业的可见作业部分的几何原型的法则建立问题；
6）几何操作部分的逻辑问题。

值得注意的是流程控制图中未进行控制的内容，不代表其是被放弃的内容，而是让它们保持原来的状态，继续发挥积极的作用。
在控制设计输入的过程中我们把它分成两部分来控制。一部分是问题收集，另一部分是问题整理。

7.2.1 问题收集

问题收集又可以分成两部分，策略和方法。
策略是指问题收集中采用的策略，一种是注重收集普遍性问题，另一种是注重每个项目的特殊性问题。平时大部分设计师都采取第二个策略，即比较注重收集项目的具体问题。我们主张的是，设计师应该在收集特殊性问题的同时，更加注重收集普遍性的问题。普遍性的问题会随着时间地点的变化有所变化，仔细研究哪些是我们这个时代主要面临的普遍性问题，对设计广义韧性建筑非常重要。
方法指收集问题的两种方法：理性的方法和感性的方法。理性方法主要指采用科学的、工程学的收集信息的方法，是研究的重点。理性方法注重信息收集的准确性、客观性，提倡利用科学的工具和手法。感性方法指传统的信息收集方法。

流程控制在这部分的主要工作内容：收集普遍问题；优化问题的收集方法。结合我们的实践，我们在收集普遍问题时主要聚焦于下列七个问题：

图16　图17

1）定制设计；
2）不确定性；
3）建筑与环境的矛盾；
4）公共空间的缺失；
5）建筑与专业的不和谐关系；
6）忽略材料的建筑学意义；
7）可持续建筑的建筑学策略的缺失。

7.2.1.1 定制设计

“定制设计”一词借用自服装设计，主要指在大量建造的普通建筑的设计时，现代主义建筑提倡一种类似服装设计中的高级定制设计。我认为现代建筑设计提倡全面采用定制设计是危险的，建筑设计应向服装设计学习，大量建造的建筑应放弃定制设计的方法，定制设计应在很小的范围中进行，应该为大量建造的建筑制定规则和法式，而制定规则应从城市设计开始。

7.2.1.2 不确定性

中国经济的快速发展和剧烈的社会转型，导致一个时期粗放型的发展路径，对于建筑来说表现在建设前期缺乏缜密的策划，中期、后期频繁修改设计；在设计时预设好的定位由于外部环境迅速变化，导致建成后或使用一段时间后，原有定位已无法适应变化，这种变化虽然在我国表现得比较突出，但并不是我国特有的问题，而是具有世界普遍意义的问题。面对激变的社会，作为具有相对稳定的属性的建筑，需要建筑师用高度韧性的设计来应对。

7.2.1.3 建筑与环境的矛盾

建筑与环境的矛盾是现代主义建筑面临的普遍性问题。主要问题是：巨大尺度的个体建

图 18

筑与传统城市格局上的冲突；大体量人工建筑对自然环境的破坏；非人尺度的建筑对人的心理需求的漠视。

7.2.1.4　公共空间的缺失

从宏观的角度看，中国建筑的问题更多地聚焦在城市问题上，从建筑学的维度来看，只注重规划的技术实施，忽略甚至放弃人性化设计和对审美的追求是设计观念上的重大失误，表现在物质层面就是城市公共空间在设计上的缺失。我们的大部分城市公共空间，特别是道路，都是技术实施的副产品，而不是主动设计的结果。

7.2.1.5　建筑与专业的不和谐关系

在西方现代科学技术出现之前，建筑设计和专业设计一直是一个有机的整体，但随着现代技术的出现，建筑设计的分工日渐精细化，职业工程师的出现彻底改变了建筑师的职业特征，这一方面有利于对专业进行科学的量化的设计，另一方面也使建筑师和专业工程师产生了二元对立的关系。这种关系致使建筑和专业变得不和谐，而大量建造的普通建筑由于两个专业价值观的对立，使建筑和专业更加互相掣肘，这一点在中国建筑中表现得极为突出。

7.2.1.6　忽略材料的建筑学意义

如果把建筑看作是用建筑材料构筑空间的过程。这也从一个侧面显示了材料在建筑设计中的重要地位，然而随着建筑材料成为一个专门的领域，建筑师逐渐丧失了对材料的准确把握能力，加之中国建筑行业某些制度设计迫使建筑师的材料把握能力进一步下降。在中国以材料作为建筑创作主要抓手的建筑师寥寥无几，这已经成为我国建筑设计的一块短板。

图19　图20

7.2.1.7 可持续发展的建筑学策略的缺失

绿色可持续的设计近些年来已迅速发展成一门显学，各种技术路线、技术手段不断涌现，然而这些路线和手段已超出了传统的建筑学范畴，建筑师在可持续方面的作用越来越显得无足轻重，一些定性的理念在工程上显得粗糙，不可信。

在讨论完“问题收集”后，让我们再次回到流程控制图的设计输入部分继续讨论第二个问题。

7.2.2 问题整理

问题整理是紧跟在问题收集后面的流程，同样被分成策略和方法两部分讨论。在问题收集阶段，我们将收集到的海量信息进行整理并变成对设计有用的信息是此阶段的主要任务。信息分类、建立各类信息之间的关系、去除无用信息是这阶段的主要工作。现代设计法运动的第一代先驱们曾经利用信息论、系统论的方法，对问题整理进行过深入的研究。但随着现代设计法运动的式微，这些基于数学的方法没有得到进一步的发展，我以为在流程控制的前提下，应该继续这方面的探索。

问题整理的策略主要在两个方面控制：主动与被动。主动的策略是值得提倡的，而被动的策略是传统的。主动策略是指将问题整理作为设计流程的一个重要环节，主动采取科学的理性的方法进行问题整理。被动策略是指采用模糊的方法在流程中弱化甚至取消问题整理流程。问题整理的方法有两种模式：理性的和感性的。理性指的是一种基于数据统计的科学的方法，而感性指的是传统的方法。

7.3 内部作业

在建筑设计流程控制的实践中，我们除了注重发掘设计问题，同时也注重将内部作业中基础性的可研究的部分前置。

在设计流程的第二大部分内部作业，传统的观点认为此部分为“黑箱”，不能研究。然而通

图 21

过多年的实践我们认识到内部作业可以分成两部分：可见作业和不可见作业。流程控制只控制可见作业部分，即前面谈到的前置部分。它本身包括两部分内容：几何原型和几何操作。

7.3.1 几何原型

几何原型可以从两个方面进行控制：法则和定制。这两部分指几何原型的来源。一种来自法则，这种方式是传统的设计方法，即在现代主义建筑出现之前，创新从来就不是建筑设计的主要价值取向，而遵循祖制，根据工艺传承进行设计是那个时代的主流。定制设计则是现代主义建筑极力倡导的设计方法，即使这种方法并非是现实的主流。在当代，我以为采取哪种几何原型的来源，应根据具体的情况确定，而不应简单地肯定或否定任何一方。从消解定制设计困境的角度考虑，普通大量建造的建筑应该采取法则方式获取几何原型。而重要建筑应充分发挥建筑师个人的创造力，采用定制设计的方法。

7.3.2 几何操作

几何操作也需要从两个方面进行控制：逻辑和直觉。通过常年的实践，我们认为对几何操作进行逻辑控制是实现高品质设计的有效手段。传统建筑中几何原型的来源和几何操作的法则非一人一时之举，而是长年经验的积累。显然当代的法则不能采取传统的方式获取。我们认为首先需要通过城市设计在小范围内制定法则，而真正的法则有赖于通过大数据和人工智能予以实现。

7.4 设计评价

设计评价是指在方案设计阶段针对多方案进行优选的过程。设计评价分成两部分：确定指标和方案评价。确定指标又分成两部分：指标内容和相互关系。指标内容指多方案优选时所依据的指标的具体内容。相互关系指的是各项指标之间的相互关系和评价时的权

图 22

重。指标的内容和相互关系又有精细和模糊两种状态。

7.5　设计输出

设计输出分为直接输出和间接输出两部分。直接输出指设计成果不通过媒介，直接输出成为建筑物。这种方式在职业建筑师出现之前是设计的主要输出方式。直接输出又分为先天和后天两种。先天指依靠本能进行输出，后天指通过经验传承方式进行输出。间接输出指通过媒介进行输出。间接输出又分为媒介形式和输出形式，媒介形式又包括数字和非数字两类。传统的纸、实体模型都属于非数字输出，数字模型则属于数字输出。媒介形式也分为2D和3D两类。被分解为平、立、剖图纸的属于2D输出，数字模型或实体模型属于3D输出。

7.6　确定流程控制的强度

在确定流程控制内容的前提下需要确定各控制内容的控制强度。对控制内容的控制可以分成定量和定性两种。所有控制内容有理性要求的部分均采用定量控制的方法，具体的理性方法需要进行专项研究。除定量控制之外的其他各项需要进行定性控制。定性控制的内容需要设定控制强度。控制强度需根据上位分级的城市设计导则，根据分级中的控制内容个数确定其强度等级。而在这个层面对流程的控制已经转化成具体的设计方法。

8　流程控制原则

8.1　研究的原则

建筑设计作为一个以实践为主的创作活动，往往会忽视研究。但流程控制的内容是建立在对各历史时期优秀建筑的设计流程进行分析、研究的基础上，因此流程控制的实践必然伴随着流程研究。

图 23

8.2 综合控制原则

建筑设计是一个复杂的创作活动，广义韧性建筑需要全方位地应对各种变化，因此需要综合采用科学的和传统的、感性的和理性的方法进行控制。在流程控制中应该反对滥用理性方法的倾向，在现代设计法运动中滥用理性设计方法已经被实践否定，注重发挥感性设计的价值，是综合控制原则的关键。

8.3 区别对待的原则

流程控制主要对象是大量建造的普通建筑，而对重要建筑只进行方法论的研究和提出指导性的意见，但不提供具体的控制方法和策略。这是因为重要建筑更多地体现了建筑在艺术创意方面的需求，而艺术创意和效率之间的关系往往异常复杂，同时重要建筑应该充分发挥人的想象力和创造力。鉴于重要建筑的数量有限，因此采取了和普通建筑区别对待的原则。

8.4 联合控制的原则

流程控制必须是外部流程和内部流程联合作用的结果。外部流程的关键是政府的行政管理，如果没有与政府的行政管理措施的联合控制，再好的内部流程控制也是徒劳的。

三、设计实践中的流程控制和设计方法

根据本书对广义韧性建筑的定义，可以确认的是高品质的建筑是广义韧性建筑的重要属性。流程控制是实现高品质的建筑设计的方法论保障。我们关于广义韧性建筑的实践就是从利用流程控制提高建筑设计品质开始的。鉴于建筑学的实践属性，任何关于建筑学的理论最终必须转化成设计方法才有意义。

图 24

在37年的实践中，我们重点对设计输入、内部作业的可见作业部分进行了流程控制。在实践的初期，我们从简单的设计逐渐总结和发展出一套以发现问题和解决问题为主的设计方法。

I

方法一：问题驱动

建筑设计流程的核心主要包括四个阶段：设计输入、内部作业、设计评价、设计输出。其中内部作业的不可见作业属于“黑箱”，不在我们的研究范围之中，设计输出主要探讨输出工具对设计的影响，也不在本书讨论的范围之内。设计输入是基于对设计条件的收集、整理和分析，收集问题是我们研究的重点。我们在实践过程中从简单的完成设计任务到自觉的梳理设计问题，经历了大约17年时间，在这个阶段我们主要确立了以收集问题为导向的设计方法。在此阶段设计的重要项目有北京国际金融大厦、秦皇岛体育馆和望京科技园二期。

1998年竣工的北京国际金融大厦是一个10万平方米的办公建筑。我们将该项目面临的主要问题聚焦在建筑规模与城市设计需求之间的矛盾上。
由于项目位于长安街旁，城市设计要求建筑具有庄重的外观、宏阔的体型，以及既现代又有地域性的风格。但项目受到投资和行政审批的影响，较难达到这些要求。于是我们通过将建筑分解成四个平面相同的板楼，并用四个连接体相互连接，带传统图案的现代玻璃幕墙以及复杂体型点式连接中央锥顶解决了建筑面临的问题。（图7）
我们将2001年完成的秦皇岛体育馆的主要问题聚焦在可持续运维上，开创性地采用了双层膜结构屋面和金属屋面组合的屋面形式，解决了均匀采光、节能和低维护的要求。（图8）
2002年建成的望京科技园二期是一个4.6万平方米的办公建筑。我们将主要问题聚焦在发掘材料的建筑学意义上，创造性地使用建筑材料，并将其作为建筑创作的主题。（图9）
问题驱动的设计方法目前已经成为我们设计实践的最基本的设计方法，并体现在每一个设计中。它已经以“建筑师任务书”的形式成为设计流程中的重要组成部分。

086 01
114 02
142 03
158 04
174 05
192 06
206 07
220 08
242 09
258 10
284 11
312 12
328 13
356 14
394 15
418 16
450 17
490 18
522 19
550 20
566 21
600 22
622 23
646 24

图25　图26

通过实践初期对问题驱动的设计方法的专注，我们逐渐形成了流程控制的理论雏形，并将重点转移到设计输入中问题收集的普遍问题收集上来。在前述的七个普遍问题中，定制设计是最重要的问题，在实践中消解定制设计困境成为我们控制设计流程实践的重要内容。首先我们通过城市设计实践，提出用分级控制的设计导则来强力约束大量建造的普通建筑，从而解决定制设计的困境。这方面的实践包括：北京建筑大学大兴校区规划、西安雁塔区城市设计、北京宣武产业园城市设计、北京CBD核心区城市设计以及甘肃省武威市罗什寺片区城市设计。

在城市更新上消解“定制设计困境”，不仅要在城市设计层面进行控制，还需要在个体改造上进行设计流程的创新。因此我们提出了全面评估的设计方法。

II

方法二：全面评估

174 05
284 11
312 12
394 15
490 18
522 19
550 20
566 21
600 22

目前城市更新已经成为我国发达地区大城市建设的重要内容。其中既有建筑的改造更新是我们的主要任务。由于城市更新面临着比新开发区更加复杂的问题，所以仅靠城市设计很难有效消解“定制设计的困境”。我国的城市经过十几年的高速发展，总体呈现出混乱并充满生机的样貌。“消解定制设计的困境”的主要目标就是使城市整体和谐并富有生机，在和谐中有变化。要实现这样的目标，必须对既有的建筑和城市环境进行全面评估。首先应该认识到，在定制设计的价值取向和城市设计对个体建筑缺乏有效约束的双重作用下，城市面貌混乱。但随着时间的流逝，原本凌乱的城市会逐渐融合在一起。另外，城市作为人类记忆的重要载体，其建筑和环境的历史信息在改造中尤其值得珍惜。因此我们提出在城市更新中对环境和个体建筑进行全面评估。全面评估主要包括：

1）可持续评估，即常规评估，包括结构安全、防火、机电设备老化程度、功能适应性等。

图 27

2）环境评估，主要指对建筑周边城市环境进行建筑学的评估，主要有风貌、美学、相互关系等。

3）建筑个体特色评估，主要指对建筑个体进行建筑学评估，特别要注重在普通建筑中发现有保留价值的建筑元素。

在对项目进行了全面评估后，结合设计目标（任务书要求）提出适应性的更新策略。更新策略主要包括：

1）重新定位，根据设计目标对建筑进行重新定位，这里所谓定位是指确定建筑在既有城市环境中的角色。定位将决定之后的设计策略。

2）根据定位确定改造建筑在城市环境中与周边建筑的关系。如果定位不变，则改造建筑应该延续原有的城市文脉，保持场地的原有风貌和建筑特色。

3）有价值的建筑元素的保留和发展。

4）在确认未破坏重要的历史信息和有价值的建筑元素的前提下，应为建筑注入新元素，充分体现时代风貌。

我们实践的主要项目有前门东区草场四合院改造、城市绿心保留建筑改造、新大都饭店改造、北京未来设计园区改造、北京国际戏剧中心等。

前门东区草场四合院改造主要包括两个独立的院子。两处建筑均为20世纪80年代复建的老北京四合院。功能为杂院式住宅。在设计之初我们先就建筑的既有价值进行了评估并提出了改造策略：保护传统四合院风貌、保留院落格局、保留传统工法、改善居住条件、适度添加新元素。（图10）

城市绿心保留建筑改造是围绕北京城市副中心绿心的四组保留建筑的改造，包括造纸七厂、东亚铝业、东光实业、民国院子。

图28　图29

造纸七厂位于绿心公园西北角，紧邻副中心三大文化建筑。被保留的建筑是散落在厂区的四组小建筑，有礼堂、宿舍、办公楼、机房。改造后将成为文化展示设施。在对既有建筑进行全面评估后，我们提出了改造策略：保护场地的多样性、保留既有建筑良性特征，比如宿舍的红砖外墙、坡屋顶；礼堂的原初立面、大空间、钢屋架；办公楼与植物的关系、机房的建筑体型、红砖外墙、空间的丰富性等。由于被保留的建筑布局分散，场所感差，我们结合景观设计，将原厂区的道路、被拆除的厂房作为景观元素进行再造，从而形成一个带有原始空间痕迹的新型室外公共空间。（图11）
东亚铝业位于绿心公园南门，由大厂房、红砖厂房、动力站和烟囱组成。其中大厂房改造成活力汇（体育健身馆），红砖厂房改造成餐厅。通过全面评估，我们提出了改造策略：保护场地的多样性；通过景观设计强化场所的空间感；保留大厂房和红砖厂房的建筑特点，结合功能提升增加新元素。大厂房为单一高大空间钢排架结构，我们在改造时尽量保持这个空间特色。红砖厂房同样是一个单一高大空间，砌体承重墙和预制混凝土屋面板结构。但改造的功能和面积与这一特色空间产生严重的冲突，为了尽量保持这个高大空间，我们采用了房中房的空间模式，把新增加的用房设置在厂房中，使人们仍然能够体验到单一高大空间的魅力。（图12）
民国院子位于城市绿心东南角，在一个被搬迁的村落中。改造前仅剩三栋老宅子和一段旧墙，以及两个后期搭建的简易小屋。该项目的主要矛盾是改造后功能对面积的需求和原始风貌的冲突。我们在对项目进行全面评估后，提出了设计策略：保留老宅和旧墙的风貌；保留原始老宅和院子的空间关系；在已经拆除的周边房屋的痕迹上加建新建筑且尺度与老宅相协调。将现存的简易小屋拆除，在原形式和尺寸的基础上将其设计成两个类亭子空间，使建筑与院落的边界复杂化；种植树木，提升院落的空间品质。（图13）

新大都位于北京西城区，是一个集办公、会议、餐饮、旅馆为一体的综合园区，其中以

图30　图31

20世纪80年代建设的新大都饭店为主体。园区从20世纪50年代开始建设，到80年代成型。设计伊始我们对园区的环境和建筑提升进行了整体规划。但由于各种原因，最终没能对园区进行整体控制，只就区内三个建筑进行了改造设计。其中新大都饭店改造和鸭王饭店改造较为重要。

新大都饭店建于20世纪80年代，其改造面临的最大问题是功能转化。改造后的办公功能对建筑空间的要求与酒店的原始空间产生了巨大的冲突，在经过缜密的分析后，我们提出了改造策略：保留建筑的原始风貌；将裙房部分的空间改造为商业空间；把首层的功能性立面改造成积极的立面；对标准层空间进行改造，局部拆除楼板形成跃层空间，从而解决了旅馆建筑层高低，无法满足办公建筑要求的问题。（图14）

鸭王饭店始建于20世纪60年代，原为机关大院食堂，后经改造成为对外营业的餐厅，本次改造后功能为办公。经过对项目的全面评估我们制定了改造策略：保留项目建筑形式和空间的多样性；适度保留建筑的历史信息，比如红砖墙、烟囱、高大空间、钢屋架等；改造有明显缺陷的空间，并保留其空间特质，比如原来的备餐间位于建筑核心，采光条件差，空间闭塞，我们将一层楼板拆掉，在其中设置一个钢楼梯作为整座建筑的交通核心，并布置水池和家具使其成为建筑的核心公共空间。再比如原来厨房两侧布置了混合结构的小房间，开间小，不适合做办公室，我们在保持原空间格局的情况下，在原隔间承重墙上开设半圆窗洞，使小空间之间在视觉上相互沟通，成为有特色的办公空间；整合屋顶平台。由于建筑是多年形成的，建筑形式和高度多样，形成了复杂的屋顶。鉴于建筑用地周边空间狭窄，有效地利用屋顶平台是一个拓展室外公共空间的手段。于是我们通过设置室外楼梯将凌乱的屋顶连接成为一个丰富的室外公共空间。（图15）

北京未来设计园区位于北京副中心张家湾小镇原铜牛衬衫厂内，是张家湾设计小镇一期的首发项目。厂区内有厂房三栋，办公楼一栋，食堂一栋，宿舍一栋，锅炉房一栋，配

图32　图33

套车间若干。一期改造包括三栋建筑：成衣车间、食堂、办公楼。

成衣车间为20世纪80年代建设的单层排架式厂房，除车间为一个独立大空间外，车间北端为一个两层办公楼。厂房外观简朴实用，内部已经被分割成小空间。为了满足业主对首发项目的形象需求，结合改造后的综合办公建筑要求，我们提出改造策略，保留原工业建筑的空间和建构特色，并予以突出：

1）保留单一大空间、排架结构和天窗。

2）将所有增加的附属设施：厕所、空调机房、室外空调机、主设备管道置于建筑东西两侧室外。

3）突出原先被遮蔽的建筑特征：在南北拆除二层办公楼，主立面设排架式门廊。

4）显示工业建筑特征：增加屋脊处的天窗，外置附属用房，管道采用钢桁架和集装箱搭建。

5）结合功能进行空间整合：根据消防设计要求，用两个室外花园将厂房分成两部分，结合中央街和防火分区在厂房的四个象限设置四个核心空间。

6）花园办公：在中央街和分割空间的隔断上布置大量绿植。（图16）

办公楼位于园区西侧，西广场中间，并将西广场分成南北两部分。建筑为20世纪80年代建造的多层框架结构办公楼。在建筑的东、西、南三面建筑墙体外侧由构架形成灰空间。根据上位规划，办公楼所在的位置是连接东西两个公共空间的门户。根据功能需求和城市设计的要求，我们仔细地对项目进行了评估并提出了设计策略。

1）功能转换。基于本建筑的特殊位置我们在任务书的基础上对功能进行了转换，将其从一个普通的办公楼转变成为一个位于花园中的具有办公、轻餐、展览、会议等复合功能的新型景观建筑。

2）保留建筑的构架形式并给予突出。结合功能转换，将建筑首层部分打开，使原本被建筑分割成两部分的西广场连通。

图34　图35

3）增加多义空间。增加灰空间的面积并与绿植结合，增加钢栈道和楼梯，为人们提供多义的公共空间。
4）改造北立面。将面向西北广场的消极立面改造成具有投影功能的显示设施，为在此地举办户外活动提供优质的背景。（图17）
食堂位于园区东侧。上位规划将园区东边的道路定义为张家湾设计小镇一期的核心公共空间。食堂改造后功能不变。在对场地、功能需求进行全面评估后，我们提出了设计策略，采用与办公楼相似的策略处理食堂，以便在园区内形成东西呼应的两个门户空间，增加园区的开放和公共性。
5）设置二层栈道增加公共空间的类型；景观设计成为建筑设计的一部分。（图18）

北京国际戏剧中心位于东城区王府井大街东侧，首都剧场东边。建筑场地狭小，南侧和东侧为老北京传统四合院，北侧为一个多层住宅楼。建筑西南角有一栋需要保护的四合院。为了在极其严苛的环境下满足功能需求，我们制定了下列设计策略：根据剧场功能决定建筑基础体型；将观众休息厅压缩布置成L形并与老四合院结合；建筑风格不追求对首都剧场的简单模仿，而是力求在气质上与其相称并充分体现当代性。

在应对其他普遍问题方面，我们也分别提出了相应的设计方法。

方法三：功能转换

韧性设计策略从一个规划上的概念发展成一个具有普遍意义的应对“不确定性”的理念，并被置于建筑设计中非常重要的地位。在我们的实践过程中“功能转换”成为实现韧性设计的重要手法之一。所谓“功能转换”就是将原任务书中的缺乏韧性的功能需求转化成富有韧性的功能需求，并根据新的功能设计建筑。比如北京建筑大学大兴新校区

图36　图37

学生综合服务楼，原始任务书要求在学校学生宿舍区设计一个为学生进行生活服务的综合建筑，具体功能包括超市、品牌快餐轻食店、多功能厅、机房等。经过建筑师和业主的沟通，发现上述功能只是临时性的，待校园规划全部实现后，大部分功能将不适于本建筑，且业主还有学生活动、展览、运动等多种需求不能得到满足。根据这种情况，我们重新调整了任务书，将建筑功能改为大型多功能厅，临时功能通过临时设施实现，在功能转化的前提下，建筑形式发生了根本的变化，并催生了新的设计成果。（图19）

2019中国北京世界园艺博览会国际馆，原任务书有大致的展示功能需求，但展览的规模、展览方式在设计之初均无法确定，且会后利用的目标存在较大变数，无法准确预测。针对这种情况，我们将灵活的平面布局作为设计的主要目标，将空间的功能从植物展示改变为多功能展示，平面布局方正、大柱网、高空间、布展流线简单直接，这些设想使方案成功中标，并使建筑在日后的利用上为甲方提供了多种可能性。（图20）

北京未来设计园区办公楼改造和食堂改造面临着相同的问题，即原建筑的功能和形式与张家湾设计小镇未来规划上的矛盾。为了应对这种矛盾，我们将办公楼的功能从单纯的办公建筑转换成具有办公、接待、展览、公共活动多种功能的景观建筑，食堂则在原来的功能上增加了作为园区门户空间的功能。（图21）

中建 · 大兴之星办公楼由办公、酒店、公寓、商业四部分组成，我们考虑到商业会对项目的品质造成不利影响，因此将商业部分的功能转换为温室另类办公和高端接待。但由于甲方领导更换，项目未能按设计完成。（图22）

除了功能转换外，韧性设计还聚焦在大型活动场馆的平时利用问题上。涉及的项目包括国内第一个NBA标准的体育馆——五棵松体育馆；国内第一个采用临时建筑的大型体育场五棵松棒球场；符合NBA标准的超大规模体育综合体——杭州奥体中心体育游泳馆。

图38　图39

IV

方法四：混合功能

大型综合体育馆在功能配置上通常以多功能比赛为主，但这样的多功能设置不能很好地解决大型场馆的赛后利用问题，因此我们在五棵松体育馆和杭州奥体中心体育游泳馆的功能设置上将娱乐、演出、接待、商业和餐饮等功能融入其中，实现了可持续运维。

2008年完成的五棵松体育馆有18000个座席，建筑面积63000平方米，是北京奥运会篮球比赛馆。我们将国际顶级赛事比赛馆的赛后利用作为重点关注的设计问题，其主要特点是：

1）该体育馆是国内第一个按NBA标准设计的篮球馆。由于NBA标准的场馆与奥运会场馆在各方面均存在较大差异，要在满足奥运要求的前提下实现NBA场馆的要求，这无疑对设计提出了巨大的挑战。我和设计团队一起经过不懈的努力实现了设计目标。

2）该馆是国内第一个观众全部平层进入的大型体育馆。

体育馆建成后，成功地举办了奥运会的所有篮球比赛，赛后成为全国运营状况最好的大型体育馆。

3）在国内率先在大型体育馆内植入具有提供正餐能力的餐饮设施和满足大型文艺表演的后台设施、道具运输设施。

杭州奥体中心体育游泳馆在2011年完成施工图设计，2021年竣工。项目在设计之初没有重要体育赛事支撑，承办亚运会后该馆成为亚运会的主要场馆。为了适应赛后运营的需要，场馆具备下列特点：

1）功能复合。其主要功能包括：18000座体育馆、6000座游泳馆、购物中心、为城市服务的大型地下停车库。

2）按NBA标准设计的体育馆。

3）体育馆具备冰篮转换功能。

4）加大热身场规模，为运营提供更多场地。

114 02
142 03
220 08
258 10
356 14
394 15
418 16
490 18
522 19
566 21
622 23

图40　图41

五棵松棒球场是国内第一批举行国际重大赛事的临时场馆，此设计为我国在大型场馆的赛后利用方面做出了开创性的工作，积累了宝贵的经验。（图23）其主要特点如下：

1）解决了临时场馆和奥运会复杂体育工艺要求之间的矛盾。

2）在建造方式、结构形式、建筑材料、构造做法上探索了如何既保证高标准又适于临时建造的方法。

方法五：边界形态——形态学矩阵

建立在改善建筑与环境的关系的基础上的设计方法创新被聚焦于建筑的边界上。在这里我们主要关注两方面的内容：首先是边界的形态，边界形态的复杂和多变会对建筑与环境的关系有直接的影响。打破边界传统两维平面的形态模式，是建立建筑与环境和谐关系的重要手段。而边界的形态学矩阵则成为建筑设计几何原型的重要来源，其在方法论上的意义重大。其次赋予边界以意义，使建筑与环境的关系超越了简单的物质层面，上升到更高的精神层面。北京建筑大学大兴新校区学生综合服务楼、2019北京世园会国际馆、妫河创意园区综合管理用房、北京未来设计园区办公楼改造、京津合作示范区城市展馆、中建·大兴之星办公楼、城市绿心保留建筑改造——民国院子、未来科技城公园访客中心等项目均在这方面进行了有益的实践。

北京建筑大学大兴新校区学生综合服务楼采用基础的边界形态——柱廊，为学生提供了多义的公共空间。（图24）

2019北京世园会国际馆位于自然山水中，但由于功能的需求，其体量巨大，对环境不友好。我们采用单元像素化的边界，消解了大体量建筑对自然环境的不利影响。在复杂边界的加持下重新定义了建筑的标志性。（图25）

妫河创意园区综合管理用房位于北京延庆区妫河北岸，创意园区主入口处。周边自然环境好，主要功能包括园区职工餐厅、职工宿舍、园区物业办公、招待客房等。为了让建

图42　图43

筑与环境充分融合，建筑体型由两个L形体量叠合而成并在其间形成院落，同时在北边L形体量的底部和南边L形体量的上部布置了若干个自由散落的体块，使建筑的外墙延展面加大，让更多的室内空间与自然环境接触。（图26）

北京未来设计园区办公楼改造聚焦在建筑与广场的关系上。未来作为双年展开幕式的广场，被办公楼切割为两部分，单一的功能与它的位置不相称。我们首先对其进行了功能转换，将它从一个办公楼改造成一个混合功能的景观建筑。通过首层架空，减少建筑面积以便增加边界的复杂性，增加栈道以延长边界的长度。（图27）

京津合作示范区城市展馆设计的重点是平衡启动项目的标志性要求与中心区公园野趣风貌相协调的矛盾。设计首先利用中央公园景观设计手法，将建筑的主要体量置于覆土下面，同时通过架空、中空等手法加大了建筑与外部环境之间的接触面，为建筑与环境的充分融合提供了极佳的物理条件。这样的布局也为参观者提供了难得的空间体验。（图28）

中建 · 大兴之星办公楼设计的重点是在普通的环境中营造优美的内部环境。根据功能需求，办公楼、公寓、酒店、商业分别占据用地的北、南、西三边，在用地中间留出一个大花园。在花园一侧的建筑通过栈道、观景廊、大玻璃幕墙，使建筑与花园的界面复杂又多义。为人充分地与花园接触提供了独特的物理条件。（图29）

城市绿心保留建筑改造——民国院子位于北京通州绿心公园东南侧，是村庄拆迁后留下的三幢民国时期的老建筑的改扩建。扩建部分依据原有的民居肌理展开，两栋用地上的小房子被重新设计成类亭子的空间，丰富了建筑与庭院的界面，新建筑的尺度与老建筑取得和谐，并被注入活力。（图30）

未来科技城公园访客中心位于北京昌平未来科技城核心的城市公园南门，公园为开放式城市公园，为了尽量减少建筑和自然环境的冲突，我们利用公园入口和公园中心湖面的6米高差布置访客中心。从入口看去，访客中心消隐在自然环境中。访客中心的中间为行人通道，功能用房被置于两侧，建筑和环境呈复杂的拓扑关系，第五立面和面向湖区的立面由屋顶平台和依地势

图44　图45

搭建的看台连成一个供游人使用的活力界面，使得访客中心与环境充分交融。（图31）

VI

方法六：景观驱动

将景观设计与建筑设计深度绑定，使景观成为建筑设计的组成部分，而不是先做建筑设计后配景观。这种设计方法既改善了建筑的环境质量，又使建筑与环境更加和谐友善。采用此设计方法的项目有：望京科技园二期、未来科学城公园访客中心、中建·大兴之星办公楼、北京未来设计园区办公楼和食堂改造、城市绿心保留建筑——民国院子改造、京津合作示范区城市展馆等。

望京科技园二期的用地为长方形，在确保用地边界形成街墙的前提下，在用地西南面留出了一个巨大的景观广场，广场被一个具有象征意义的水景分成两部分，北侧是排列的树阵，南侧为一个铺地广场。景观广场成为建立建筑体型几合逻辑关系的重要组成部分。（图32）
未来科技城公园访客中心位于公园南入口，公园南入口的广场是访客中心的重要组成部分。从公园入口向东西两侧延伸的两组弧线是广场景观构图的基础，两组弧线暗示了进入园区的两条流线的方向，同时也与用地内原有的两列大树的排列方式相同。在东侧的弧线外侧是上位规划的水环。访客中心位于两组弧线的汇聚处。访客中心的景墙、景窗、台阶、屋顶的设计均采用了景观设计的手法，使访客中心成为公园景观中的有机组成。（图33）
中建·大兴之星办公楼的主要设计目标是在普通的环境中营造优美的环境。因此花园成为建筑的重要组成部分。一个室内花园和一个室外花园沿用地东西轴线并列布置，室外花园和建筑复杂的边界相呼应，共同构成一个人和环境深度融合的场所。室外花园复刻北京山区北坡的自然生境，为园区营造了一个不同于常规的野趣花园。与之比邻的室内花园则被营造成一个充满热带氛围的场所。但由于一些不可控的原因，室内外花园的绿化方案没能按最初的设想实现。（图34）

图46　图47

在北京未来设计园区办公楼和食堂改造中，我们采用了相似的设计策略。首先我们对它们进行了功能转换，新景观建筑成为它们的重要功能。建筑和景观深度融合，景观元素成为建筑的重要组成部分。置于建筑灰空间的植物使建筑空间呈现出人性化的宜人面貌。（图35）

在城市绿心保留建筑——民国院子的改造中，我们把营造院落空间作为设计的重点，类亭子空间和被保留的旧墙、二道门共同组成庭院的景观语言，植物的配置使小院充满生机。（图36）

京津合作示范区城市展馆让建筑和景观融为一体，建筑主体位于景观覆土之下，突出地面的部分成为景观的制高点，在这里人和景观构成一种看和被看的互动关系。（图37）

在解决公共空间缺失的问题时，我们主要聚焦于城市设计，同时在进行个体建筑设计时我们也非常注重其对城市公共空间的影响，这方面的实践包括：北京国际金融大厦，望京科技园二期，上海UBPA办公楼改造，平谷区马坊镇芳轩园和芳锦园住宅，北京建筑大学新校区学生综合服务楼，妫河创意区综合管理用房，未来科技城公园访客中心，南京鲁能美高梅美荟酒店，新大都饭店改造，北京未来设计园区成衣车间改造、办公楼改造、食堂改造，北京国际戏剧中心，中建 · 大兴之星办公楼，津京合作示范区示范性办公基地等。

方法七：积极立面

积极立面是指与城市公共空间相邻的建筑在设计时需要在其体型和立面设计中遵循以下三点：

1）与周边建筑合作，通过贴线率形成连续的街墙；

2）形成的街墙立面应亲切、友善，建筑内部可以和城市公共空间互动；

3）建筑首层的功能配置和景观绿化应有利于在城市公共空间中的人使用。

北京国际金融大厦的四个立面都非常注重贴线率，在面对主要街道的南、北首层均布置了营业厅，立面设计了柱廊、落地玻璃窗以及营业厅的主入口。（图38）

图 48　图 49

望京科技园二期设计时周边是城郊接合部，用地宽松，我们在设计时将建筑尽量靠边布置，为将来形成街墙奠定了良好的基础。（图39）

上海UBPA办公楼位于上海江南造船厂东北角，上海世博会城市最佳实践区内。原来是一个多层实验楼，改造后为世园会内部办公楼。原建筑贴临红线建设，改造时将原面向街道的封闭界面打开，首层内部功能为职工食堂，落地玻璃使室内外产生互动。

住宅在城市中由于受物业管理的限制，加上规范对日照的要求，成为破坏构筑城市公共空间的主要因素。为了在现有的条件下尽量弥补住宅设计对城市公共空间的负面影响，在平谷区马坊镇芳轩园和芳锦园住宅的设计中我们利用底商、市政设施的布局满足贴线率并形成积极的立面。（图40）

北京建筑大学大兴新校区学生综合服务楼设计了整齐的边界，并结合结构和可持续设计，在边界形成柱廊，为学生提供了一个多义的空间。（图41）

妫河创意区综合管理用房位于一个封闭的园区内，我们仍然非常关注其沿公共空间的立面设计，首先建筑在用地内守齐建筑边界，首层功能布置了主要出入口、办事大厅和职工食堂，大玻璃的设置有利于室内外的视线沟通。（图42）

未来科技城公园访客中心利用地势高差潜于地下，在主要通道上我们布置了信息中心和咖啡厅，落地大玻璃使通道内的人和室内产生互动。（图43）

南京鲁能美高梅美荟酒店位于南京江宁区方山脚下，酒店南侧为住宅区，酒店布局注意结合上位规划形成严整的沿街界面。面向街道的主入口和餐厅注意打造积极的立面。（图44）

位于北京市西城区车公庄大街北侧的新大都饭店为20世纪80年代建造的酒店，本次改造成办公建筑。我们对酒店所在的园区进行了整体规划，由于园区是多年形成的，内部道路主要以交通为主，没有公共空间。本次改造我们把打造有活力的园区作为设计工作的主要内容。在规划中将原有的园区道路升级成园区公共空间，在公共空间周围的建筑内部移除消极的功能，布置餐饮、商业、服务等公共空间并形成积极的立面。（图45）

图50　图51

同新大都一样，未来设计园区是在原北京铜牛衬衫厂的基础上改造的。园区内部没有公共空间，建筑立面都出于功能考虑而缺少设计。在改造设计中我们首先定义了园区内的公共空间，把打造活力街区作为园区改造的重点，将比邻公共空间的建筑立面打开，设置适宜的功能，使原来的功能空间变成人性化的、有活力的公共空间。（图46）

北京国际戏剧中心位于北京首都剧场东侧，周围被老旧建筑环绕，在剧院功能不支持首层设置太多公共空间的情况下，我们将面向城市街道的东立面和北立面结合车库入口设计成柱廊，丰富了街道立面，避免了高大实墙对城市街道产生的消极影响。（图47）

中建 · 大兴之星办公楼在设计时周边非常空旷，但我们认为作为区域的首发项目，必须承担起率先定义区域公共空间的任务。因此我们将主要建筑沿城市界面布置，在建筑首层内部尽量设置可供城市使用的功能，通过立面设计使建筑内外能够进行视线沟通，使城市公共空间具备良好的物理条件。（图48）

津京合作示范区示范性办公基地位于天津宁河区的一处新开发区内，作为首发项目我们同样将定义城市公共空间作为项目设计的首要任务，建筑规划采用街区的模式，建筑严守边界，首层布置主要公共空间，沿街立面有亲和力，景观设计结合城市设计在美化环境的同时不会阻断城市公共空间中的人与建筑内部的交流和沟通。（图49）

Ⅷ

方法八：结构驱动

在解决建筑与专业的不和谐关系上，我们通过改变设计流程，在设计输入中加入结构概念设计环节，让建筑师作为结构概念方案设计的主角，创作出与建筑设计高度吻合且具有创新性的结构。主要项目包括具有当时钢筋混凝土实腹梁全国第一跨的北京建筑大学大兴新校区学生综合服务楼；采用花伞式单元结构的2019中国北京世界园艺博览会国际馆；采用超大悬挑的京津合作示范区城市展馆以及采用大型连续曲面网壳的杭州奥体中心体育游泳馆。

北京建筑大学大兴新校区学生综合服务楼是一栋跨度达50米的单层建筑。内部为一个正

图 52　图 53

方形的无柱大空间。结合建筑的单元式平面、柱廊和平面旋转切割立面，我们将巨大的钢筋混凝土梁、柱消隐在双层屋面和柱廊等建筑语言中，使大跨度建筑的巨大结构构件与建筑语言完美融合，探索了大跨度建筑的另类结构表达。（图50）

2019中国北京世界园艺博览会国际馆主体结构采用了单元式花伞，花伞组合平面借鉴了古阿拉伯图案，每个单元由六个互相叠合的全等六边形组成，六边形变形为六个花瓣，花瓣从各方向看都实现了完美的嵌套。另外花伞和室内空间以及各项绿色可持续技术完美结合，实现了结构与建筑的无缝连接。（图51）

京津合作示范区城市展馆的主体为一个外径50米、宽8.4米的环形建筑，采用钢结构。它和位于其下部的另一个圆环的局部交于两点，此两点为钢筋混凝土核心筒，主体圆环从这两点挑出，凌空悬于圆形广场上，最大出挑达48米。为了使圆环看起来更加轻巧，环形桁架布置在圆环内侧，外侧从桁架再次悬挑6.6米。圆环从外侧看，没有结构构件，使建筑既保证了在体量上与自然环境和谐，又实现了标志性的诉求。（图52）

杭州奥体中心体育游泳馆体型庞大、造型复杂，在建筑师的建议下其屋顶结构未采用惯常的焊接球节点网壳结构，而采用了独特的钢柱节点矩形截面梁扭转网壳，网壳美观、有力度、施工工艺水平高，充分体现了结构美。（图53）

IX

方法九：材料驱动

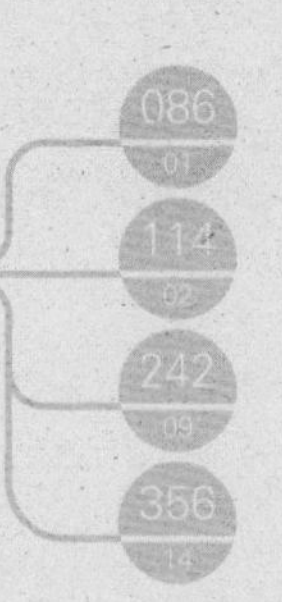

在发掘材料的建筑学意义上，我们通过深度掌握材料性能并将材料表达作为设计的重要内容。主要项目有北京国际金融大厦、望京科技园二期、五棵松体育馆、中建·大兴之星办公楼。在新材料的实践上，我们通过上海青浦体育馆改造的实践对塑料在外墙上的应用进行了深入的研究，并出版了专著《塑料外衣——塑料建筑与外墙概览》。

北京国金融大厦是早期关注材料的建筑学意义的作品。它可以理解为是对玻璃幕墙进行系列深入研究的第一个重要项目。在该工程中我们开始关注玻璃幕墙系统创新、新技术

图54　图55

的应用以及对细节形式的控制。在幕墙系统创新上该项目结合立面设计需求由建筑师主导，设计了带有大出挑水平外装饰扣板的横显竖隐玻璃幕墙系统、适应当时国内幕墙技术水平的带有中国传统图案的窗式幕墙系统。在新技术应用上我们设计了国内第一个复杂造型的点式连接玻璃锥顶。在细节形式控制上，我们对幕墙龙骨外侧装饰扣板的形式进行了专项设计，设计了U形和不对称梯形扣板。（图54）

望京科技园二期是我们全面控制玻璃幕墙的一个重要工程。该工程在全玻璃幕墙的基础上设计了带锁扣的玻璃幕墙，同时还设计了国内首创的双层玻璃幕墙和密肋式玻璃幕墙。（图55）

在五棵松体育馆外墙设计中我们在以往对玻璃幕墙研究的基础上，设计了大型外挑玻璃肋，幕墙二次结构被设计成大型薄片钢肋板与建筑整体效果完美结合。（图56）

中建·大兴之星办公楼外墙设计是我们继望京科技园之后又一个全面进行玻璃幕墙创新的项目。其中创新的玻璃幕墙有：焊接变截面钢龙骨高大空间幕墙、锻钢特殊造型钢龙骨幕墙、弧面外装饰扣板幕墙。特别值得一提的是，办公楼外墙采用了独创的大型预制混凝土构件双层外呼吸玻璃幕墙，酒店和公寓则将外层幕墙去掉并将双层幕墙中空层转变为一步阳台。这个外墙设计既体现了绿色可持续理念，又体现了业主作为建筑施工企业的技术水平，同时体现了独特的建筑风格。（图57）

142 206 258 356 418 522 622 646

X

方法十：绿色驱动

在可持续建筑学策略上，我们强调充分发挥建筑学的特点。目前在建筑的绿色可持续设计上，机电专业占据着较大的话语权。产品在其中发挥着越来越大的作用，建筑师的传统工作在可持续设计中逐步被边缘化。然而，作为一种技术手段和设备，在建筑的全生命周期中，其在可持续发展上的作用受到极大的挑战。同时随着设备更新换代速度的加快，频繁更新设备，使得过分依赖设备和技术的可持续策略自相矛盾。因此发挥建筑师在可持续设计中的作用显得十分重要。这里所谓可持续的建筑学策略是指，在设计中利

图56　图57

用建筑师的全局控制能力，提出基于建筑学的宏观设计策略，找出基于建筑学的手法，弥补过分依赖技术和产品的弊端。通过实践我们提出了下列设计策略：

1）广义弹性设计

弹性设计本来是城市规划中的一个词汇，主要指使城市具有抵抗自然和人为灾害能力的设计。而广义弹性设计则指使建筑和城市能够具有长期适应自然和社会变化的能力的设计。它不仅关注传统的城市基础设施，而且也关注城市公共空间和个体建筑。

2）弱指向性设计

弱化功能，使建筑功能更具有弹性，减少后续改造的费用和难度，让建筑在全寿命周期中具有更大的适应性。

3）被动式绿色设计

这类设计策略通常表现为对一些传统的行之有效的设计方法的提炼和重新认识，主要聚焦在利用自然或传统手法实现绿色可持续目标，减少使用电力和复杂机械。

采用广义弹性设计和弱指向性设计并将其作为绿色可持续建筑设计的首要策略，是我们可持续建筑学策略的主要表现形式。

利用建筑手法设计绿色可持续建筑将使建筑学学科在未来的可持续建筑设计实践中重获主导地位。建筑手法是基于传统的营造技术，以及向自然界学习，利用简单的物理原理来实现，主要在两个方向上展开。一是总结和发掘新的设计方法，二是将传统的偏重感性的方法系统化、量化。

在这方面的主要项目有突出花伞可持续综合利用的2019北京世园会国际馆，采用覆土、导光设施、高性能外墙的京津合作示范区城市展馆。

2019北京世园会国际馆的可持续建筑策略主要是弱指向性设计和建筑构件的可持续综合利用。作为主体结构的花伞主要肩负着三项可持续功能：遮阳、雨水收集、太阳能光伏

图58　图59

板支架。由于功能的需求国际馆的展厅被设计成矩形的玻璃厅，在展厅外围的公共空间被花伞覆盖，使玻璃墙外侧的环境温度明显降低，同时也为公共空间提供了人性化的设计。花伞由伞盖和支柱构成，伞盖为一个漏斗形，雨水在花伞内汇集并沿支柱中的排水管排至作为雨水收集池的广场架空层内。同时花伞为太阳能光伏电池提供了大量安放的空间。（图58）

京津合作示范区城市展馆作为京津冀一体化的示范工程，对绿色可持续以及智能化有较高的要求。展厅位于新城中央湿地公园内，为了减小展厅对湿地公园的压迫感，我们将展厅的主体置于覆土下面，同时为了突出建筑的标志性，将少部分展厅悬置于覆土建筑上方，位于地面上的建筑体量小但造型奇特。覆土使建筑的大部分外墙获得了良好的热工性能，在非覆土建筑部分除采用常用的外墙外保温外，在漂浮的环形展厅外墙还采用了内循环双层玻璃幕墙。为了突出主展厅的绿色可持续策略，我们在主展厅中央设置了一个独特的导光设施。首先阳光通过漂浮于地面上的环形建筑的内侧反光面将光线聚焦于广场中央的天窗上，一个大型导光设施位于天窗下部。它由三部分组成：吊挂结构、镀膜菱镜玻璃组成的导光筒、穿孔铝板组成的柔光设施。天窗的玻璃为调光玻璃。这个导光设施可以将阳光导至位于覆土下方的主展厅内，从而节省大量照明用电。

除了控制设计输入的相关部分外，对内部作业的可见作业部分进行控制也非常重要。

方法十一：几何逻辑

从某种意义上来说，建筑设计最重要的工作是形象思维，我们认为在形象思维过程中注重几何逻辑关系是设计高质量建筑的方法保障。在形式生成过程中存在着两个重要的步骤，即几何原型的获取和几何操作。在这两个步骤中注重手法的逻辑性和条理性就是所

图 60

谓的几何逻辑。注重几何逻辑关系贯穿在我们设计的所有作品中。例如妫河创意区综合管理用房的几何原型为矩形和由矩形构成的L形。其来源是基础几何学。几何操作步骤如下：将两个相似的L形几何体相对叠放，南侧的L形放置在下面，北侧的放置在上面；将不同尺寸的矩形体块散落布置在南侧L形上部和北侧L形的下部，其几何原型简单，操作步骤清晰明确。（图59）

寻求空间完整性是建筑设计的基本要求，也是几何操作的基础。由于其最基本的基础特征，让它往往被大多数建筑师忽略，特别是在受到来自相关专业介入的干扰时。比如结构专业基于效率而确定的梁、板、柱的尺寸，往往会突出建筑界面，使完整的空间变得支离破碎，而在设计中有意识地消弭这一矛盾的建筑师并不多。

XII

方法十二：空间完整

在建筑设计过程中建筑师首先应该建立追求空间完整性的观念，同时也应该意识到空间的完整性需要各专业的合作与协调。另外应避免将实现空间完整性的方法全部寄托在精装修上，应尽量让专业设计与建筑设计取得协调，避免过多虚假装饰。

北京建筑大学大兴新校区学生综合服务楼是一个钢筋混凝土大跨度建筑。按常规设计，巨大的梁和柱子会成为建筑中的主要元素。为了让结构构件消隐在建筑语汇中并且保证内部空间的绝对完整，我们在建筑外侧设置了柱廊，将柱子放在柱廊中从而保证了建筑室内空间的完整。同时结合天窗设计、建筑屋顶造型设计、建筑平面的单元化设计以及热工的考虑，我们将屋面设计成双层，将巨大的混凝土梁消融在建筑语言中。另外在建筑四周的柱廊设计上我们利用几何操作将平面几何单元拉升为立体并对体型进行转动和切割，从而使柱子也消隐在建筑语言中。（图60）

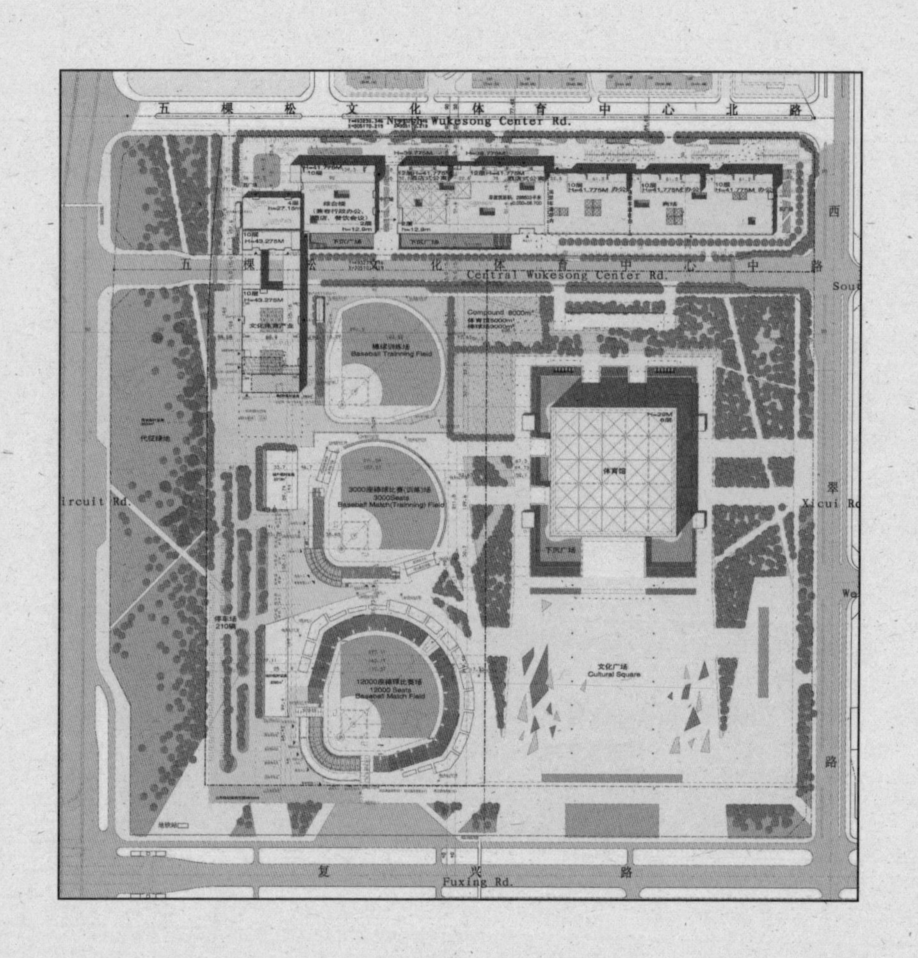
五棵松文化体育中心北路
North Wukesong Center Rd.
五棵松文化体育中心路
Central Wukesong Center Rd.
Compound 8000m²
棒球训练场
Baseball Training Field
3000座棒球比赛(训练)场
3000Seats
Baseball Match(Trainning) Field
12000座棒球比赛场
12000 Seats
Baseball Match Field
体育馆
下沉广场
文化广场
Cultural Square
复兴路
Fuxing Rd.
Xicui Rd.

图61

流程控制是一个复杂的系统工程，在实践中我们尝试对流程图中的几个选项分别进行控制，以便产生广义韧性建筑。同时我们也尝试扩大控制的规模，比如将设计输入和内部作业的可见作业部分综合在一起进行控制，实现更大范围的理性设计。例如五棵松体育中心的总图设计（五棵松体育公园）。

XIII

方法十三：工作系统

114
02

五棵松体育公园采用独创的“工作系统”进行设计，设计按预设的步骤逐步推进。首先我们就人在公园中健身时的行为模式以及对场地的选择进行了详细的调查，然后和软件工程师根据调查结果设计了一个软件，再将现有设计条件输入软件，计算出结果，然后根据计算结果进行设计。这是一次关于理性设计、算法建筑和自动设计的设计实验。通过实验我们重新审视了理性在设计流程中的作用，同时重新认识到感性在其中的基础性地位。（图61）

利用计算机程序和算法进行建筑设计也是对可见作业进行有效控制的方法，我们在实践中也对这部分控制进行了卓有成效的实验。比如杭州奥体中心体育游泳馆的设计。

XIV

方法十四：自动设计

418
16

所谓自动设计即用计算机程序代替人进行方案设计，尤其是进行形式设计。
2011年完成施工图设计的杭州奥体中心体育游泳馆是一个规模近40万平方米的体育综合体，包括体育馆、游泳馆、商业、停车库等，是杭州亚运会的主要场馆。该项目采用了非线性造型，工程异常复杂。这个项目的主要特点是结合造型和BIM技术，探索如何利用参数化设计进行方案设计和施工图设计，是一个以设计驱动方法变革的尝试。（图62）

图 62

关于理性设计在建筑设计中的问题，我在《建筑设计流程的转变》一书中有过详细的讨论，这里我只想强调，从宏观的角度厘清什么可以进行理性设计，什么不能进行理性设计，对有效地运用理性设计至关重要。

对设计评价和设计输出的控制在我的实践中目前并未涉及，将在后续的研究中给予专篇论述。

通过对十四种方法的介绍，我们不难发现，实现广义韧性建筑的设计方法可以分为三种类型。第一种类型是从流程上保证能够产生广义韧性建筑。此类方法包括：问题驱动、全面评估、工作系统、自动设计。第二种类型是品质保证类，这类策略主要用于保证建筑设计的品质。此类方法包括：边界形态、景观驱动、积极立面、结构驱动、材料驱动、绿色驱动。第三种类型是关于功能适变类，这类方法为建筑在功能上的韧性提供设计方法。此类方法包括：功能转换、混合功能。

总之从方法论的角度控制设计流程是实现广义韧性建筑的一个有效的设计手段，但并不是唯一的手段。只是在现在经典的现代建筑设计手法占主导地位的时候，流程控制应该是一种最有效的方法。

作品 Works

01 上海青浦区体育馆训练馆改造
Shanghai Qingpu Stadium & Training Hall Renovation

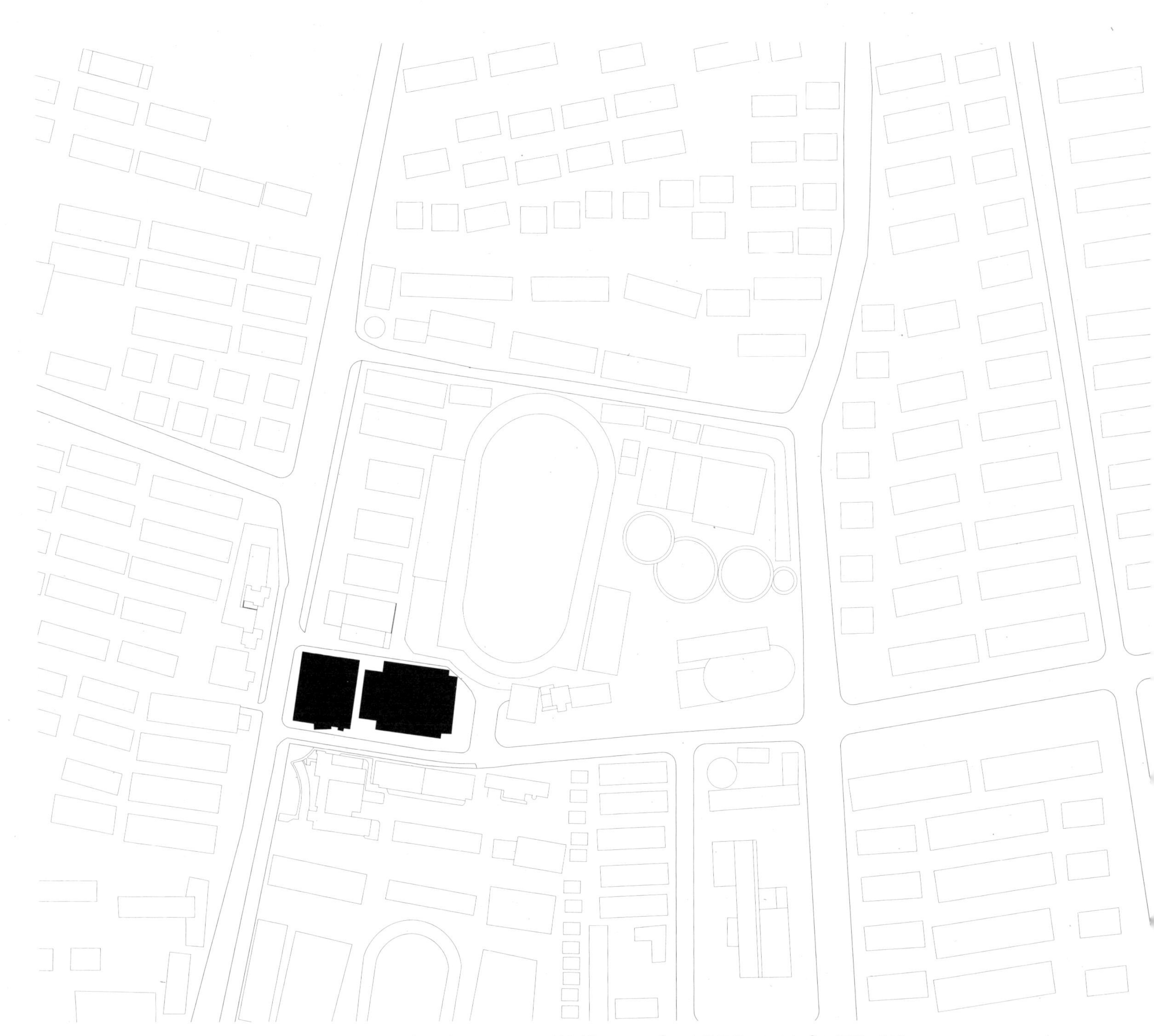

地点：上海市，青浦区 | 类型：建筑改造 | 状态：已建成 | 时间：2007 | 用地规模：5536m^2 | 建筑规模：8100m^2 | 摄影：付兴

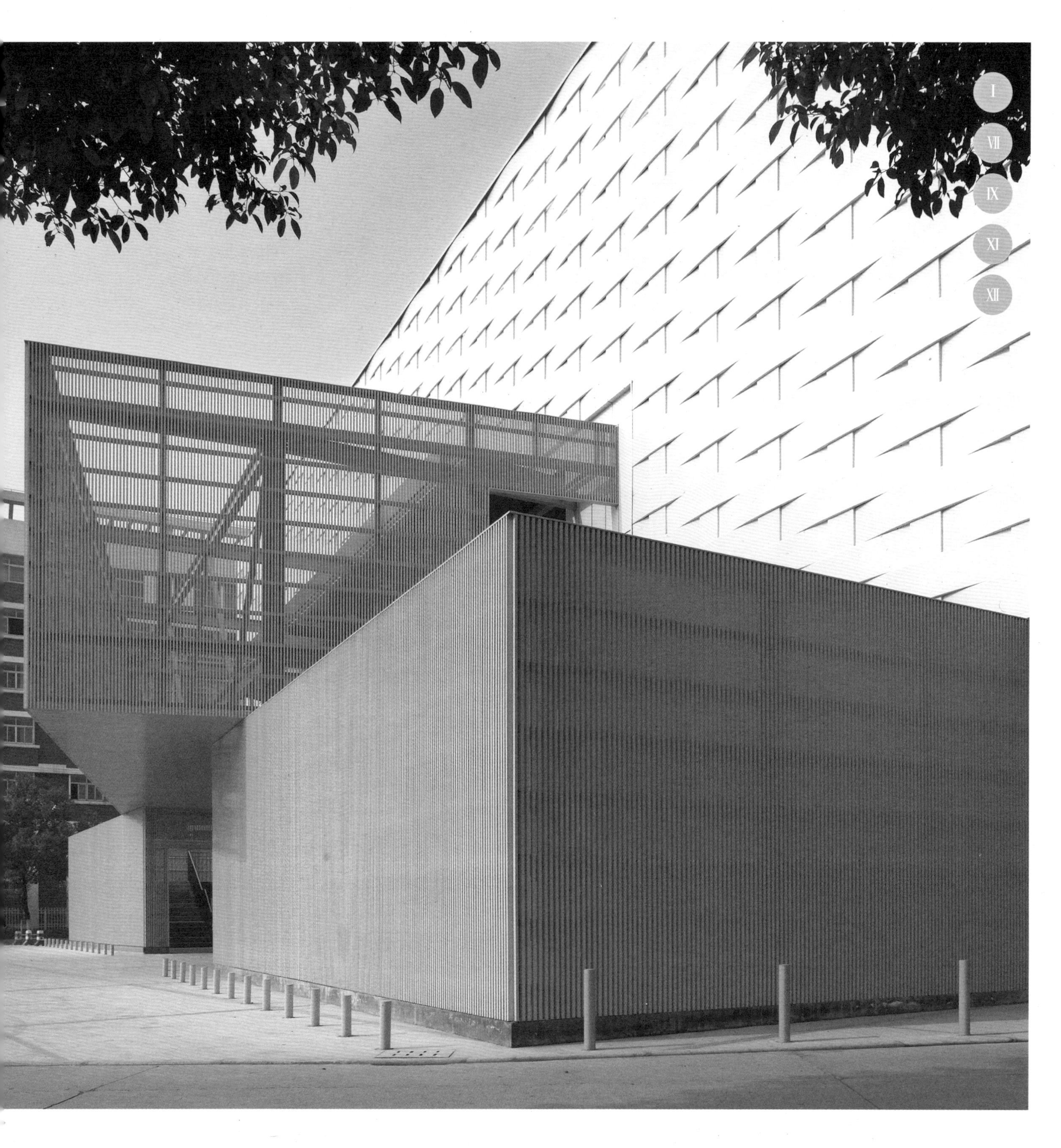

I
VII
IX
XI
XII

一、概况

项目位于上海市青浦区旧城，体育馆路与外青松公路交会处的东北角。周边建筑较破旧。

该项目是一个改造项目，被改造的部分包括一个体育馆和一个训练馆。两个馆均建于 20 世纪 80 年代早期，原建筑设施陈旧，建筑立面存在较大缺陷，不能满足城市快速发展的需求。业主要求通过改造改善城市面貌，改善建筑物的内部条件，为普通市民提供一处健身场所。

体育馆为一幢单独的建筑，其中包括门厅、比赛大厅、观众厕所及附属用房。比赛大厅内原有 1280 个座位，本次改造将原看台拆除，重新建造为有 818 个座位的看台，体育馆的面积为 $2530m^2$。训练馆位于体育馆东侧，由一个主体建筑和一个附属建筑组成。该建筑为两层，首层包括门厅、乒乓球室和健身俱乐部，二层为柔道、跆拳道训练馆和附属用房，建筑面积为 $5569m^2$。

二、韧性方法类型

· 流程保证

· 品质保证

· 功能适变

三、韧性设计方法

· 问题驱动

设计构思以发现问题为出发点，本项目我们主要将设计问题聚焦如下：

1）由于体育馆是从一个室外篮球场经数次加建逐渐形成的，所以没有施工图和结构计算书；

2）体育馆门厅小，没有为观众服务的专用卫生间；

3）体育馆和训练馆之间的防火通道被违章建筑堵死；

4）体育馆和训练馆的一层被网吧、小商业占用；

5）训练馆为公众提供垂直交通的室外楼梯，位置重要，但形象欠佳；

6）训练馆一、二层主入口没有合适的雨罩；

7）两栋建筑体型和立面有一定特色，但与新的审美要求有较大的差距，且两栋建筑风格各异；

8）建筑正负零标高比市政道路低，下雨时经常出现雨水倒灌现象；

9）体育馆内部设施陈旧；

10）体育馆空调室外机位于主入口上方，影响观感；

11）韧性能力提升。

针对上述问题我们提出了改造策略：

1）不对原建筑主体的外墙和结构进行拆改，在建筑外侧增加一个相对独立的外墙，把原建筑的主体包起来并使两建筑在体型上建立几何关系，统一建筑风格；

2）将体育馆的两个门厅拆除，新建两个加大了的门厅，在其中增加专为观众使用的卫生间；

3）在训练馆主入口处增加三个盒子，将室外楼梯包上，并在一、二层主入口增加较大的雨罩；

4）拆除两栋建筑之间防火通道上的违章建筑；

5）全面改善体育馆的内部设施，包括更换看台、拆除吊顶、重新油漆钢结构和设备管线；

6）迁出建筑内的所有商户，将其占用的空间恢复成运动健身用房；

7）在体育馆门厅上增加若干金属盒子，一来遮挡空调室外机，同时又为入口提供了雨罩；

8）全面改善室外排水系统。

· 积极立面

本项目毗邻老城商业区，三面临市政路，一面临广场。设计从关注城市公共空间出发，在临城市市政路的三个立面注重形成街墙，立面根据功能布置大面积落地玻璃窗，有利于室内外产生互动。面向广场的立面通过对原室外主楼梯的改造，为广场提供了视觉焦点和活力元素。

· 材料驱动

根据本工程实际情况，我们在设计时大胆地尝试使用了新材料和独创的构造方式。原建筑在白天使用时以自然采光为主，因此在立面改造时，我们希望找到一种质量轻、强度大、对采光影响不大的材料。最后我们采用了聚碳酸酯板，并使用了编织的方法将其固定在后面的钢架上，这不仅保证了建筑内部的自然采光，也形成了独特的立面。

· 几何逻辑

原建筑由两个馆并排组成，但两个建筑的体型和立面缺乏联系。我们通过一系列的几何操作，为两栋建筑的体型和立面建立了紧密的联系。具体手法如下：

1）将体育馆入口门厅、体育场和训练馆之间的连接部分以及训练馆二层室外入口雨罩拆除。

2）将训练馆体型分成上、下两部分，体育馆的下部新增两个门厅，在改善原有体型的基础上，也让两个建筑有了较好的关系。

3）在体育馆入口上方增加两个盒子，隐藏空调室外机的同时作为入口的雨罩。用同样的手法在训练馆附属建筑外侧增加金属格栅，并将其设计成两个错动的盒子。最后用金属格栅将训练馆的两个室外楼梯和二层入口包成三个大盒子。

4）将上述金属盒子进行一些错动和扭转，从而使形体更加生动活泼。

· 空间完整

注重各专业的协调，避免结构、机电专业的构件、设备破坏建筑空间的完整性。

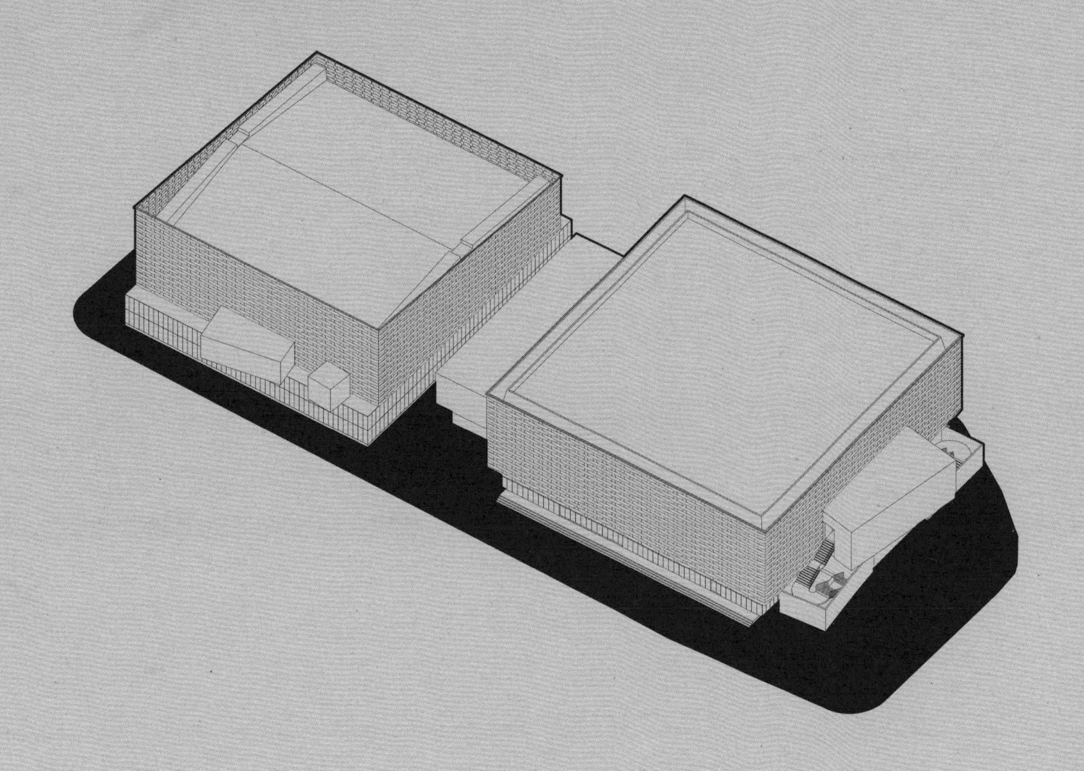

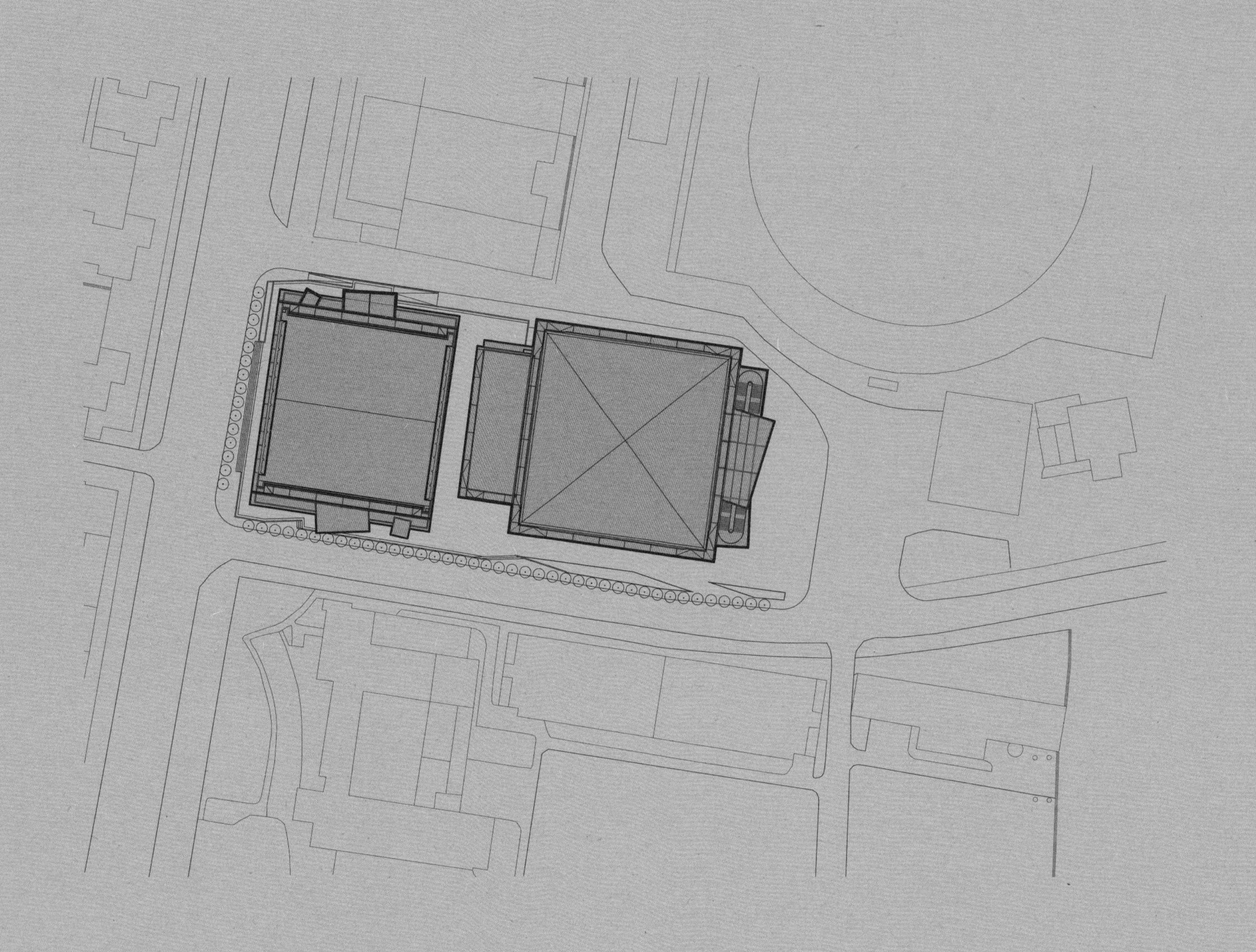

总平面图

0 5 15 30

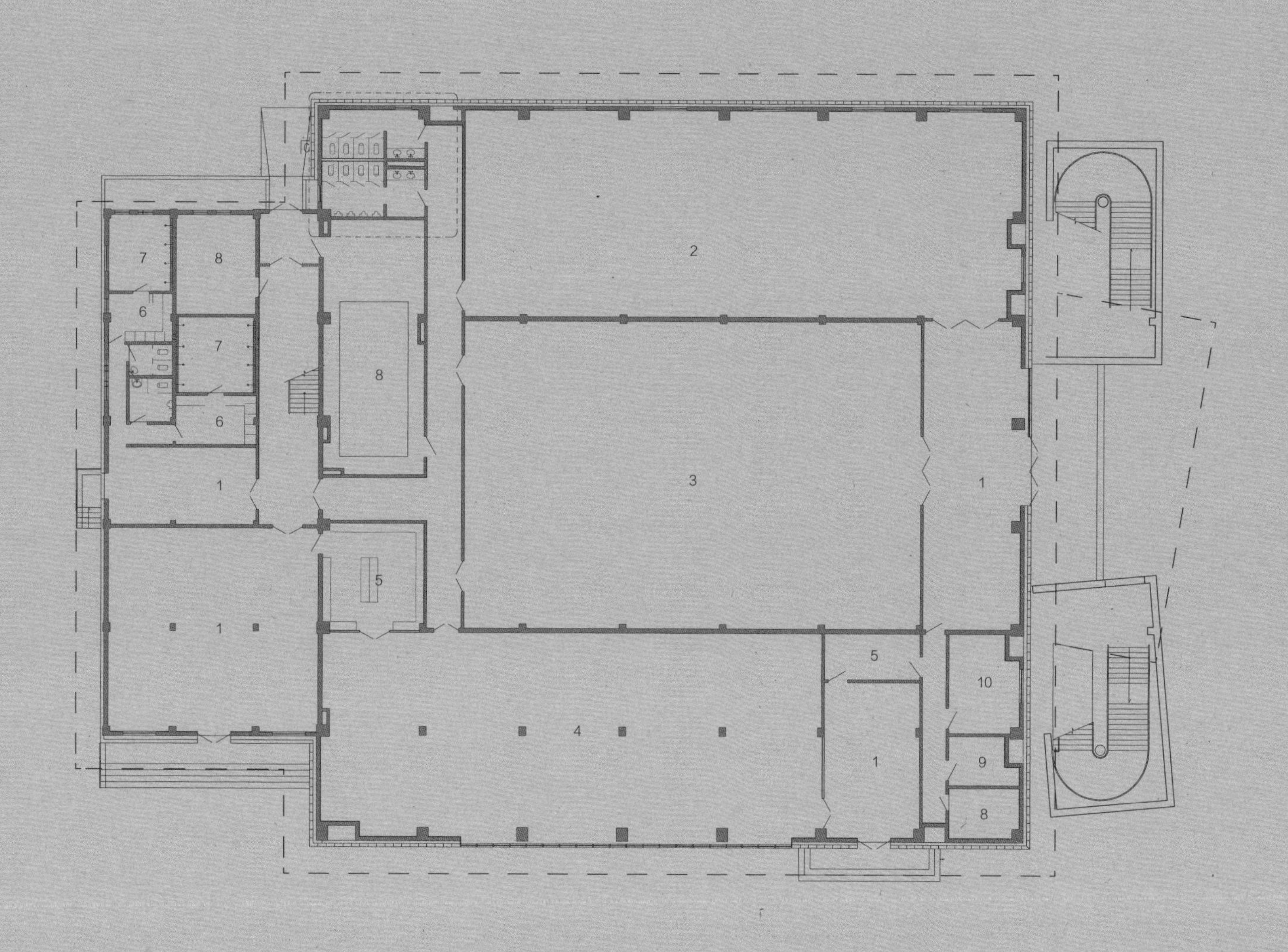

训练馆平面图

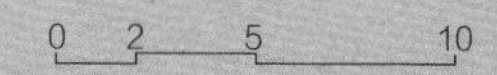

1. 门厅　2. 台球厅　3. 溜冰场　4. 乒乓球馆　5. 商店　6. 更衣室　7. 淋浴间　8. 设备间　9. 库房　10. 管理用房

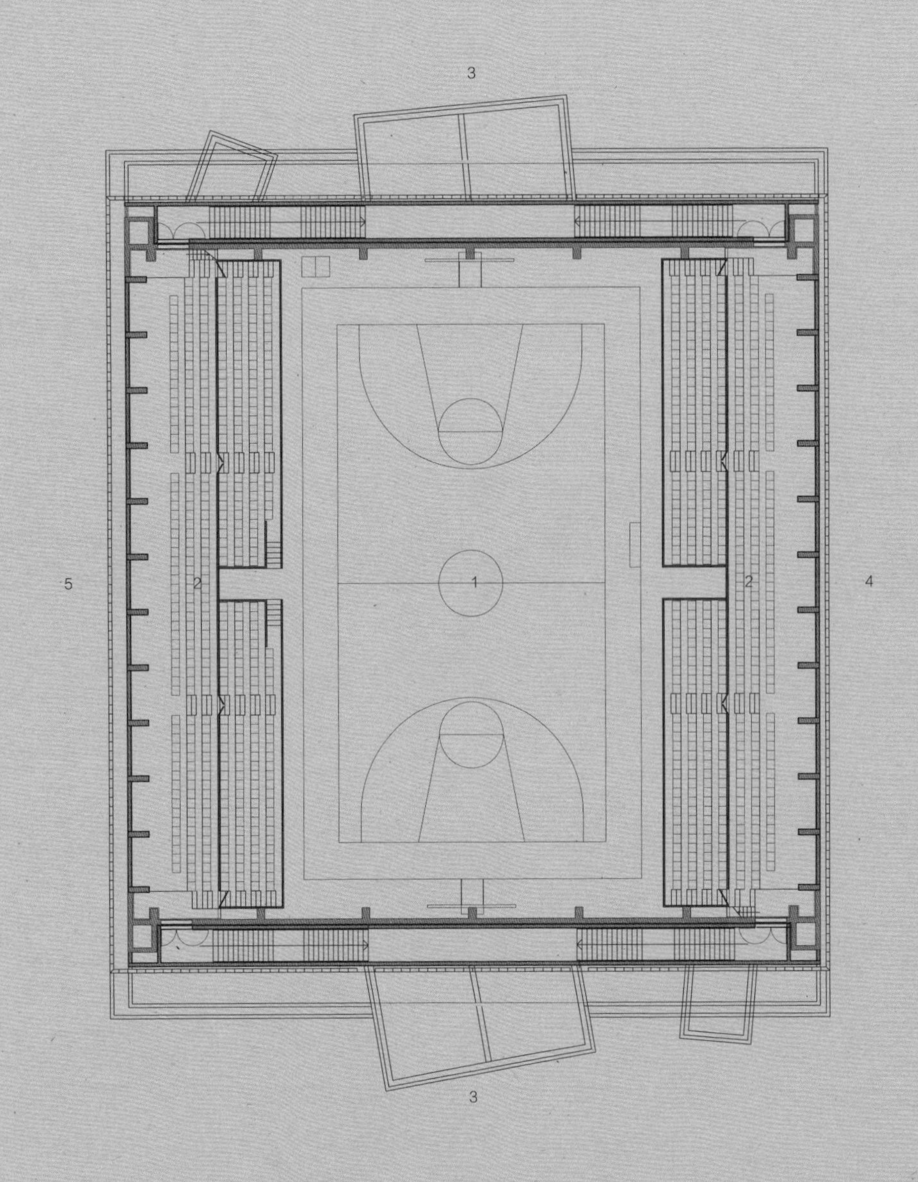

体育馆平面图

0 2 5 10

1. 篮球馆　2. 看台　3. 观众出入口　4. 运动员出入口　5. 工作人员出入口

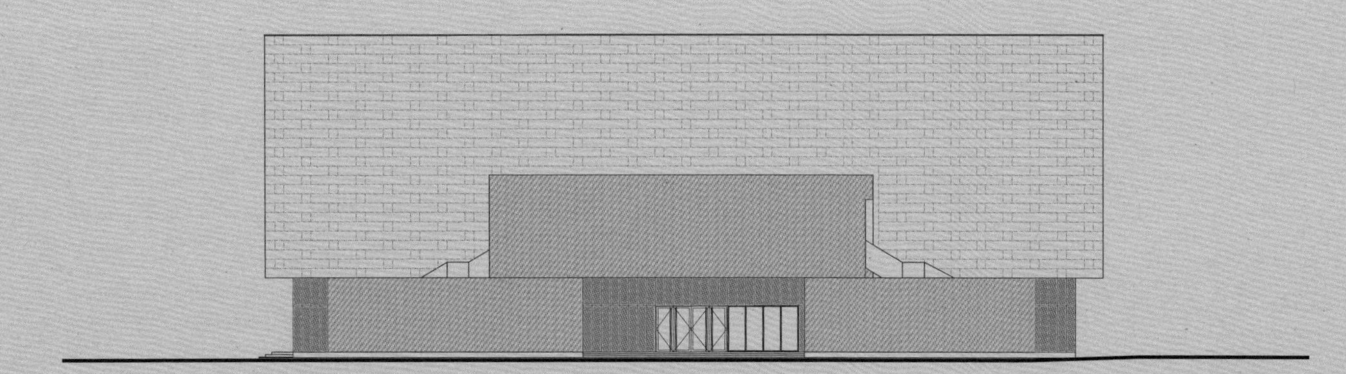

训练馆东立面图

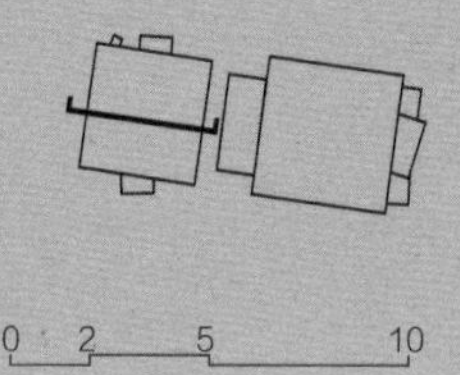

体育馆剖面图

0 2 5 10

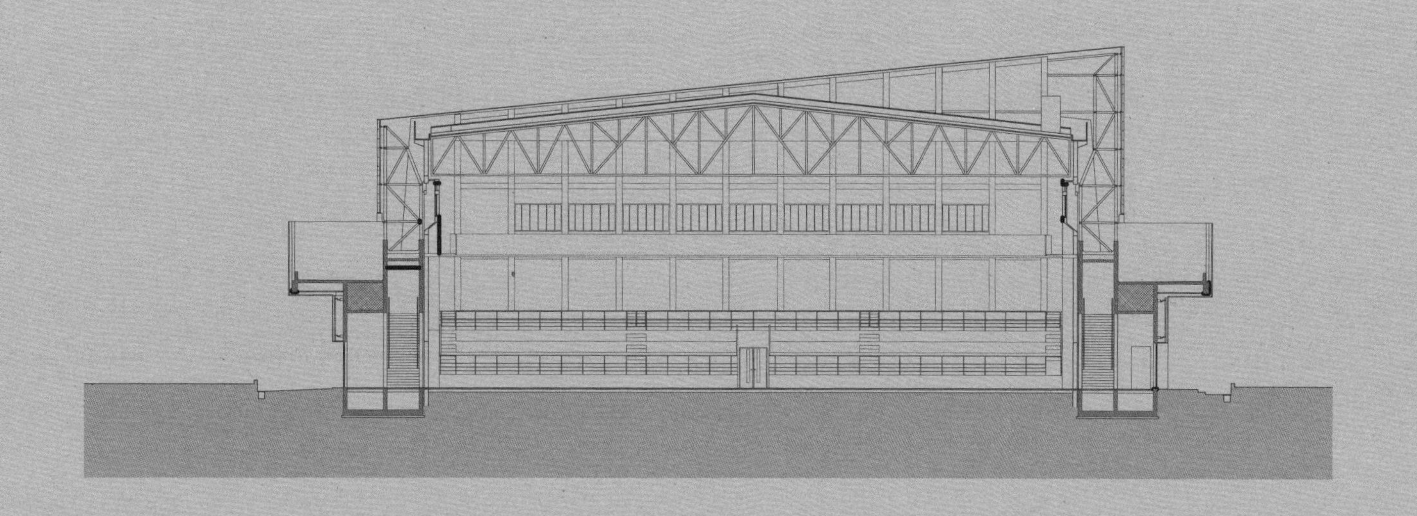

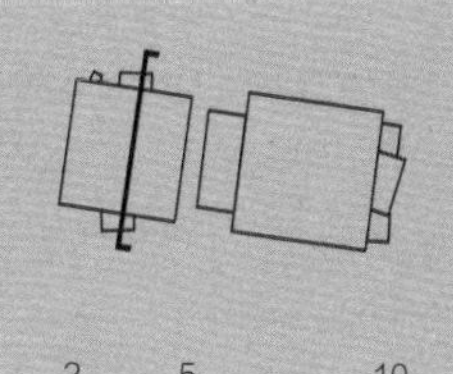

体育馆剖面图

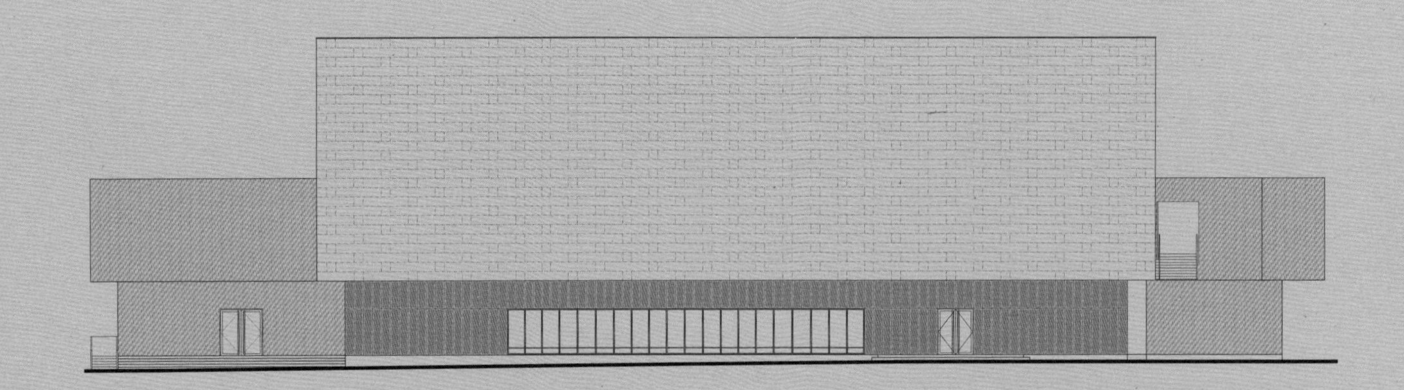

训练馆南立面图

改造前

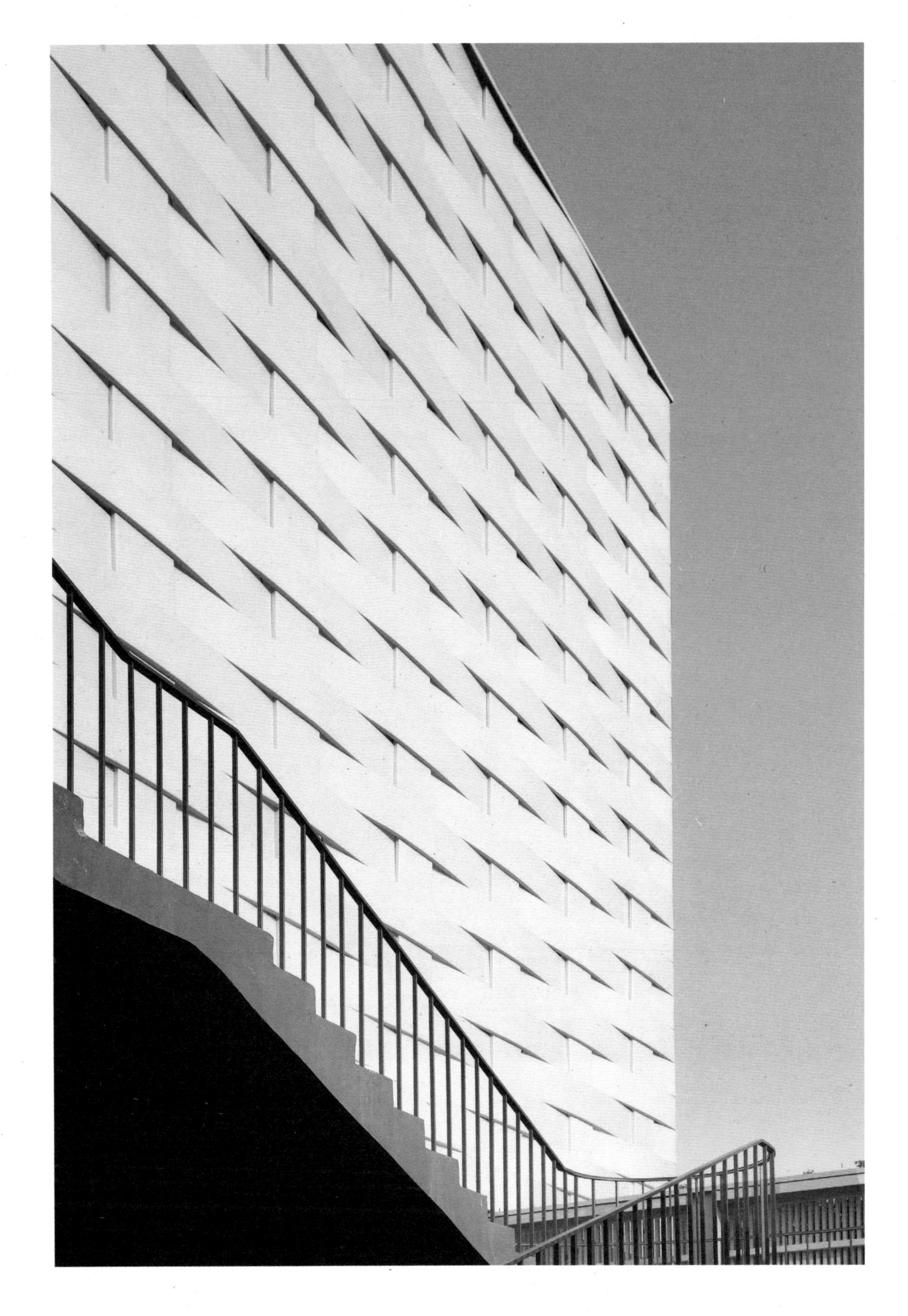

运动为生命增添活力，健康让生命充满阳光
张家港

02 五棵松体育馆
Wukesong Indoor Stadium

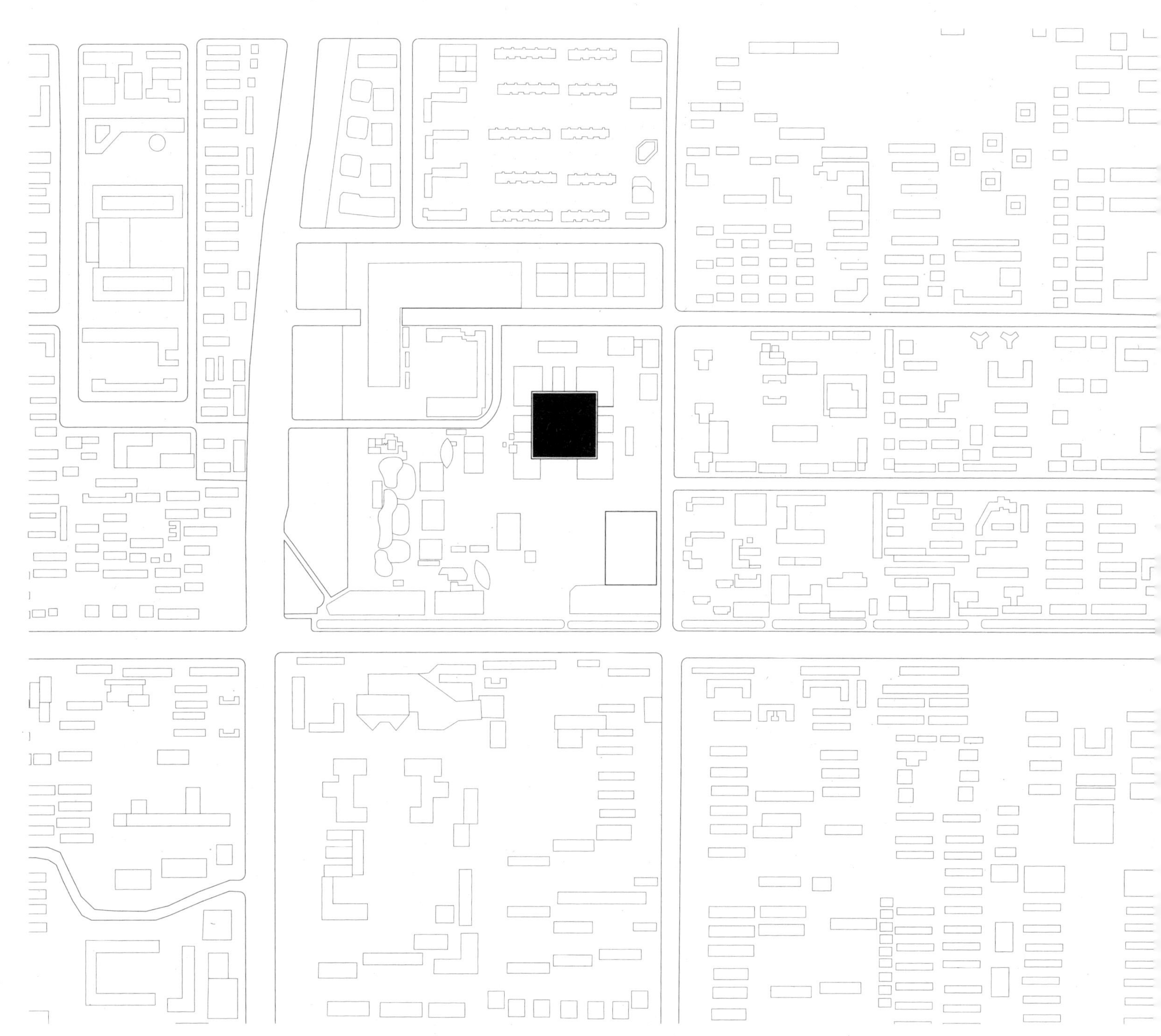

地点：北京市，海淀区 | 类型：体育建筑 | 状态：已建成 | 时间：2008 | 用地规模：52 公顷 | 建筑规模：63000m² | 摄影：付兴、杨超英

I
III
IV
VIII
IX
XI
XII
XIII

一、概况

五棵松体育馆位于北京市海淀区五棵松，长安街延长线北侧。

项目周边为成熟的社区，四周均有市政道路，公共交通发达。其中南边道路为长安街延长线，西边道路为四环路，东边道路为西翠路，北边道路为五棵松北路。用地东侧、北侧为高层住宅区，西侧为教育、办公建筑，南侧为医院和办公建筑。

项目位于五棵松体育中心内，体育中心除体育馆外，还包括配套商业、五棵松棒球场（奥运会后拆除）、体育公园。体育中心占地 50 公顷，平面近似正方形，用地平整。

五棵松体育馆是 2008 年北京奥运会的篮球比赛场馆，也是国内第一个配备专业大型表演后台、冰场，可以提供热食和正餐，装备大型中央吊斗屏的综合体育馆。体育馆观众人数 18000 座，带一层包厢。体育馆外轮廓 130.8m×130.8m，并具有冰篮转换功能，体育馆各种设施齐全，可以举办最高规格的体育赛事和大型文艺表演。

五棵松体育馆地上两层，地下一层。体育馆坐落在一个巨大的下沉广场中，观众和特殊人员分别从首层和下沉广场四周进入体育馆。体育馆这种独特的剖面设计，取消了大型体育馆通常的高架平台和大台阶，观众可以平层进入体育馆，体现了人性化的设计理念。

二、韧性方法类型

· 流程保证

· 品质保证

· 功能适变

三、韧性设计方法

· 问题驱动

五棵松体育馆的设计构思以发现设计问题为出发点，本项目我们主要将设计问题聚焦在：

1）大型体育场馆的赛后韧性；

2）人性化的观众流线；

3）新建筑材料和外墙设计创新；

4）大跨度建筑的结构表现力；

5）建筑体型关系。

· 功能转换

为了解决好大型场馆的赛后韧性问题，五棵松体育馆在设计之初即摒弃了惯用的聚焦赛事的设计理念，并将设计的重点放在赛后利用上，将比赛大馆的功能定位转变为多功能文化体育综合馆。

· 混合功能

这座多功能文化体育综合馆首先在功能配置上将过去主要为赛事特殊人员（运动员、教练员、裁判员、媒体、贵宾、安保人员、场馆运营人员）服务的用房标准降至低限，加大为文艺演出服务和观众服务的用房规模。其次在看台碗形设计上以观众和运动员、演员的互动体验为出发点，将碗形看台的聚拢感设计得恰到好处，既能满足安全要求，又能让运动员和观众感受到浓烈的现场气氛。大量热食和正餐的引入在我国大型体育馆中也是首例。看台护栏外侧的环形屏和中央吊斗屏进一步烘托了气氛，屋架为演出预留了充裕的荷载，为场馆举行多种赛事和表演提供了良好的物质条件。

· 结构驱动

在体育馆大跨结构选型时，通常采用球节点钢网架系统，虽然该系统构造简单效率高，但设计感差，与建筑设计风格冲突。为此我们采用了型钢正交焊接钢桁架系统，方正硬朗的钢桁架与建筑的整体风格和谐一致。

· 材料驱动

五棵松体育馆立面设计突出了材料和构造在构思中的重要地位，本着安全、适用、创新的理念，我们在屋面和外墙上进行了许多创新。

五棵松体育馆体型方正屋顶平整，不适于采用惯常的金属屋面系统，为此我们根据结构形式将屋面分成若干四棱锥单元，屋面防水材料采用了当时先进的 PVC 膜材。

五棵松体育馆外墙面积大、表面平直，根据这个特点我们设计了大型外装饰玻璃肋玻璃幕墙，玻璃采用彩釉玻璃，玻璃幕墙的二次结构结合建筑的整体风格，采用了和外侧相近的薄片钢板柱，该设计既解决了高大空间的幕墙结构问题，同时又使结构构件成为体现力量和美的设计元素。

· 几何逻辑

在设计中注重建筑体型的几何逻辑关系是我们设计实践的最基本遵循。作为设计的底层逻辑，本项目的基础几何图形（几何原型）为正方形，围绕着这个几何图形我们采取加法的几何操作方式，将若干正方形和矩形组合在一起形成五棵松体育馆的体型，同时在外墙、屋面、下沉广场、跨地下广场人行桥等重要部位均采用以矩形为基础的几何图形进行设计，强化了以方形为主题的简洁、硬朗的整体建筑风格。

· 空间完整

空间完整性作为我们另一个基本遵循，一直贯穿在体育馆的所有设计过程中。在建筑的主要空间中，结构、机电专业的构件和设备被全面控制，严格避免上述构件和设备破坏空间完整性。

· 工作系统

五棵松体育公园采用独创的“工作系统”进行设计设计按预设的步骤逐步推进。这是一次关于理性设计、算法建筑和自动设计的设计实验。通过实验我们重新审视了理性在设计流程中的作用，同时重新认识到感性在其中的基础性地位。

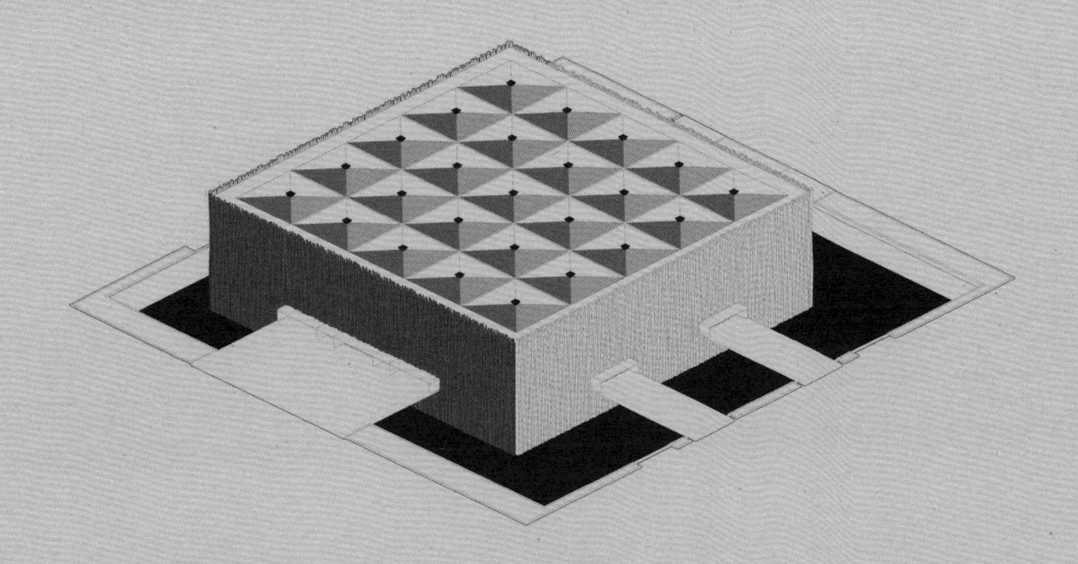

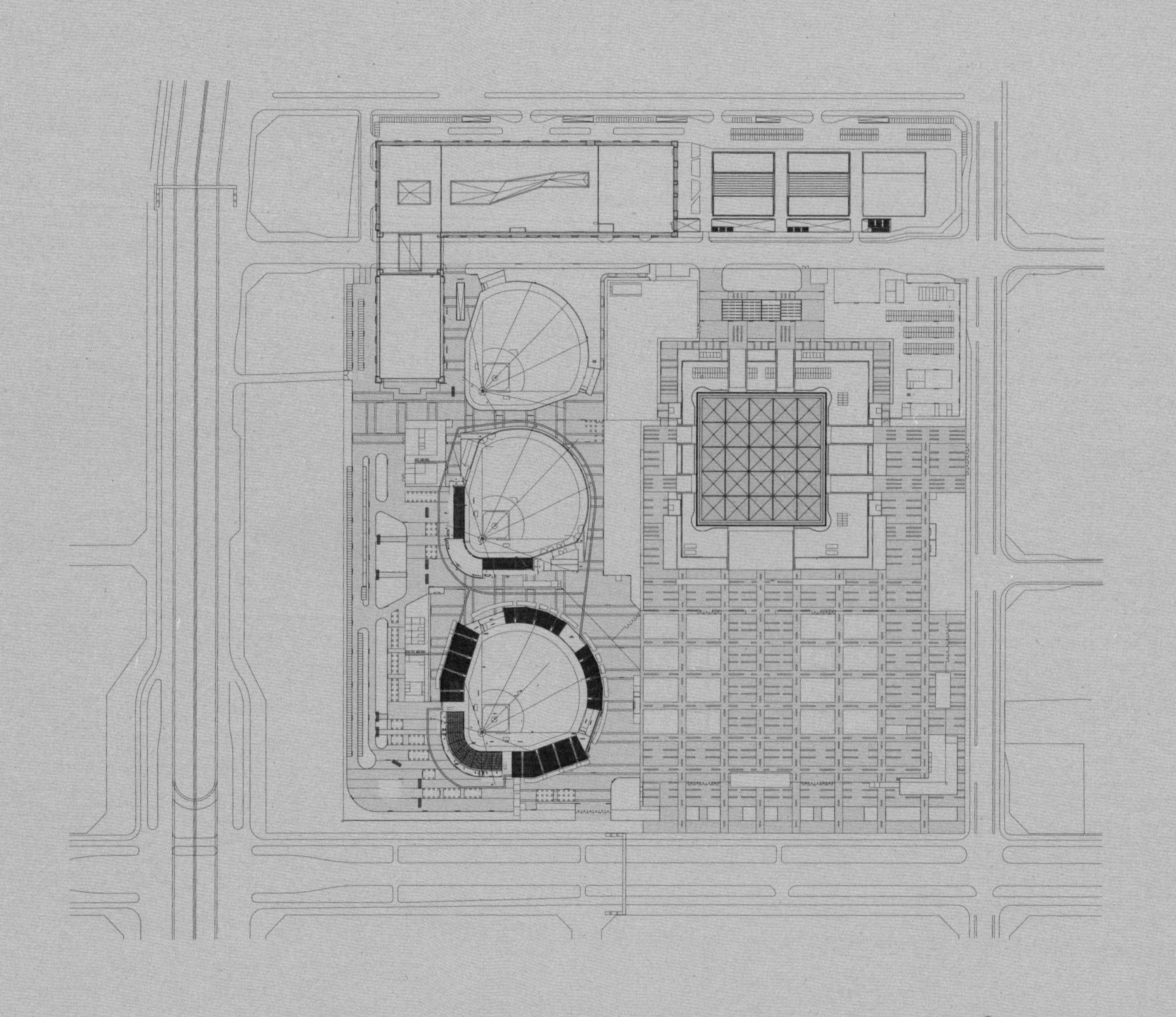

总平面图

0 20 50 100

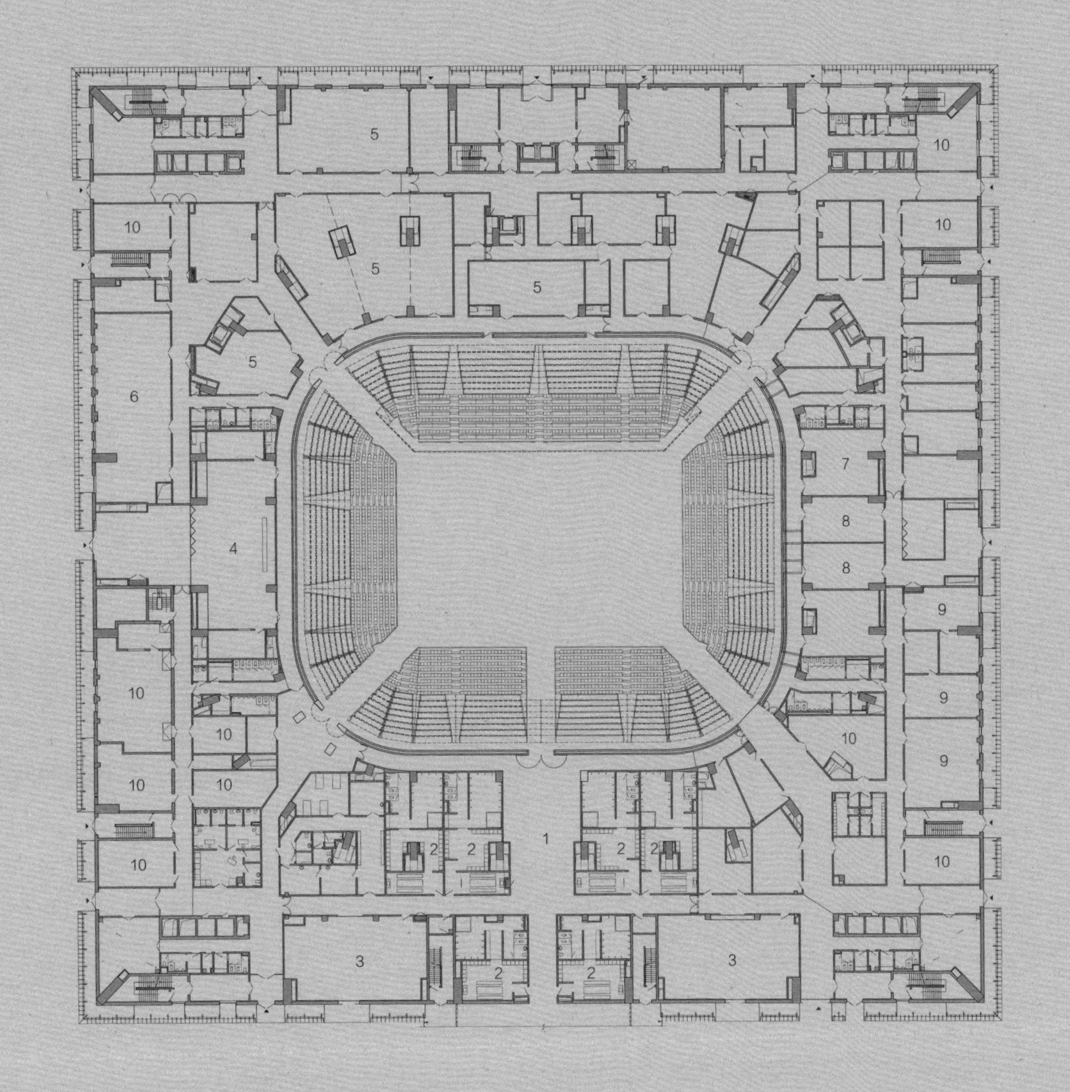

赛时平面图

0 2 5 10

1. 检录大厅　2. 运动员更衣室　3. 器材库　4. 新闻发布厅　5. 文字记者工作区　6. 摄影记者工作区　7. 技术人员办公室　8. 总记录室　9. 裁判委员会室　10. 机房

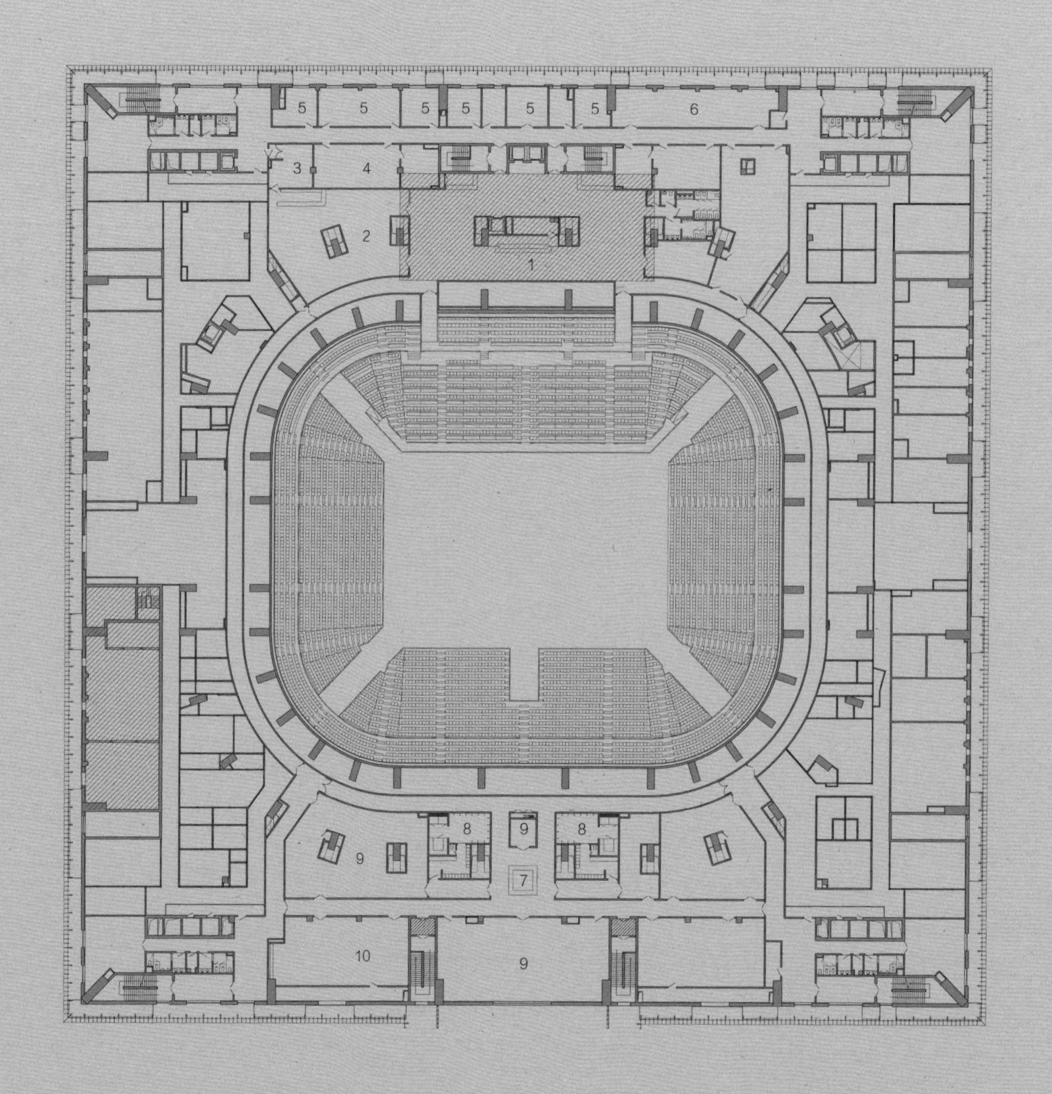

二层平面图

0 2 5 10

1. 贵宾厅　2. 餐厅　3. 备餐室　4. 多功能会议室　5. 办公室　6. 志愿者休息室　7. 接待　8. 更衣淋浴室　9. 机动用房　10. 安保后备用房

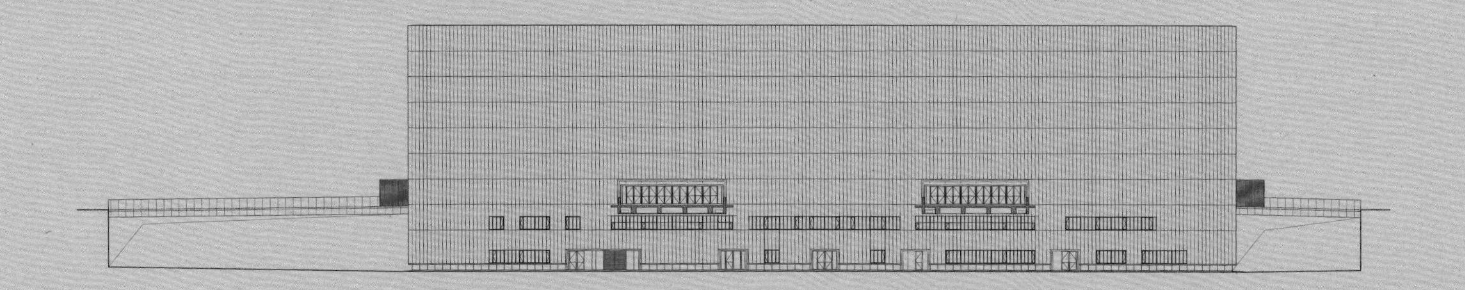

北立面图

0 2 5 10

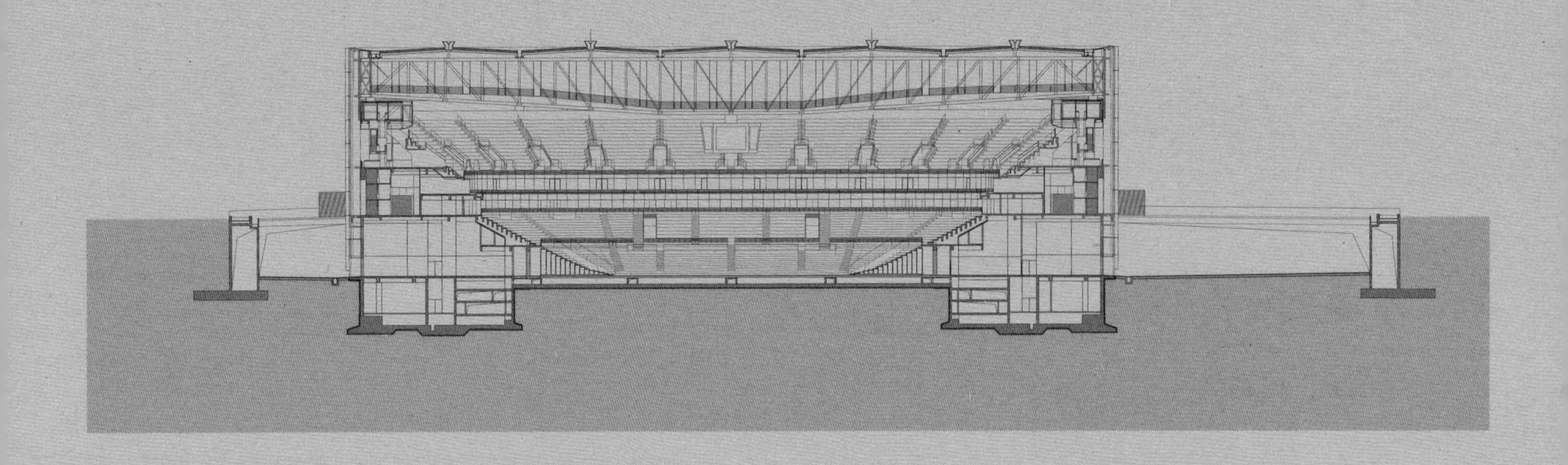

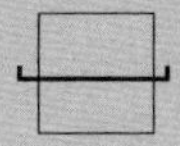

剖面图 1-1

0 2 5 10

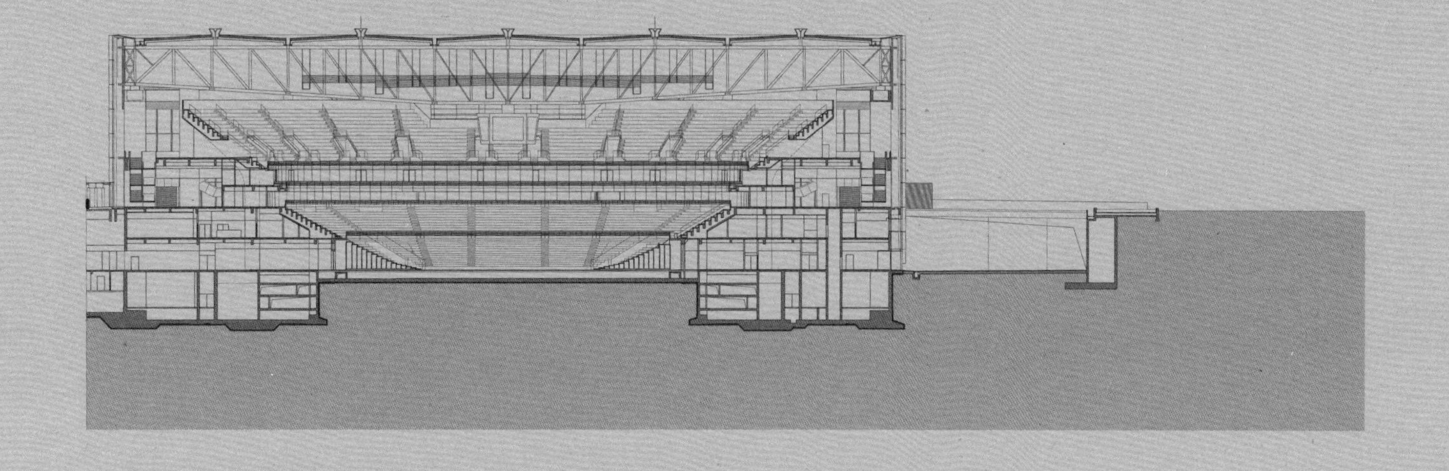

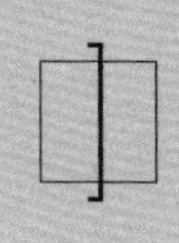

剖面图 2-2

0 2 5 10

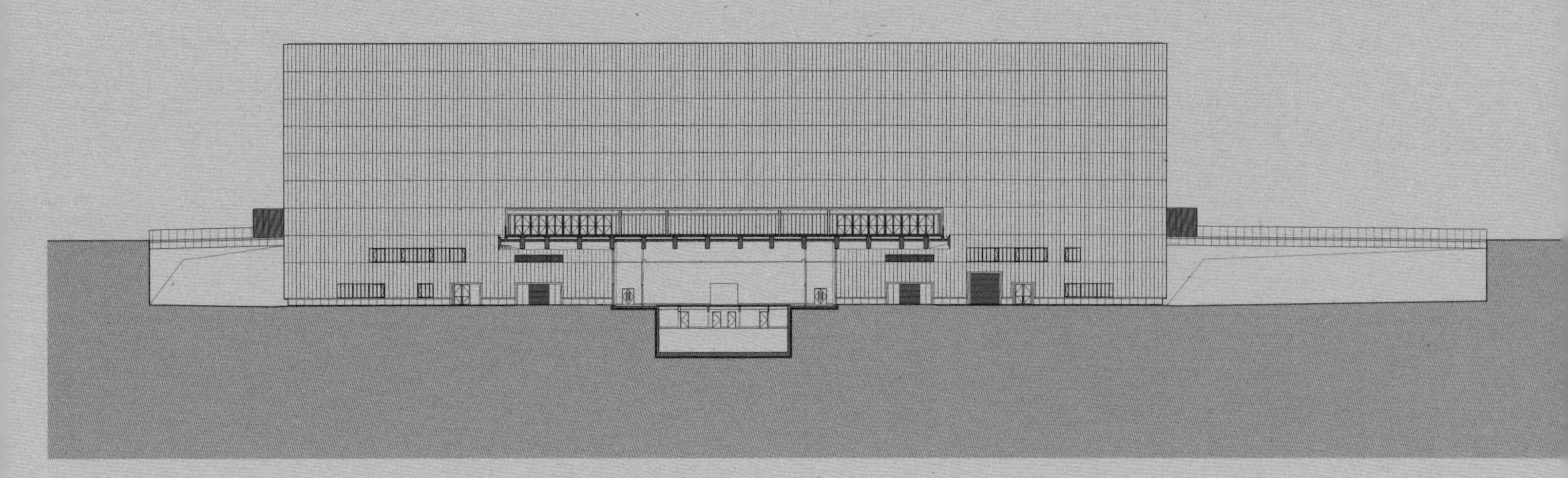

南立面图

0 2 5 10

110
SECTION
28

316区
Section
女
Women
男

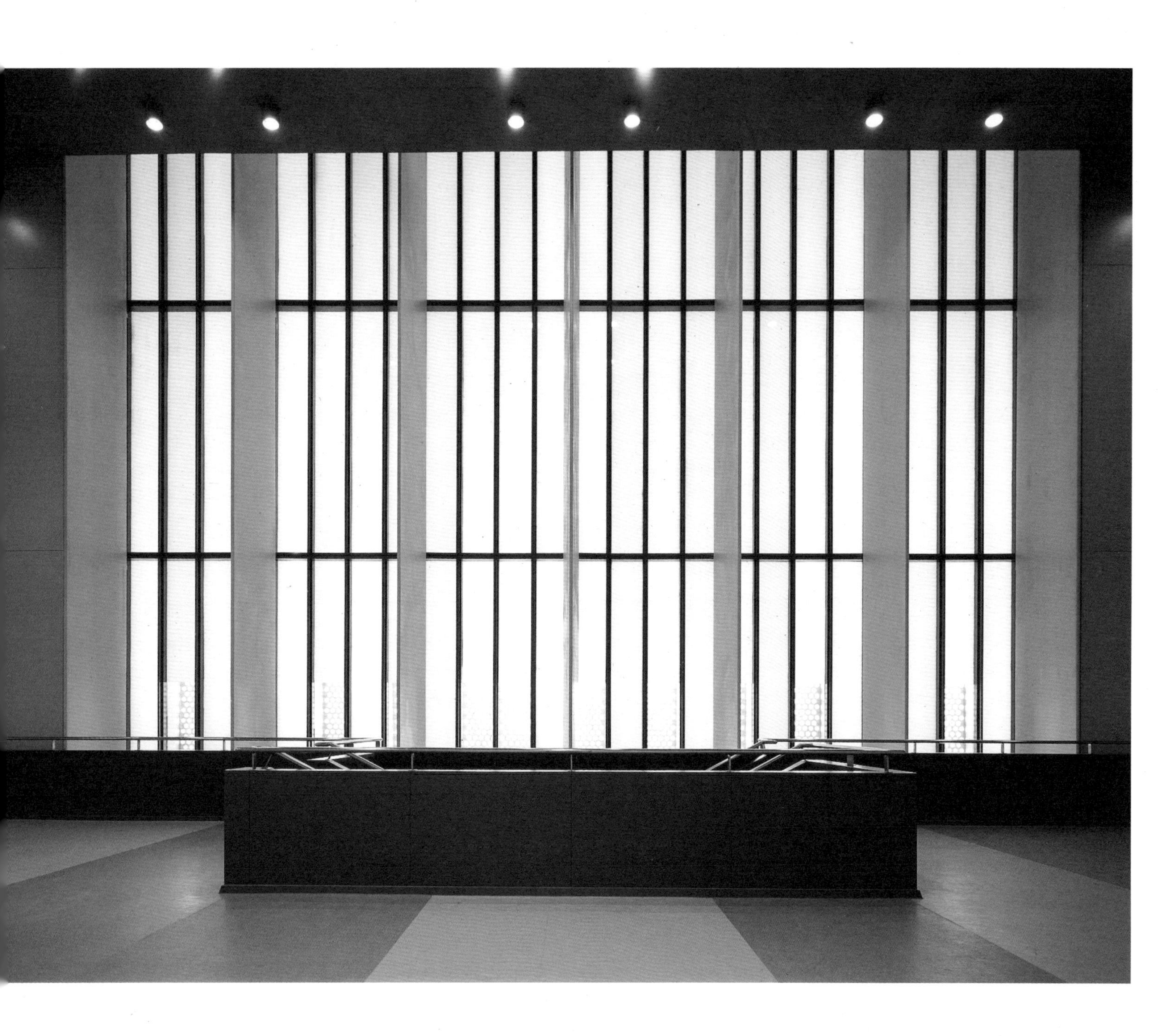

03 北京建筑大学新校区学生综合服务楼
BUCEA New Campus Student Comprehensive Service Building

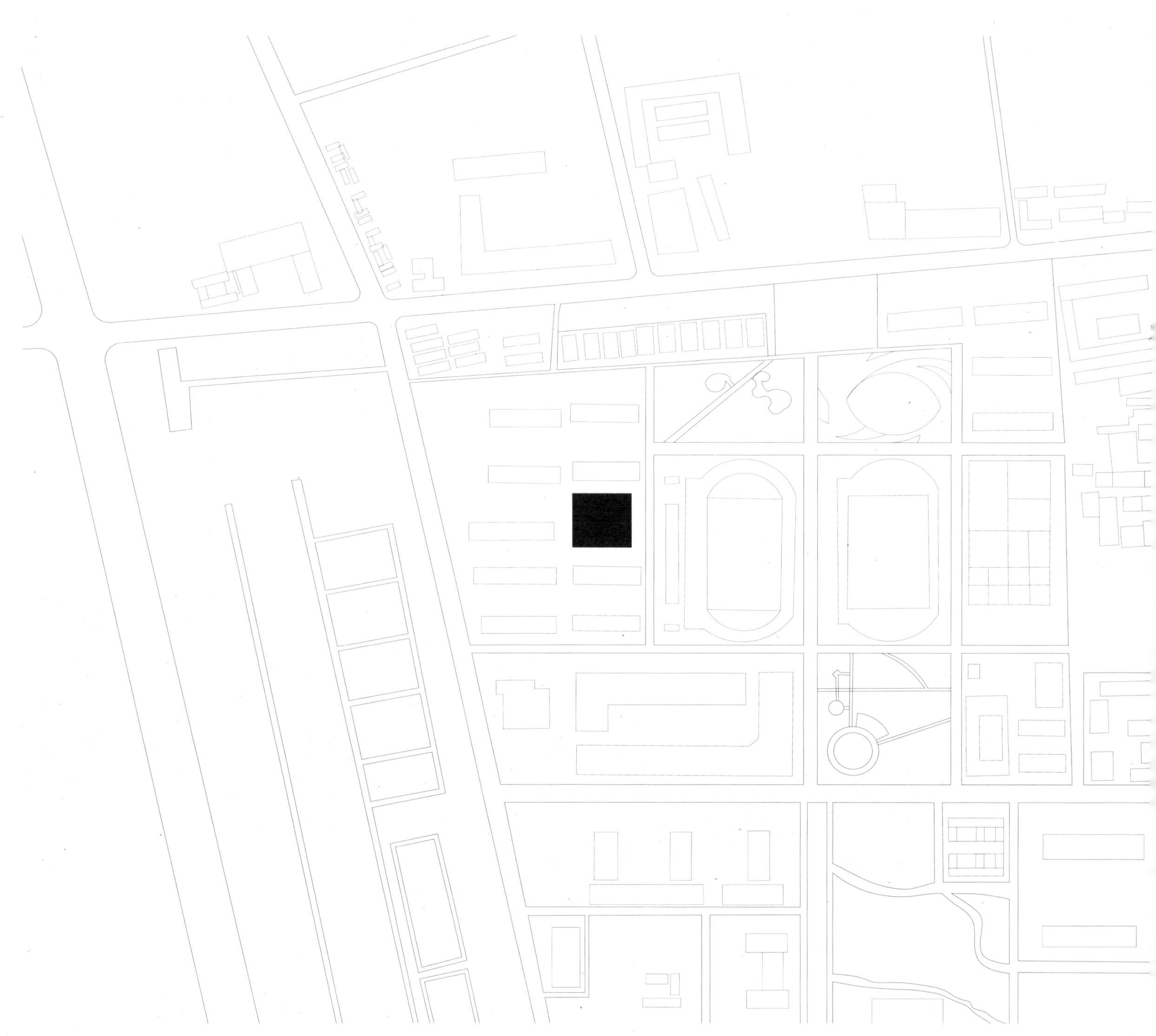

地点：北京市，大兴区 | 类型：多功能厅 | 状态：已建成 | 时间：2011 | 用地规模：5567.31m^2 | 建筑规模：4443.19m^2 | 摄影：陈溯

一、概况

该建筑位于北京建筑大学大兴新校区内，是学生宿舍区内的一个小型公共建筑。建筑南、北、西三面邻学生宿舍楼，东侧紧邻体育场，用地四边有规划路，其中东西两侧为校园次干道。学生综合服务楼用地位于新校区西北侧学生宿舍区中心位置，总用地面积5567.31m^2。本项目在校园建设的初期，将作为宿舍区的配套商业设施，校园基本形成后的功能将转换成一个多功能建筑。

二、韧性方法类型

· 流程保证

· 品质保证

· 功能适变

三、韧性设计方法

· 问题驱动

北京建筑大学新校区学生综合服务楼的设计构思以发现设计问题为出发点，本项目我们主要将设计问题聚焦在：

1）功能转换；

2）建筑的边界形态；

3）绿色设计的建筑学策略；

4）大跨度建筑的结构表现力；

5）建筑体型关系等方面。

· 功能转换

根据任务书的要求，建筑在校园建设的初期，作为宿舍区的配套商业设施，但在校园基本形成后其功能并不明确。为此我们把任务书中的功能转换成一个多功能建筑。我们将功能的自由转换作为设计构思的出发点，并确定了下列设计要点：一层；无柱；单元式模块组合；电气、设备为功能转换提供有利条件。

· 混合功能

一层的完整空间和近 7m 的净高为功能转换提供了优良的物理条件，可灵活地转换为多功能厅、展厅、活动中心、室内体育馆等。地下布置了图文打印室、理发室、眼镜店、银行储蓄所、邮局等商业服务型用房以及包含快餐厅厨房、办公用房和设备用房在内的附属用房。

· 边界形态

作为学生活动中心，我们认为提供一个多义的室外公共空间非常重要。

因此我们在建筑外侧设置了一层外廊，使原本封闭的外墙变成一个开放的边界，同时为外侧的大窗户提供了遮阳，也为店铺和学生活动提供了一个半室外空间。

· 积极立面

本项目位于学生宿舍区中心，四周为公共道路，为了强化道路的公共空间属性，我们在建筑的四个立面上尽量设置大型落地玻璃窗，强化建筑内外的视线互动。

· 结构驱动

本项目采用钢筋混凝土实腹梁结构，跨度达50m。在方案设计伊始，建筑师即深入地介入结构方案设计，我们的目标是让巨大的混凝土结构构件消隐在建筑语言中。设计手法为：

1）结合节能设计，将钢筋混凝土梁隐于双层屋面中；

2）结合外廊将结构柱设计成片形，并和建筑构造柱组合在一起形成柱廊。

· 绿色驱动

项目在设计之初即把绿色设计的建筑学策略放在重要的地位。其主要的手法包括：

1）四周设置柱廊，为落地大玻璃外墙提供遮阳；

2）双层屋面，由于该建筑是一个单层建筑，屋顶的保温隔热是一个不好解决的问题，所以我们在四面坡的屋顶上又增加了一层混凝土的反向四面坡屋顶；

3）自然通风，在落地玻璃窗底部和天窗设开启扇，利于自然通风。

· 几何逻辑

建筑的体型和立面生成采用明晰的几何操作手法：根据平面灵活性的要求，我们提出了一个由10m×10m 单元排列形成的 60m×60m 的正方形平面，每个单元由中间的一个天窗和四坡屋顶组成。在这个基本形状下，我们将平面旋转 13°，并用一个不旋转的正方形对其进行切割，从而形成富于变化的立面。

· 空间完整

我们对地上地下进行了精心的布置，以保持建筑空间的完整性。在地上，我们首先将结构柱布置在外廊上，并利用平面 13° 的旋转使结构柱隐藏在连接屋顶单元与地面单元之间的片墙之中，成为总图构图的一个积极元素；其次将大梁隐藏在单元式双层屋面板中。这种处理不仅使室内空间的外墙无柱，成为连续的没有凸起的外墙，也将巨大的结构构件消融在建筑语言中，使大跨度建筑中的结构和建筑完美结合，于是室内形成一个了无柱的、与结构一致且完整的正方形大空间。在地下，我们为商业服务用房和设备用房分别设置了独立的出入口，并在平面内通过区域划分使其各自功能完善，独立完整，其中供公众使用的商业服务空间没有凸起的柱子，体现出空间的完整性。

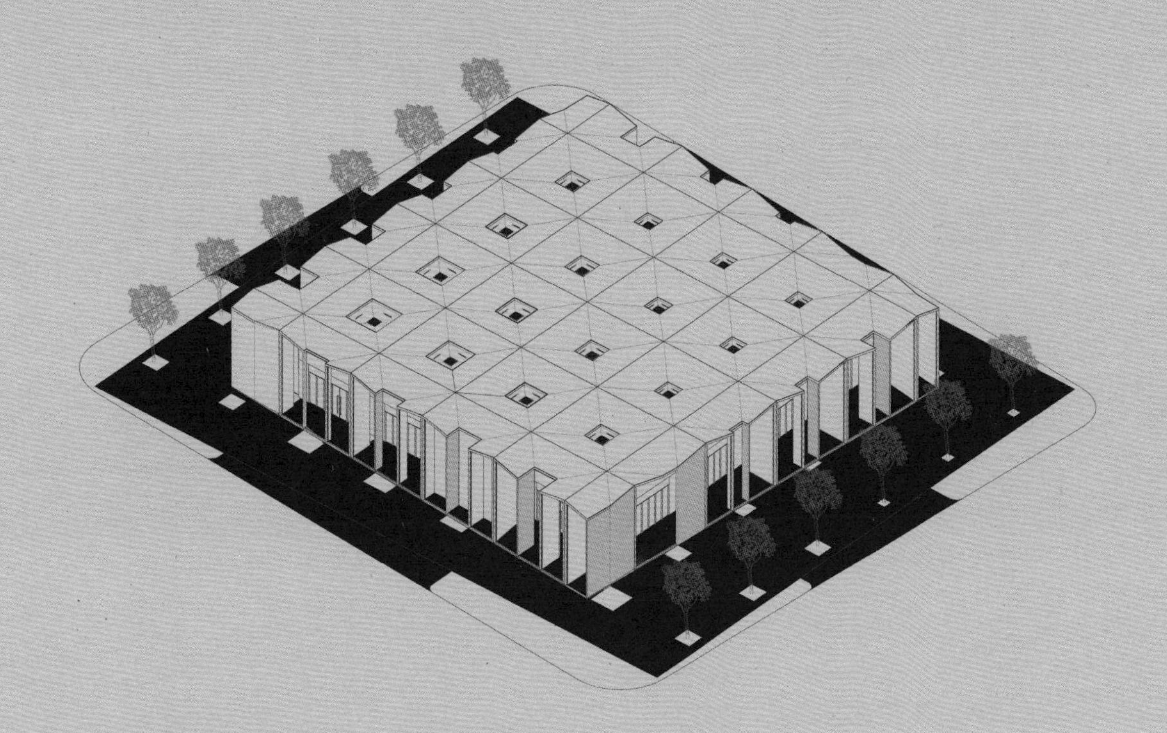

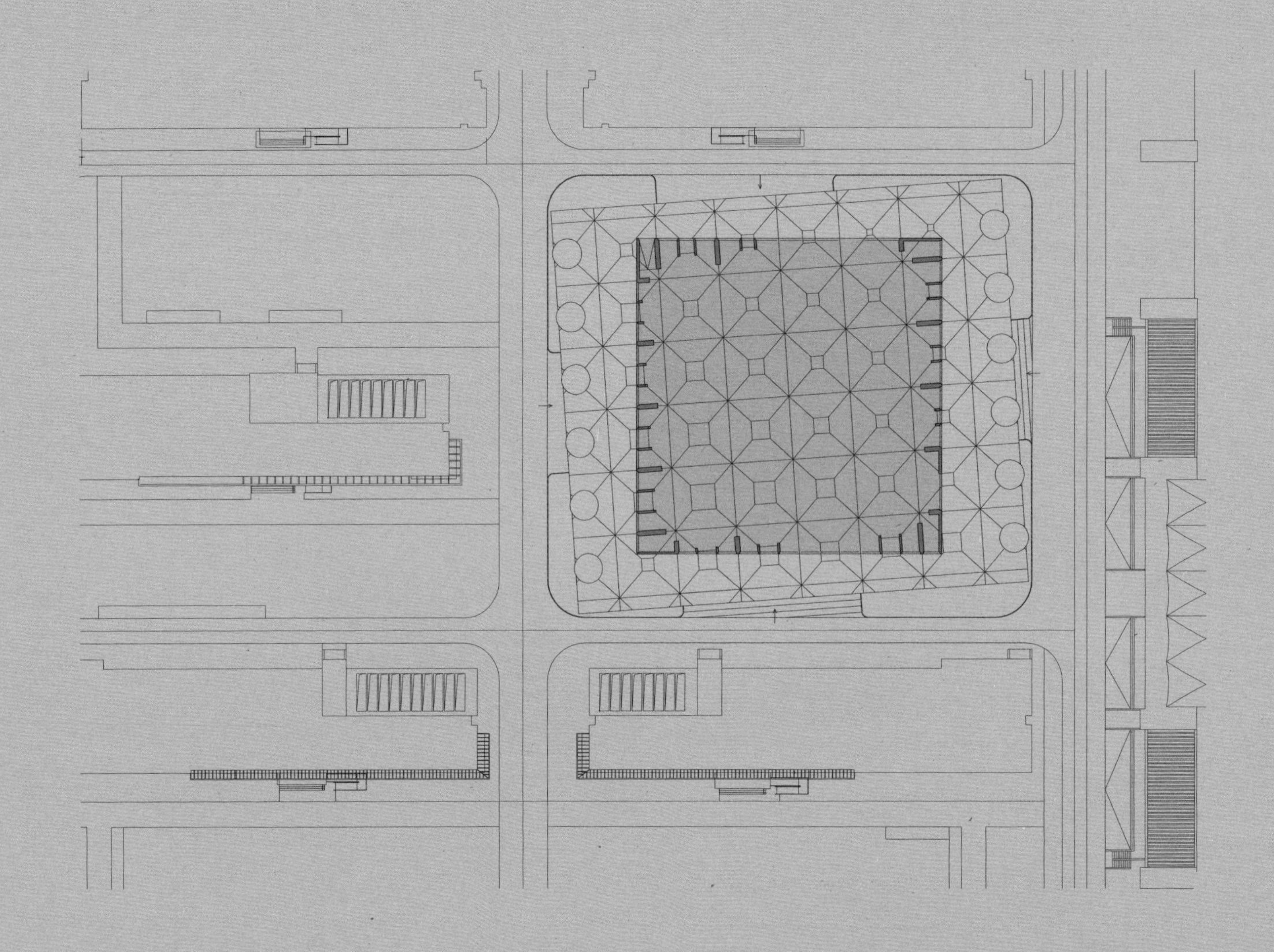

总平面图

0 2.5 12.5 25

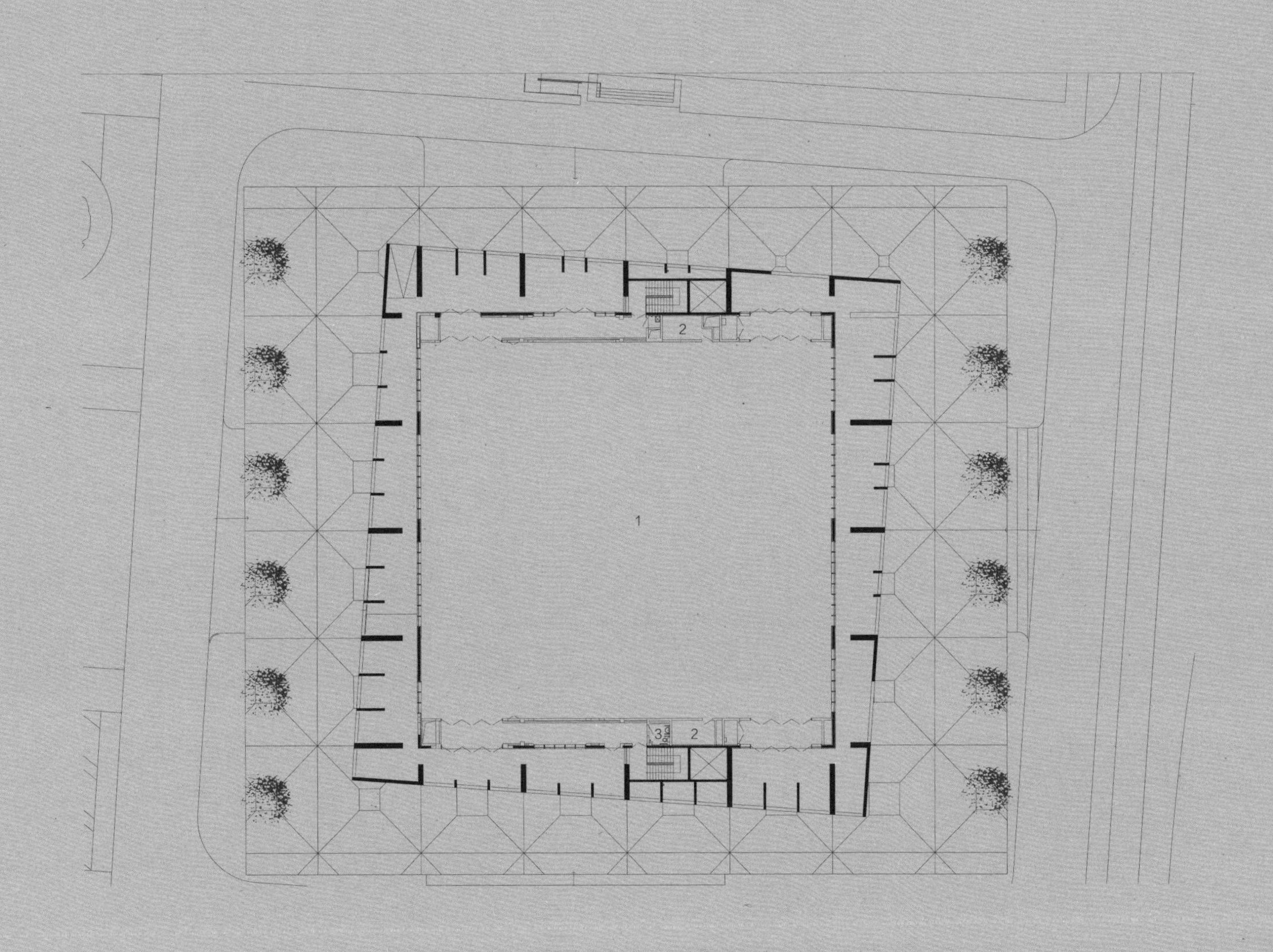

首层平面图

1. 多功能厅　2. 库房　3. 卫生间

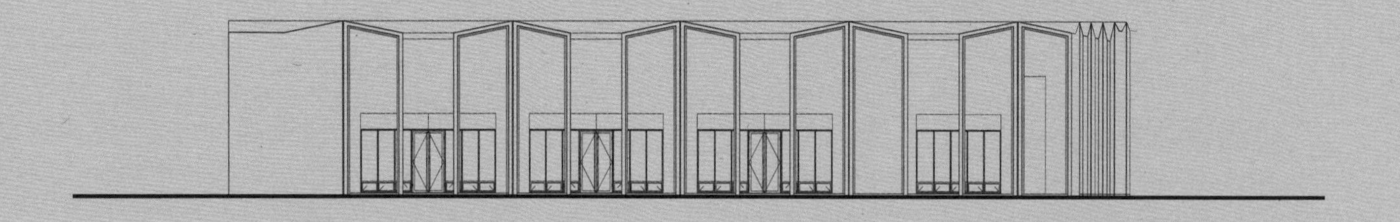

南立面图

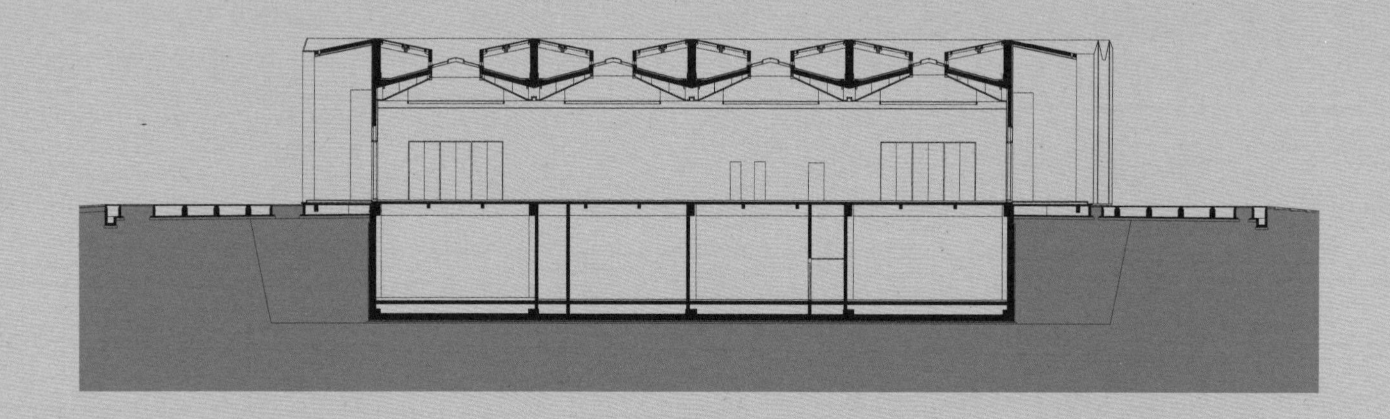

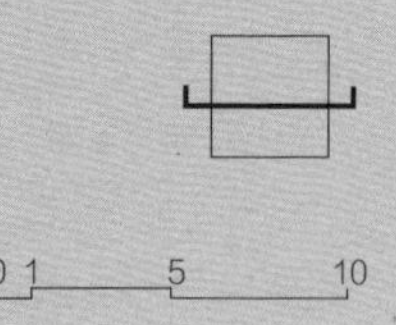

剖面图

04 平谷区马坊镇芳轩园住宅（A 地块）
High-rise Residential, Fangxuanyuan, Mafang Town, Pinggu District (Plot A)

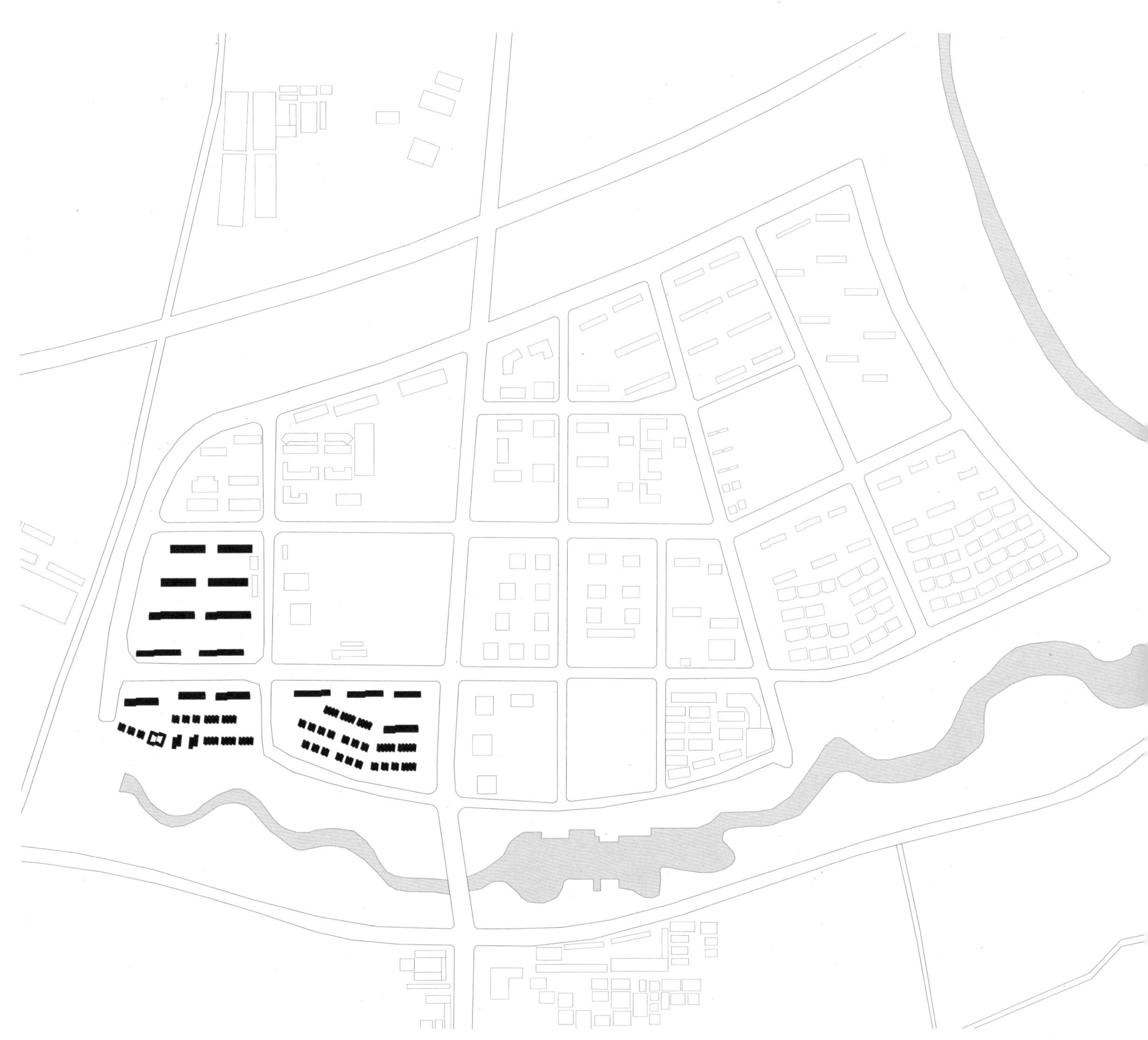

项目地点：北京市，平谷区 | 类型：居住建筑 | 状态：已建成 | 时间：2014 | 用地规模：77965m^2 | 建筑面积：196445m^2 | 摄影：陈溯

一、概况

汇景湾项目 A 地块位于北京市平谷区马坊镇京平高速马坊桥出口处以南，紧邻密三路。密三路向北通至平谷城区，向南通至河北三河，是马坊镇内外联系的主要交通干道。

平谷区地处北京、天津、河北三省市的交界处。在京津冀地区一体化的大战略背景下，随着京平高速的开通、地铁平谷线的规划中，生态环境良好的马坊镇作为平谷区离北京距离最近的区域，已成为平谷区重点发展的商业、居住区域。

项目四周均有市政道路，公共交通发达。其中东侧为密三路，南侧为龙河北街，西侧为金塔路，北侧为金河北街。周边配套齐全，其中用地东侧为小梨公园、商业区、马坊镇政府，北侧为中学、幼儿园和马坊镇敬老院，南侧为马坊小龙河湿地公园。

项目总用地面积为 12.8 公顷，其中 3 个住宅地块、1 个商业地块和一个社会停车场地块。总建筑面积为 24.6 万 m^2，其中住宅面积 16.8 万 m^2。住宅户型是专门为首次置业及改善居住条件的当地客户打造，包括多层、高层板式住宅和联排、双拼别墅。

二、韧性方法类型

· 流程保证

· 品质保证

三、韧性设计方法

· 问题驱动

本项目的设计构思以发现设计问题为出发点，我们主要将设计问题聚焦在：

1）严重格式化的普通住宅的创新点；

2）低造价与空间品质；

3）立面设计的套路需求与创新的关系。

· 景观驱动

居住区总平面设计以景观设计为抓手，在满足规范、任务书要求的前提下，突出景观在住宅设计中的核心地位，同时景观设计本身也试图在极其苛刻的条件下做出特色。

通过景观设计手法，在硬质铺装和草地之间形成均匀的过渡，硬质铺地主要设置在中央景观道等公共空间上，草地主要设置在楼间的组团绿化。草地上遍植绿树，形成较私密的邻里空间。铺装的过渡最终形成空间开放到私密的过渡。在铺装的基础上，延续整个住区的道路逻辑，设置人行小道，并设置老年健身场地、儿童游戏场地、休息座椅等，通过绿篱围合并限定这些空间，形成良好的室外活动场所。在中央景观道上设置绿篱、灌木、水池，充分改善居住环境，也符合居民休憩娱乐的需要。

· 积极立面

我国现行住宅设计方法对城市公共空间造成严重的消极影响。为了在现有的条件下尽量减少住宅区对城市公共空间的负面影响，我们在住宅区周边与市政道路相邻的界面，利用配套公共建筑、市政基础设施形成连续的街墙。尽最大努力延长配套公共建筑的沿街立面，对市政基础设施的立面进行景观化处理。

在住宅立面设计上力求打造清新且富有变化的现代建筑风格，建筑形体方正简洁，立面上通过阳台与飘窗的错动产生形体的光影变化，色彩上通过以灰色背景中点缀橙色百叶实现构图的节奏变化。

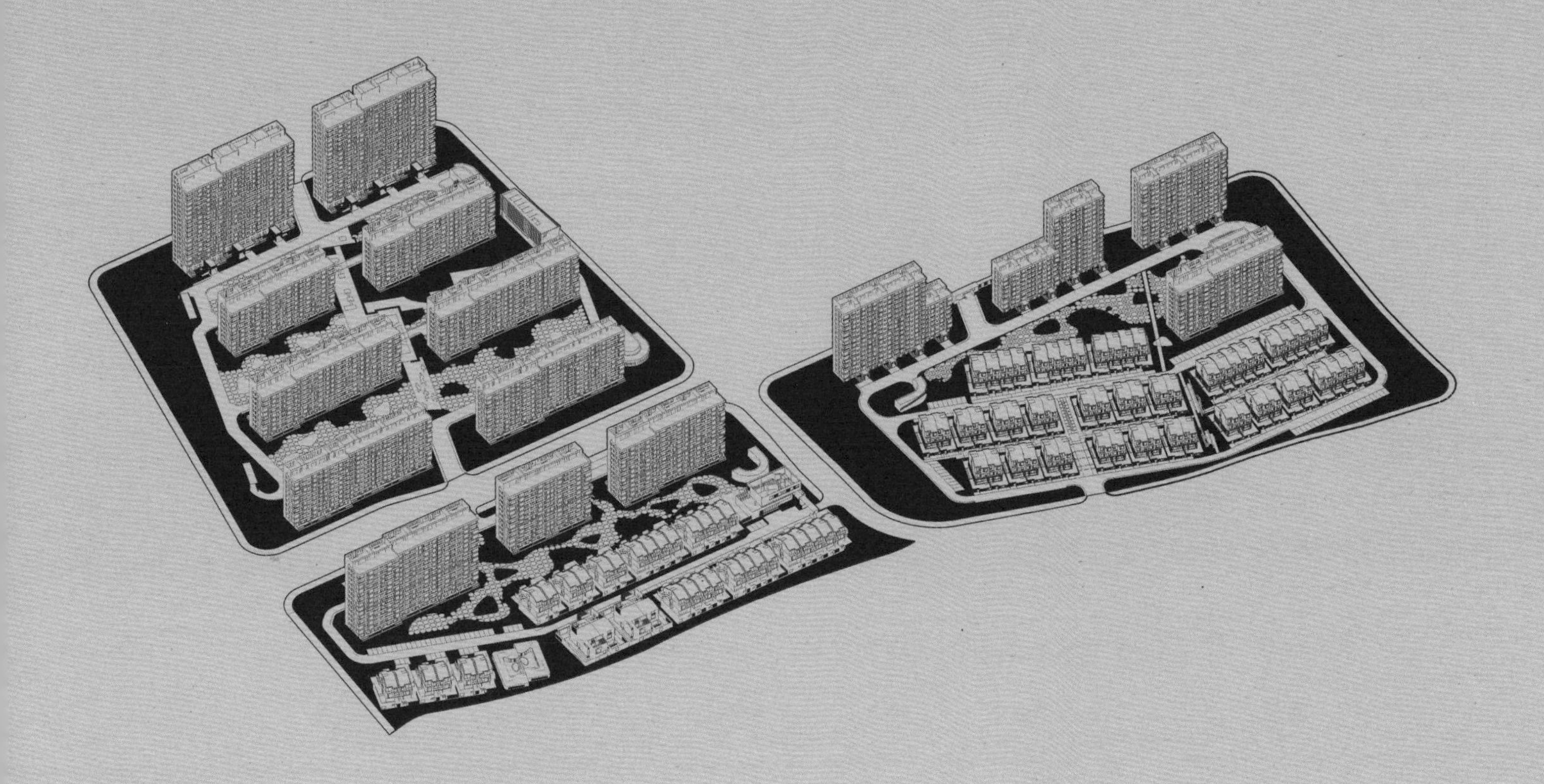

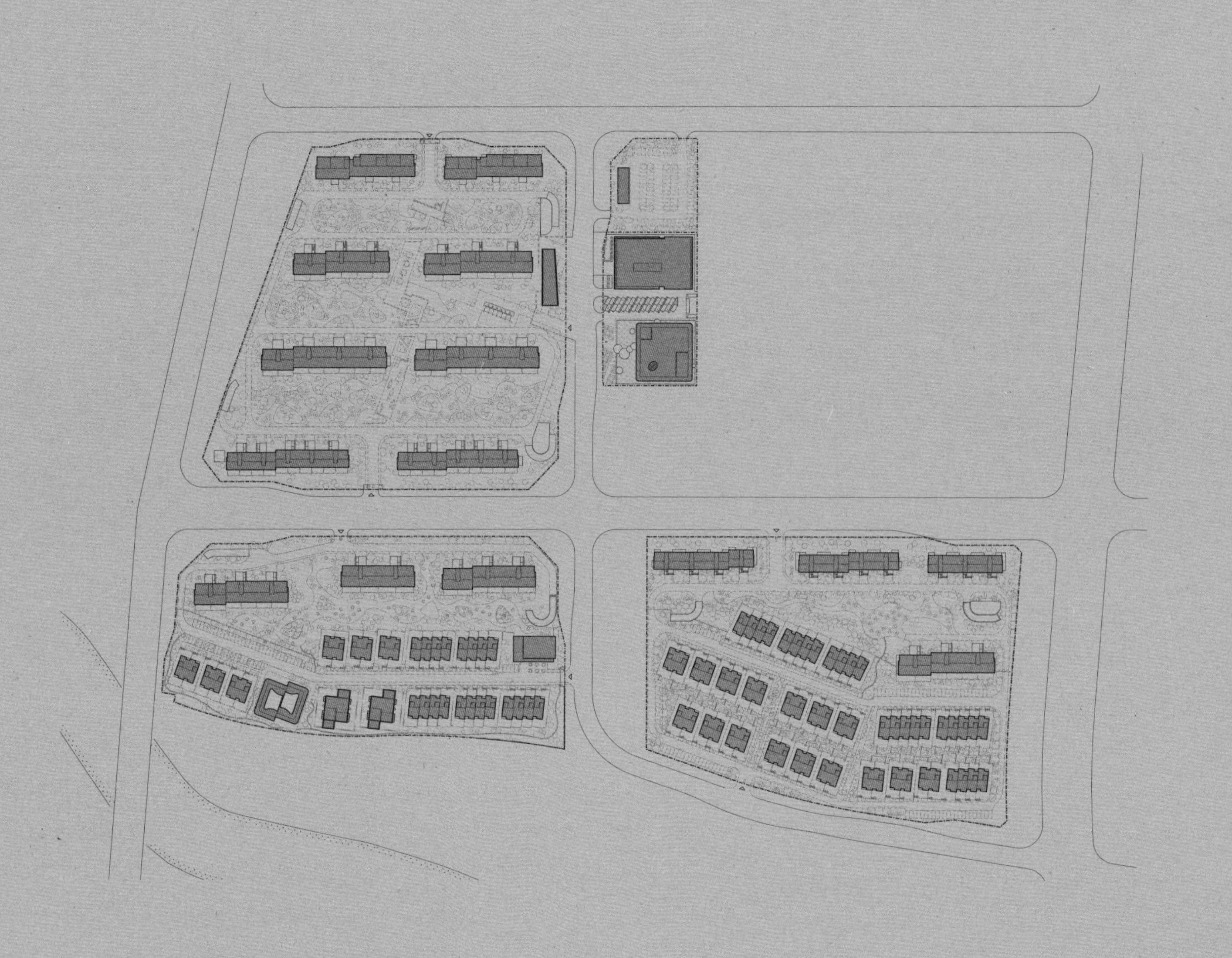

总平面图

0 20 50 100

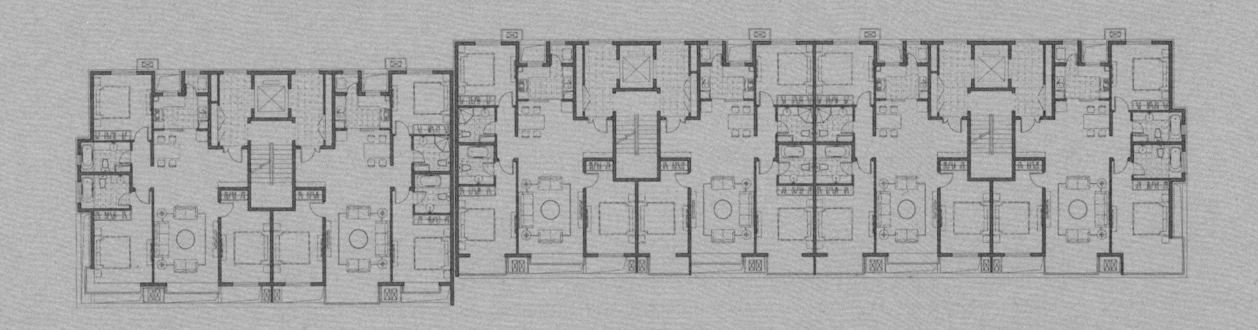

标准层平面图

0 2 5 10

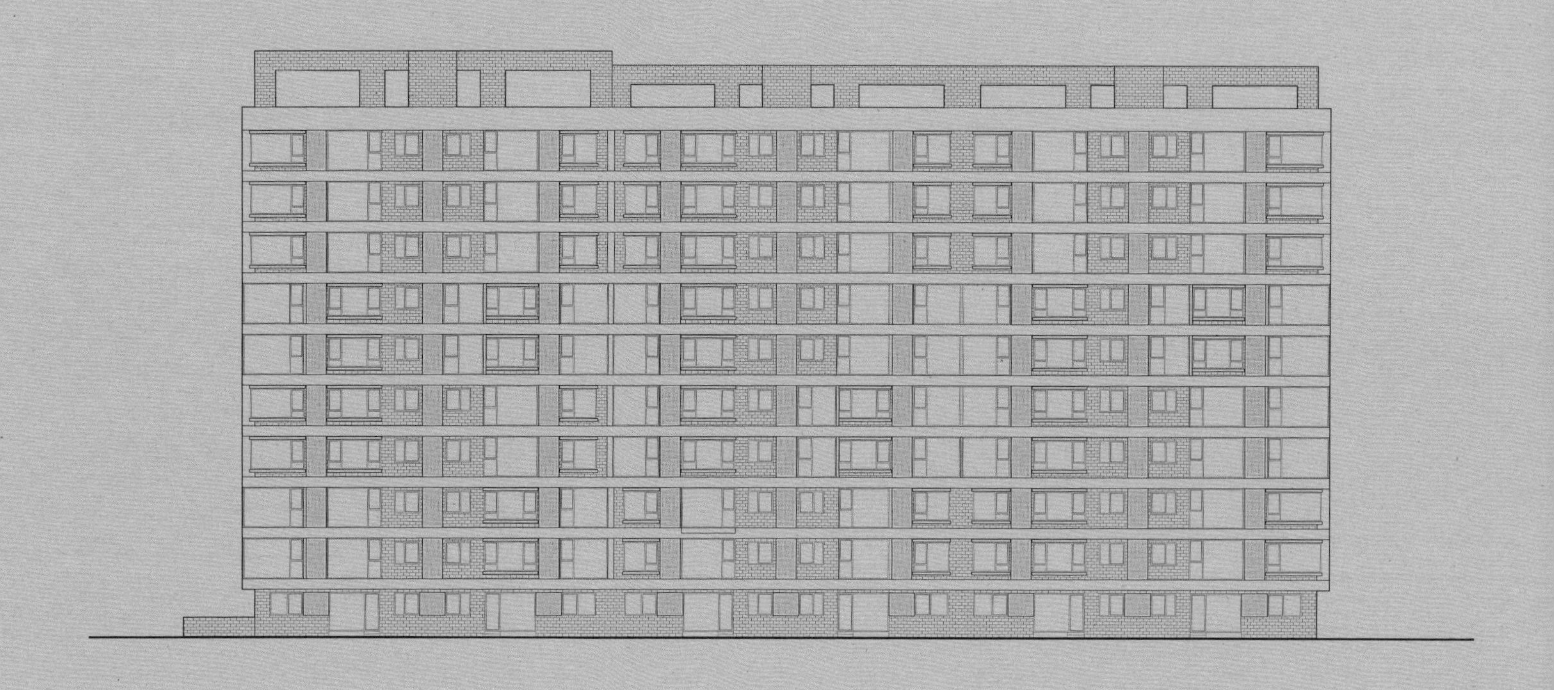

立面图

0 2 5 10

05 前门东区草场四合院改造 19 号院
Caochang Courtyard Renovation，Qianmen East (Courtyard No. 19)

项目地点：北京市，东城区 | 类型：建筑改造 | 状态：已建成 | 时间：2015 | 用地规模：494.4m^2 | 建筑规模：356m^2 | 摄影：杨超英、陈溯

一、概况

项目位于北京市东城区草场四条胡同内。胡同北面为市政路西兴隆街，基地西邻胡同，南、北、东三面紧邻该区域内其他院落用地。本项目院落入口位于东侧，朝向草场四条胡同。场地现状平整，无保留植被，周边胡同空间保留完好。

本项目改造前为2008年完成的合院式杂院住宅，修缮改造后建筑仍为合院式杂院住宅。其地上一层，北院落为六户共用，南院与北院隔断后设计为独户住宅。其中南院通过一个新建的南向建筑将东西厢房连接起来，使得功能完善。功能设置包含入口玄关、客厅、餐厅厨房、卫生间、卧室等功能。

在改造中我们维持了院落的基本平面格局和沿胡同的东立面形式，其中南侧院落在改造中拆除了部分建筑梁柱以外的立面，使用新材料加建了中间的南向建筑以及围合院落的周圈建筑立面。既没有破坏外部胡同空间环境，又在建筑内庭院周围营造了富有当代风格的建筑形式。同时新建的建筑造型也使得居住建筑获得了更好的采光通风条件。

北侧院落的耳房采取了与南侧院落近似的改造策略，南北两房通过中间加建的部分连通为整体，并围合了院落空间。而北院东西厢房及正房两侧的新建建筑则与老建筑一同强化了院落四面围合的原有形制。

二、韧性方法类型

・流程保证

・品质保证

三、韧性设计方法

・问题驱动

前门东区草场四合院改造19号院的设计构思以发现设计问题为出发点，本项目我们主要将设计问题聚焦在：

1）功能提升与保持传统城市肌理的矛盾；

2）新建筑与传统风貌的关系；

3）杂院民居的舒适性改造；

4）各户的院落分配和共享；

5）韧性能力提升等方面。

・全面评估

该四合院是2008年建成的单层仿古建筑。结构、屋面功能完善，安全可靠。但厨、卫条件差，不满足一户一套的要求，且和居室不连通。立面不符合节能设计。

建筑周边为成片四合院保护区，胡同内立面和环境整体和谐。建筑本身为四合院群落中的普通院落。

建筑主体按传统四合院形制建设，木结构，除门窗外，保持了四合院的基本风貌，院落格局不甚规范，两个院落中缺少植被。

・几何逻辑

19号院原为两进院，为创造更为舒适的居住环境，将19号院分成了两个院，其中南侧小院为一个独院，北侧大院为一个杂院。南侧独院在东西侧原有建筑之间加建一个多功能空间。新建部分的植入为一个现代“方盒子”，其既将南院的建筑连接成一个整体，便于住户使用，也由此形成了一个南向庭院，提高居住舒适度。北侧杂院基本保持原有空间格局及传统
筑样式，采用少量加建的手法，填补必要空间，拟
功能；通过落地玻璃窗、光井等细节处理，为其注
新的活力。

在19号院的改造中，建筑师为每户创造了一
院落空间，并保证每户的主要房间均得到充足的日照

在保持原有城市肌理的同时，新植入的三个体
注重相互之间的体量关系，采用相似形，其空间位
充分考虑了传统四合院的格局。

・空间完整

注重各专业的协调，避免结构、机电专业的构件设备破坏建筑空间的完整性。

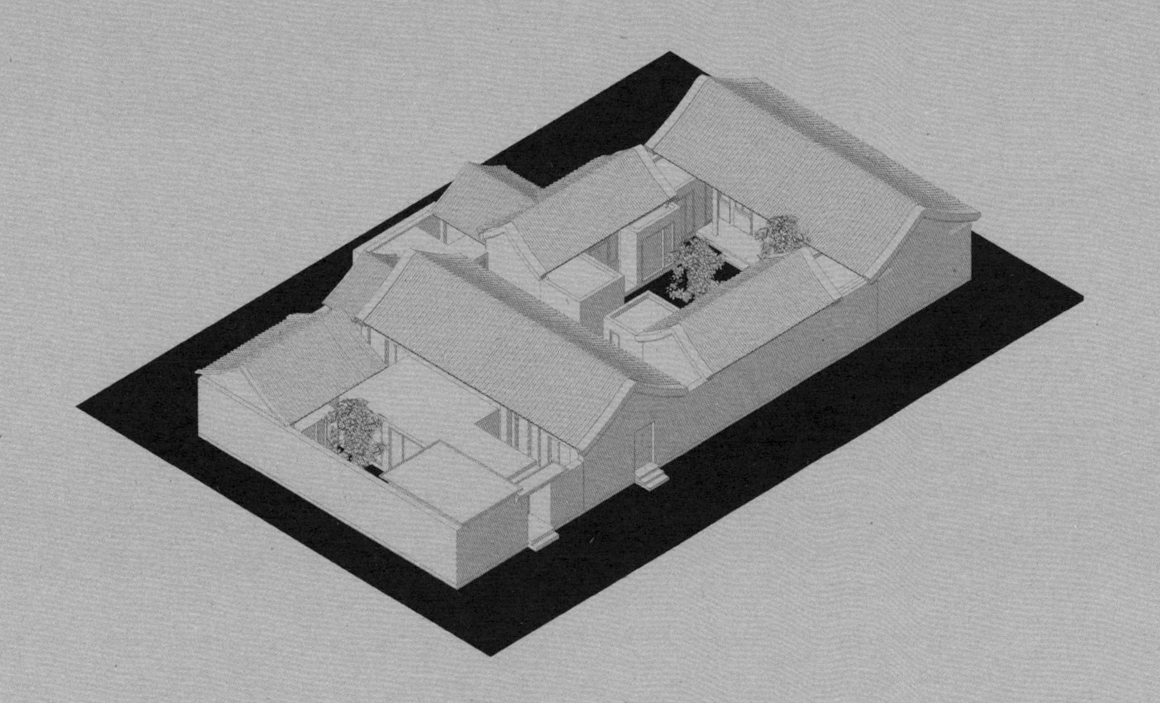

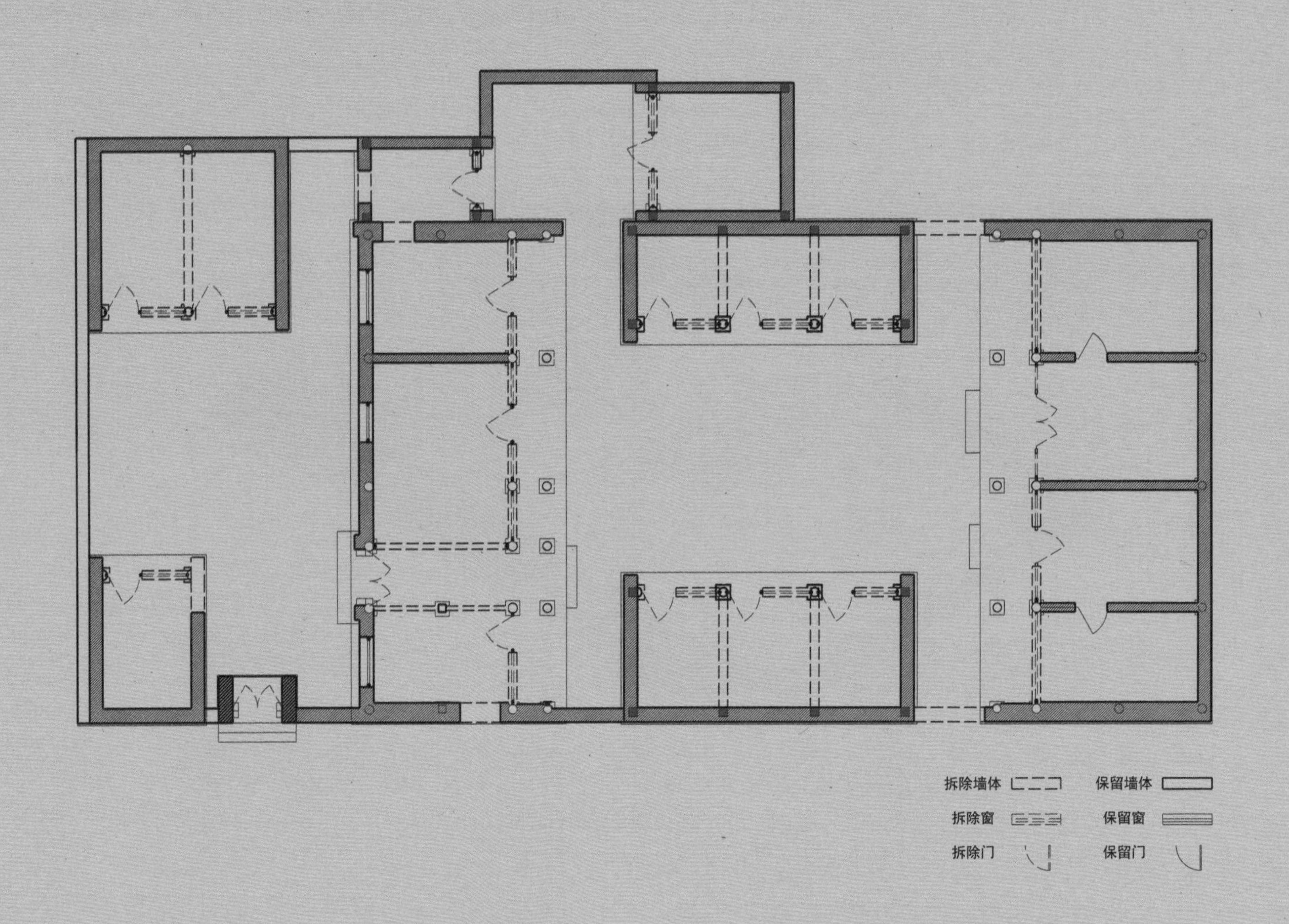

拆改平面图

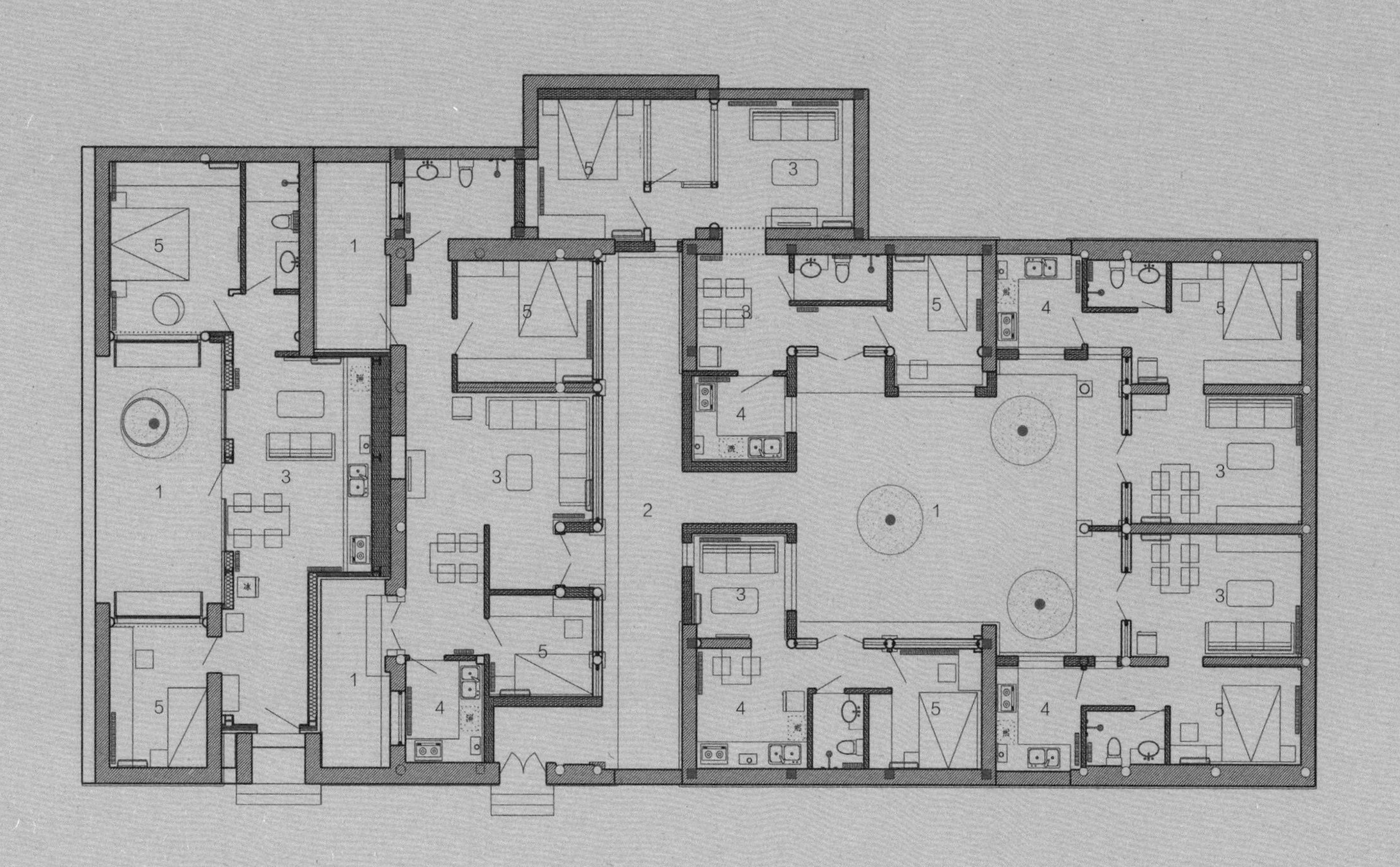

平面布置图

1. 院子　2. 过道　3. 起居室　4. 厨房　5. 卧室

改造前

改造前

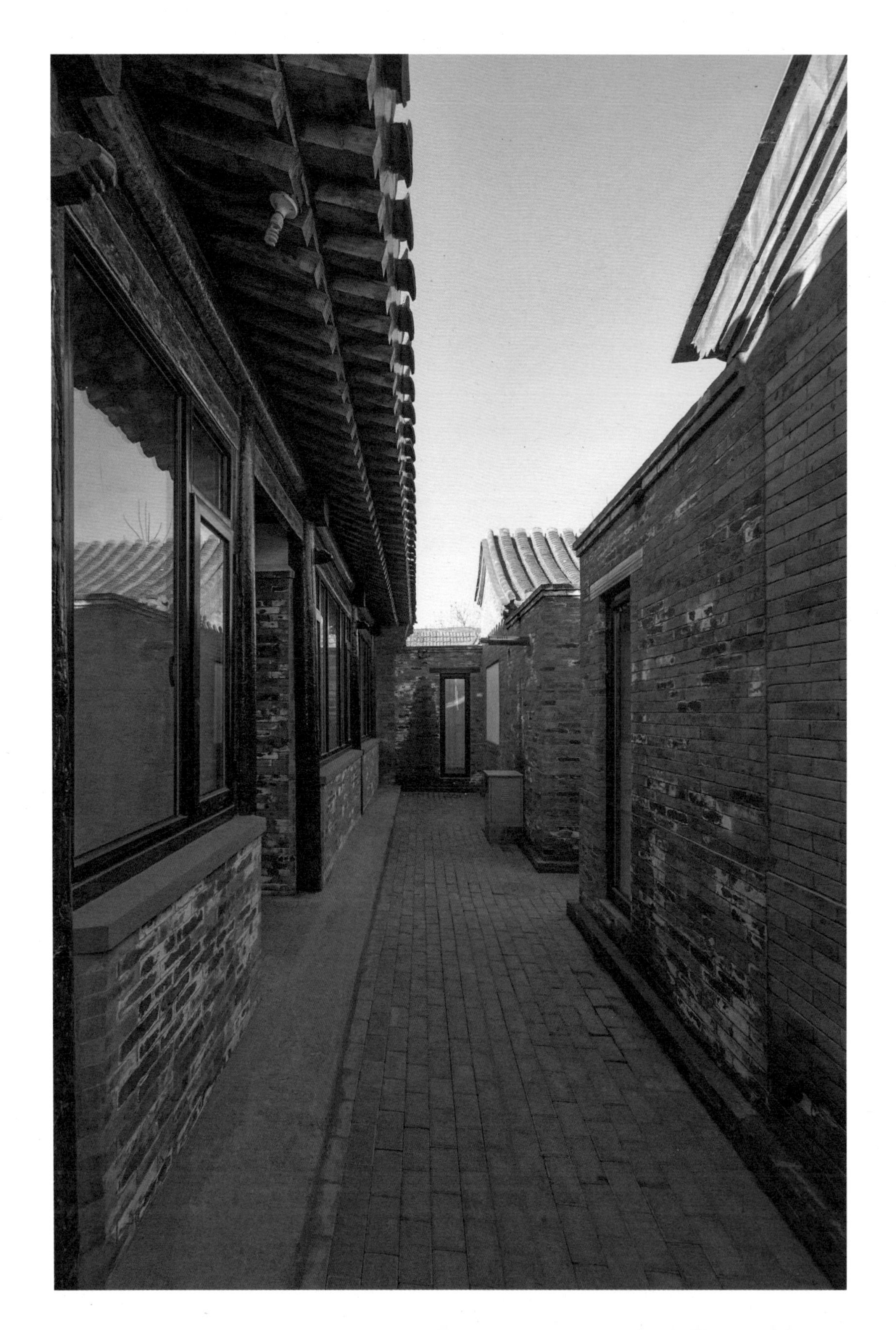

06 平谷区马坊镇芳轩园住宅（B 地块）
High-rise Residential, Fangxuanyuan, Mafang Town, Pinggu District (Plot B)

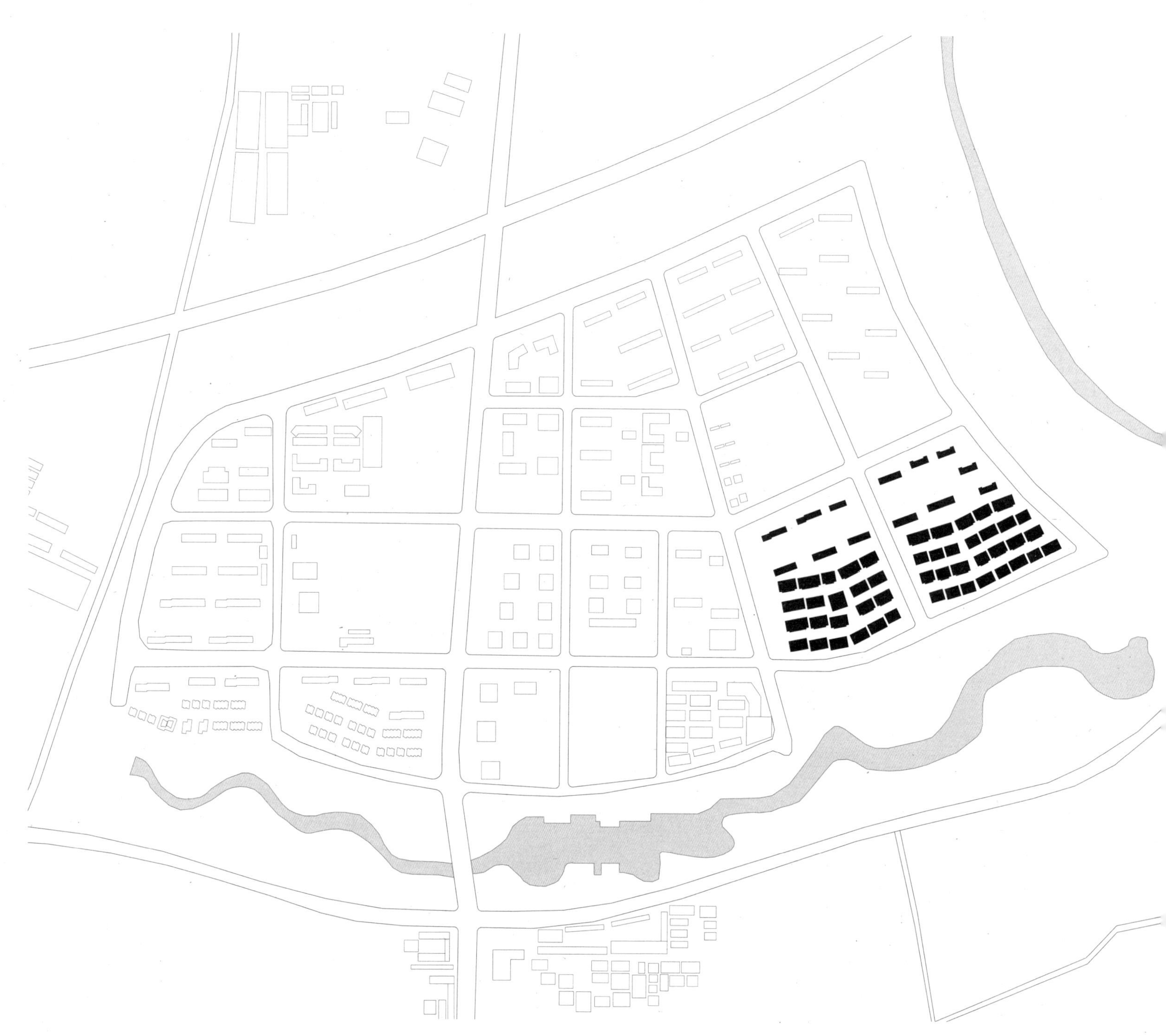

项目地点：北京市，平谷区 | 类型：居住建筑 | 状态：已建成 | 时间：2016 | 用地规模：60390m² | 建筑面积：152146m² | 摄影：陈溯

Ⅰ
Ⅵ
Ⅶ

一、概况

汇景湾项目 B 地块位于平谷区马坊镇京平高速马坊桥出口处以南，紧邻密三路。密三路向北通至平谷城区，向南通至河北三河，是马坊镇内外联系的主要交通干道。

平谷区地处北京、天津、河北三省市的交界处。在京津冀地区一体化的大战略背景下，随着京平高速的开通、地铁平谷线的规划，生态环境良好的马坊镇作为平谷区离北京距离最近的区域，已成为平谷区重点发展的商业、居住区域。

项目四周均有市政道路，公共交通发达，其中东侧为马坊镇环城东路，南侧为金河街，西侧为金平路，北侧为金河北街。周边配套齐全，其中用地北侧为金平公园、小学，西侧为商业区、马坊镇政府，南侧为马坊小龙河湿地公园。

项目总用地面积为 13.7 公顷，共 2 个住宅地块。总建筑面积为 22.1 万 m^2，其中住宅面积 15.9 万 m^2。住宅户型是专门为首次置业及改善居住条件的当地客户打造，包括高层板式住宅和联排、双拼别墅。

二、韧性方法类型

· 流程保证

· 品质保证

三、韧性设计方法

· 问题驱动

本项目的设计构思以发现设计问题为出发点，我们主要将设计问题聚焦在：

1）严重格式化的普通住宅的创新点；

2）低造价与空间品质；

3）立面设计的套路需求与创新的关系。

· 景观驱动

居住区总平面设计以景观设计为抓手，在满足规范、任务书要求的前提下，突出景观在住宅设计中的核心地位，同时景观设计本身也试图在极其苛刻的条件下做出特色。

整个小区景观设计围绕自然风格展开，使传统内敛的生活方式与高贵精致的生活方式相互融合，打造符合现代生活品质的居住理念，带来全新的休闲生活体验方式，满足人们对于新生活的无限向往。

北侧高层住宅景观区为 50m ×（130~190m）的狭长地块，采用两侧园路中间绿地的模式，通过植物围合、障景等方式遮挡行人视线，拉长游览路由，从而达到更佳的游览效果。

中央景观带则充分利用其长条形的地块优势，依次设置中央展示草坪景观、中央水景、儿童嬉戏场地、老年人活动场地等景观，配合优势的植物配置，充分展示此区域的宜居品质。

南侧别墅景观区宅间距为 18~22m，此区域采用“以小见大、步移景异、曲径通幽”等景观处理手法，增加其可游览性。

· 积极立面

我国现行住宅设计方法对城市公共空间造成严重的消极影响。为了在现有的条件下尽量减少住宅区对城市公共空间的负面影响，我们在住宅区周边与市政道路相邻的界面，利用配套公共建筑、市政基础设施形成连续的街墙。尽最大努力延长配套公共建筑的沿街立面，对市政基础设施的立面进行景观化处理。

住宅立面采用现代手法设计，建筑形体力求方正简洁。立面仅保留功能必需的阳台栏板、空调机位和遮挡空调的百叶等元素，不做任何多余的装饰，以阳台栏板、百叶的错动及色彩的交替产生立面丰富的变化。

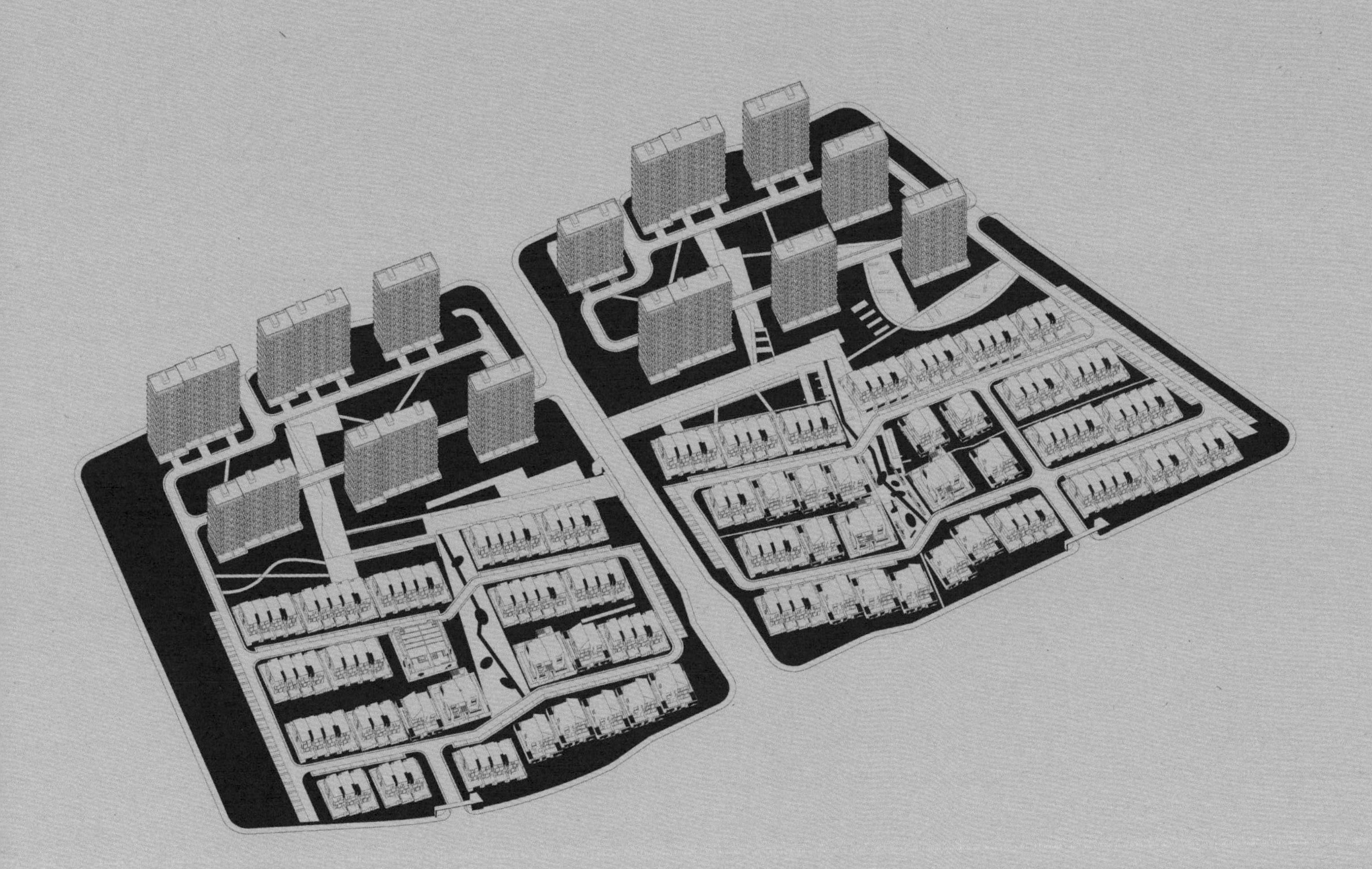

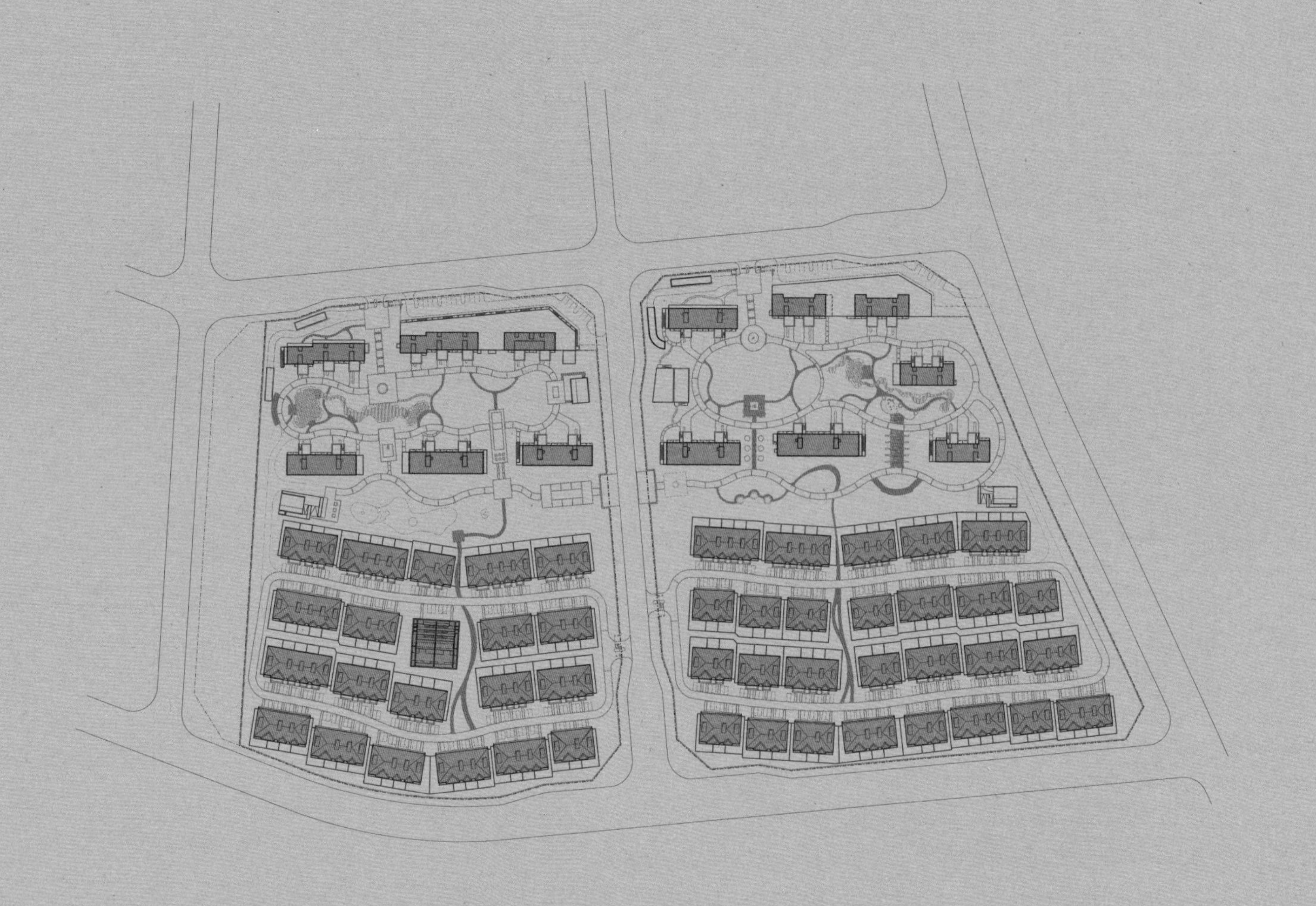

总平面图

0 20 50 100

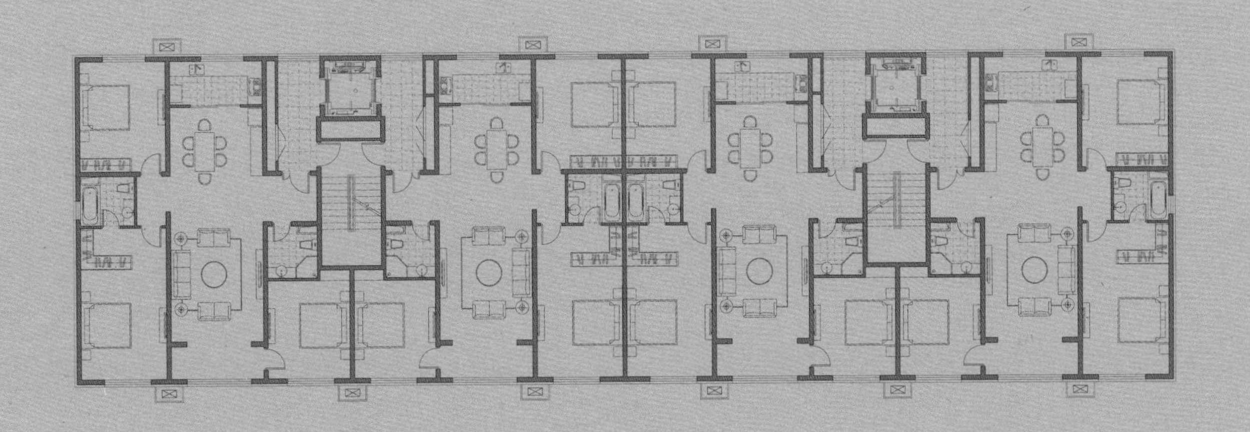

标准层平面图

立面图

0 5 10 20

07 妫河建筑创意区污水处理站
Gui River Creative Zone Sewage Treatment Station

项目地点：北京市，延庆区 | 类型：公共建筑 | 状态：已建成 | 时间：2017 | 用地规模：6327m^2 | 建筑面积：259m^2 | 摄影：胡越

一、概况

妫河建筑创意园区污水处理站位于北京市延庆县延庆镇西屯村西南地块妫河设计建筑创意园区内北部01-06 地块局部。

用地西面为市政路规划西路，北面和东面为园区内规划道路，南面紧邻园区内其他用地。

场地现状平整，无保留植被。园区南部有河流穿过，环境优美。

本项目由污水处理站和一个位于地面，深度 3.5m 的生态组合塘组成，由于妫河建筑创意园区位于郊外，没有市政污水管网，为了能将园区的生活污水净化，需要建设一个污水处理站。生态塘不仅作为园区重要的生态市政设施，还作为园区公共区域的重要组成部分，承担美观休闲的功能。设计围绕地下设备用房所处理出的中水，建立潜流湿地。对应的污水处理站，地下一层，259m^2，包括水处理池、化粪池、设备机房等功能。

二、韧性方法类型

· 流程保证

· 品质保证

· 功能适变

三、韧性设计方法

· 问题驱动

妫河建筑创意园区污水处理站的设计构思以发现设计问题为出发点，本项目我们主要将设计问题聚焦在：

1）主要功能为园区污水处理后的中水池，如何通过积极的设计处理，同时成为园区重要的景观元素；

2）为园区配套的水处理机房，如何在满足功能使用的同时，尽可能地减少对区域景观的影响，减弱存在感。

· 功能转换

在很多项目中，水处理机房会是一个体量不小的构筑物，也并没有太多人在意机房的美观问题。为了化解其本身的消极影响，在项目策划时结合专业功能需求提出了一个生态化的策略，将市政设施转化成满足使用功能的景观。

项目由一个埋在地下的水处理机房、突出地面的潜流湿地和生态塘组成。潜流湿地在生态塘西侧，用来在夏季将生态塘中的水泵到湿地内，然后经湿地流回到生态塘，以便改善生态塘中的水质。一体化设计后的生态塘不再仅仅是一个市政所需的功能设施，同时也是园区景观的重要组成部分。

· 边界形态

为了不影响周围的环境和总体建筑规划布局，污水处理机房的全部构筑物和机电设备均置于地下，场地东南角，地下的主要构筑物顶部覆土后进行绿化，地面无突出建筑。生态塘与潜流湿地通过顺滑的曲线控制形态，有效地消融在了地块的整体景观内。

· 景观驱动

在生态化的策略下，整个污水处理站的设计从景观出发，有机地组织了潜流湿地、生态塘以及机房必要的竖向交通。园区污水经处理后，排入潜流湿地进行进一步净化。潜流湿地面积不小于 300m^2。潜流湿地突出地面，按照深度 1m、内填充 0.7m 碎石等填充物控制，覆土种植芦苇。场地内铺装采用碎石，方园区游人在生态塘周边自由活动。林下布置休闲座椅

生态塘的浅水区域种植多样的水生植物，一方优化了微环境，另一方面起到了阻隔视线的作用，时也给伸入水面的观景平台增加了神秘感。

在生态塘用地外侧种植大量适于当地生长的新杨，场地周边种植生长较快的新疆杨，以快速形成然的边界；林下布置座椅，园区的工作人员可以在休憩。铺装采用碎石铺装，和周边道路自然顺接，水能够快速渗入地下。

· 绿色驱动

生态塘用于深度处理、造景以及存储潜流湿地理过的中水，在未来也可以与湿地等其他生态技术合，建成生态公园，改善生态环境，既满足了水质化功能，也为园区提供了休闲场所。

· 几何逻辑

生态塘和潜流湿地均为相同语言的曲线形，两观水平台分别从北和西侧伸进生态塘，供人们走进密的芦苇丛中观景。潜流湿地和生态塘一凸一凹，流湿地突出地面，采用上小下大的剖面处理，收边用锈蚀钢板或混凝土现浇结构；生态塘下凹，最深 4.5m，围绕水池边布置浅水区。生态塘收边采用上下小的剖面，浅水和深水之间用斜坡过渡。

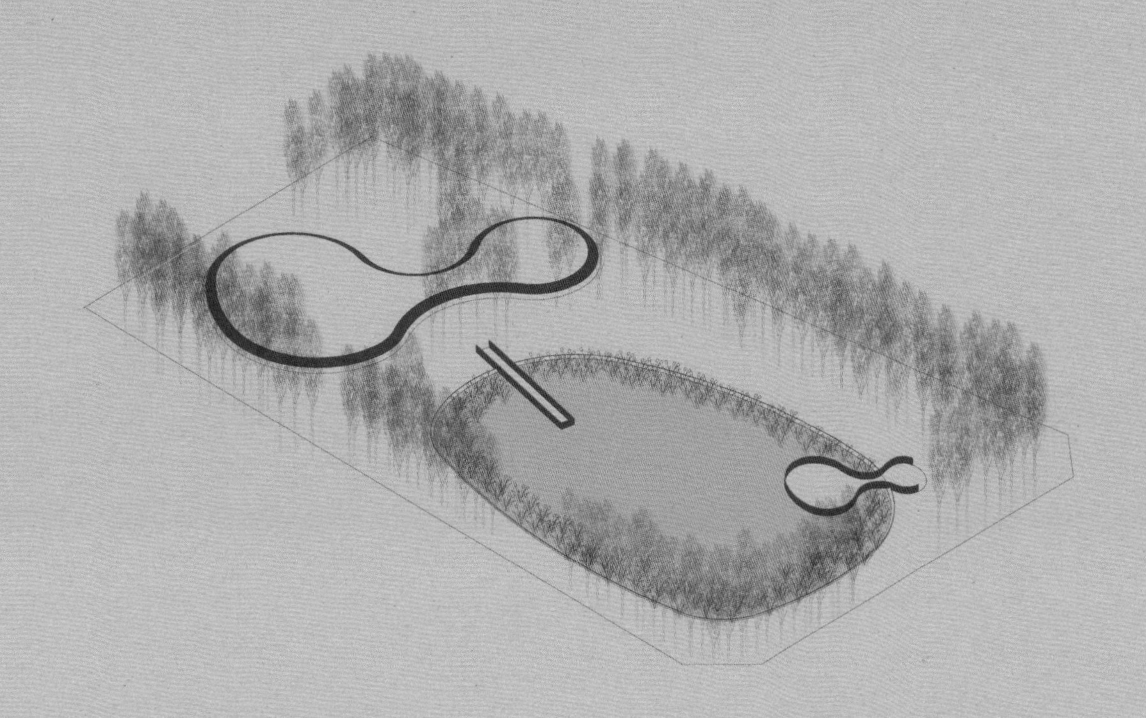

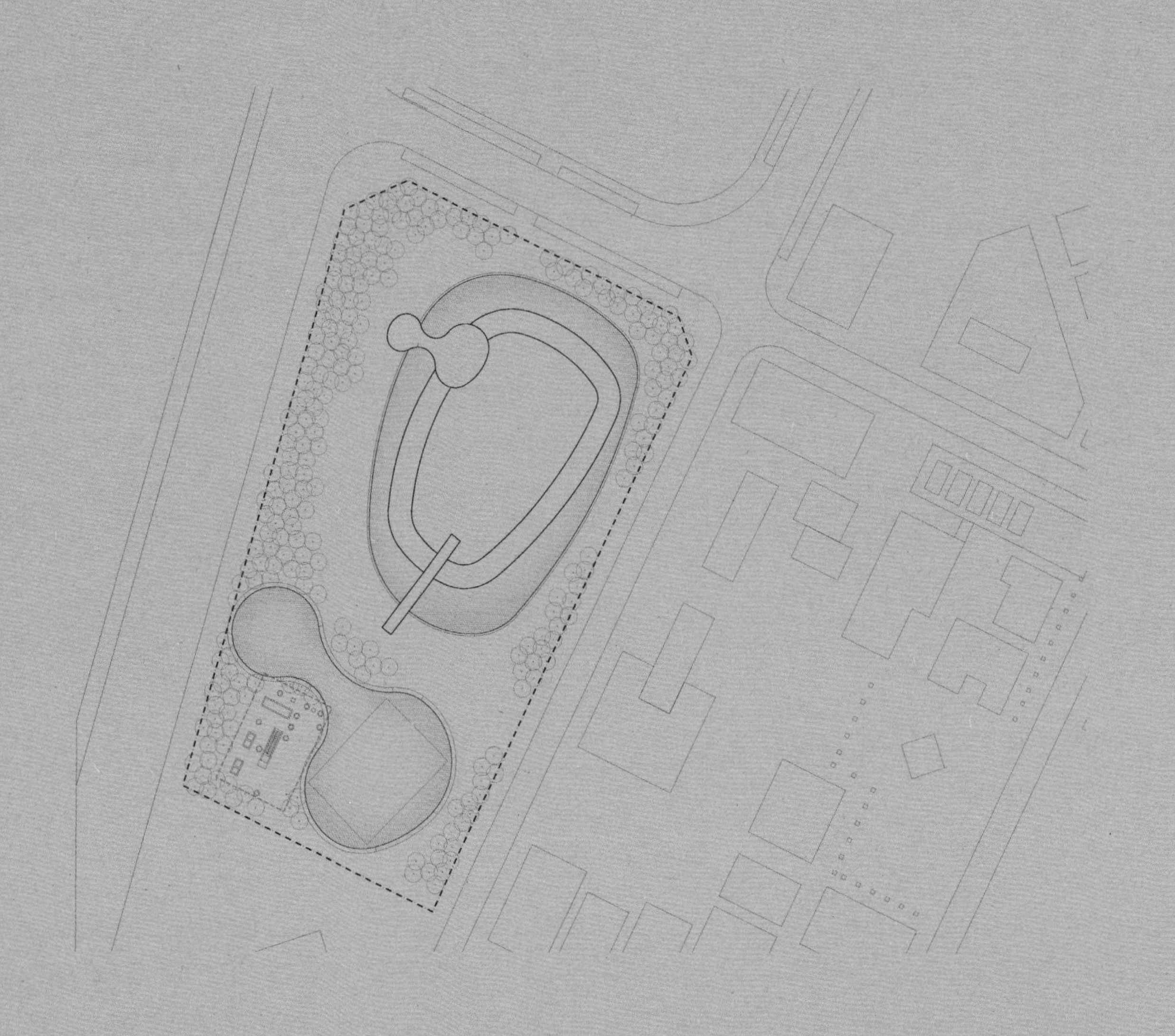

总平面图

0 1.5 7.5 15

剖面图

0 2 5 10

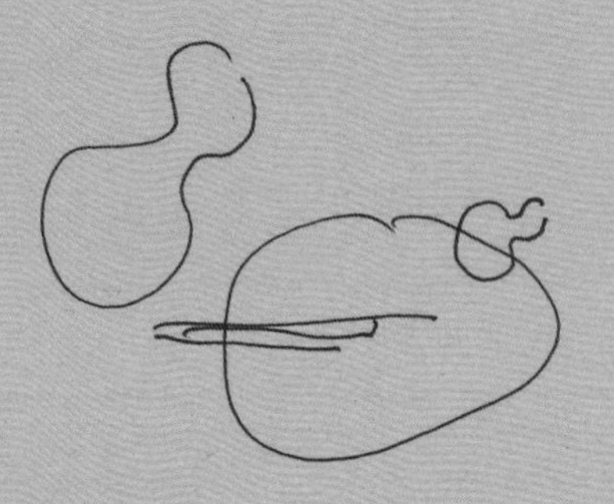

08 妫河建筑创意区综合管理用房
Gui River Creative Zone Administrative Building

项目地点：北京市，延庆区 | 类型：公共建筑 | 状态：已建成 | 时间：2017 | 用地规模：9436m² | 建筑面积：6257m² | 摄影：付兴、胡越

一、概况

妫河建筑创意园管理用房位于北京市延庆县延庆镇西屯村西南地块妫河设计建筑创意园区内北部01-02 地块，在距北京城区西北方向 70 公里外的妫河北岸。用地北面为市政路延农路，西面和南面为园区内规划道路，东面紧邻园区内其他用地。本项目西侧为园区主入口，主入口的西侧为园区国际培训学校。

用地是一块待开发的用地，场地现状平整，无保留植被。园区南部有河流穿过，环境优美。拟在用地上建设一片文化创意园，供艺术家和设计师使用，同时还为来访的访客提供住宿服务。

本项目的主要功能是供园区使用的综合管理用房，其地上三层，主要为园区职工宿舍（包括普通宿舍 60 间、高级宿舍 14 间）、为宿舍配套的职工餐厅，以及在首层和二层局部设置的物业办公用房。地下二层，设有为整个园区服务的总机房（即能源中心）、供本楼使用的机房以及为职工餐厅员工服务的更衣淋浴用房等。总机房（即能源中心）部分属市政设施，由市政管理部门进行。

二、韧性方法类型

· 流程保证

· 品质保证

· 功能适变

三、韧性设计方法

· 问题驱动

妫河建筑创意园管理用房的设计构思以发现设计问题为出发点，本项目我们主要将设计问题聚焦在三个方面：

1）建筑前期将作为一个孤独的建筑存在于一片未开发但将来会成为文化创意园区的场地上；

2）作为管理用房需表达真实自己的同时又为将来整个创意园区的建筑定基调；

3）建筑后期又需要融入有一定密度的建筑聚落当中。

· 混合功能

为了提升建筑的韧性能力，该项目功能被设计为混合功能，包括：办公、餐饮、宿舍、接待客房等。

· 边界形态

由于建筑位于园区北侧主入口的东面，北面是园区的围墙，墙外是一条公路，南侧则是园区以及远处的湖面和森林公园，因此建筑西侧作为主入口，首先由两个“L”形的体块围合成相对规整的建筑边界，在西北侧首层通过几个黄色的方体错动，形成引人进入的欢迎态势，在东南侧的二层也通过几个黄色的方体错动，形成面向园区及湖面、森林公园的灵活边界。

· 积极立面

建筑物在园区的特殊位置及特殊时间的建造决定了它的样貌，一种高标准的、亮丽的形象，用来吸引潜在的投资者进入园区。建筑采用两个白色的“L”形体块与鲜亮的黄色体块搭配，形成富有活力的立面。同时通过黄色方体盒子的错动，形成亲人的入口界面。

· 几何逻辑

本项目的基础几何图形为两个一高一低的“L”形通过两个“L”围合成一个内向庭院，在高“L”形底部加入异质的方形错块形体，在低“L”形顶部也放置少量方形错块形体进行呼应，同时在西侧地块主入口处形成两层高的门洞，与内庭院一起形成空间联系。

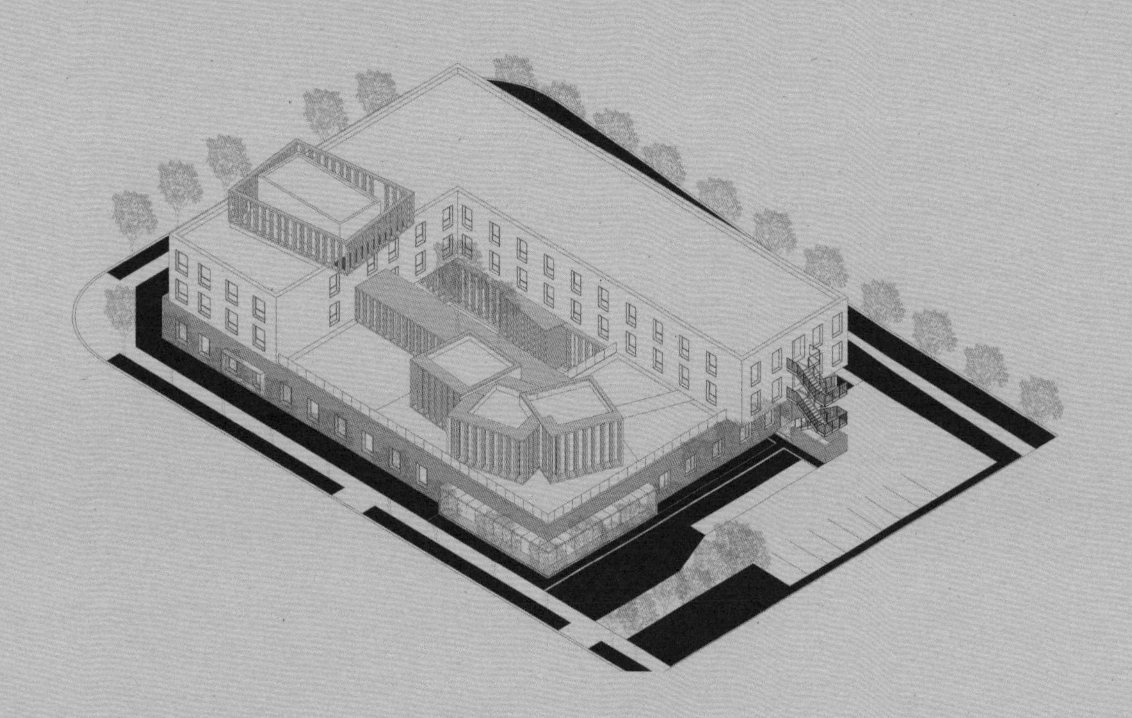

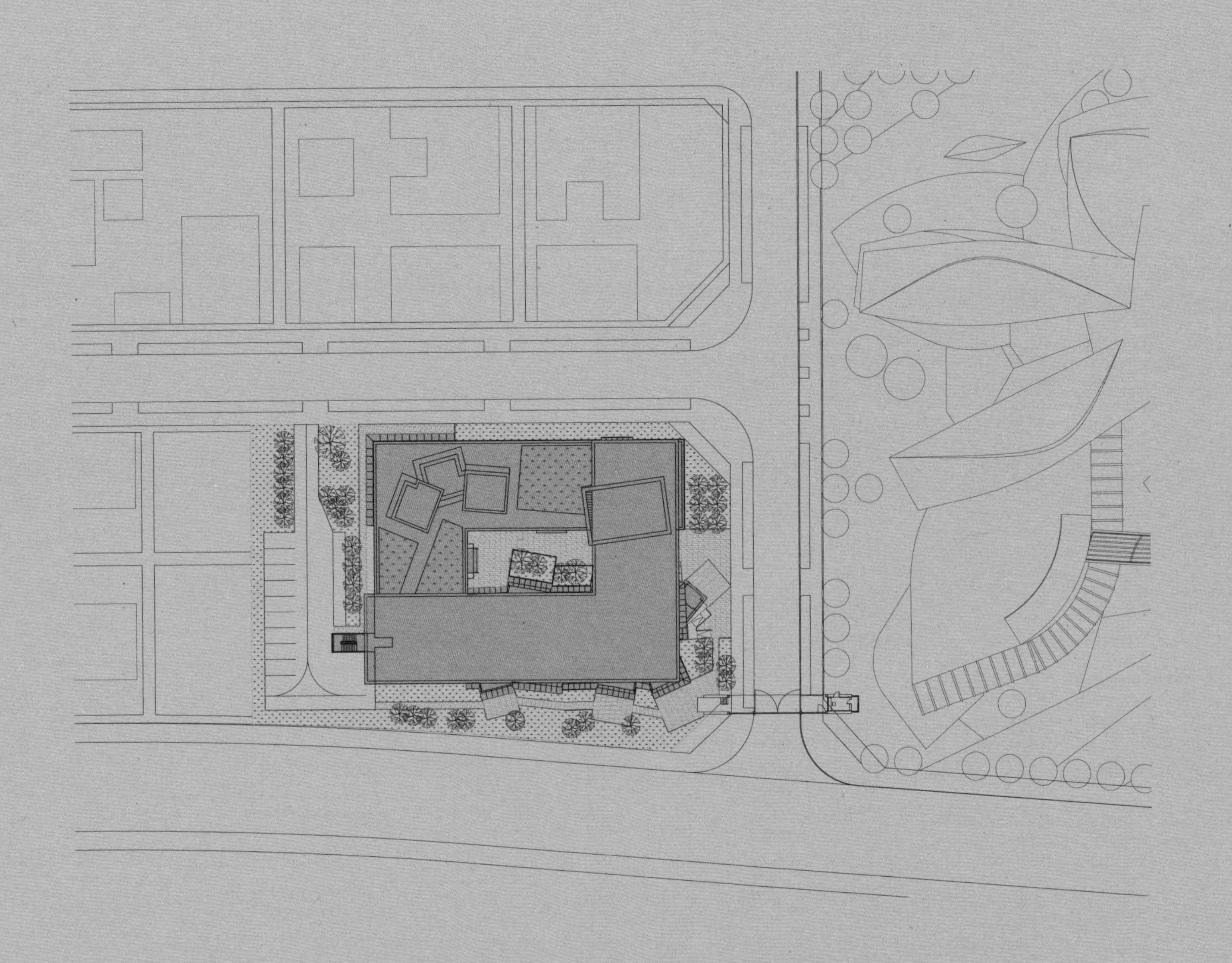

总平面图

0 5 10 20

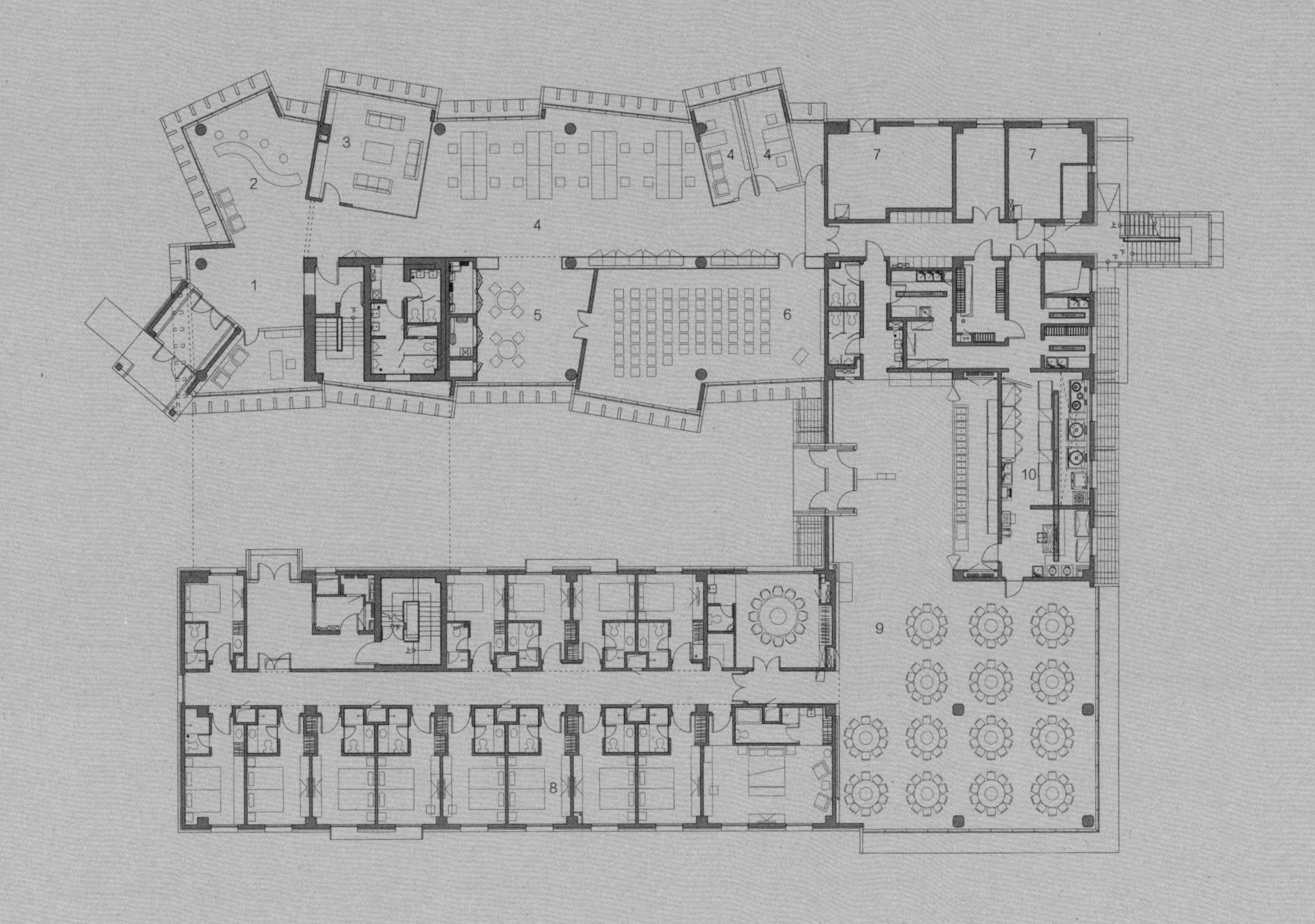

首层平面图

0 2.5 5 10

1. 大厅　2. 前台　3. 会议室　4. 办公　5. 休息区　6. 多功能厅　7. 设备　8. 客房　9. 餐厅　10. 厨房

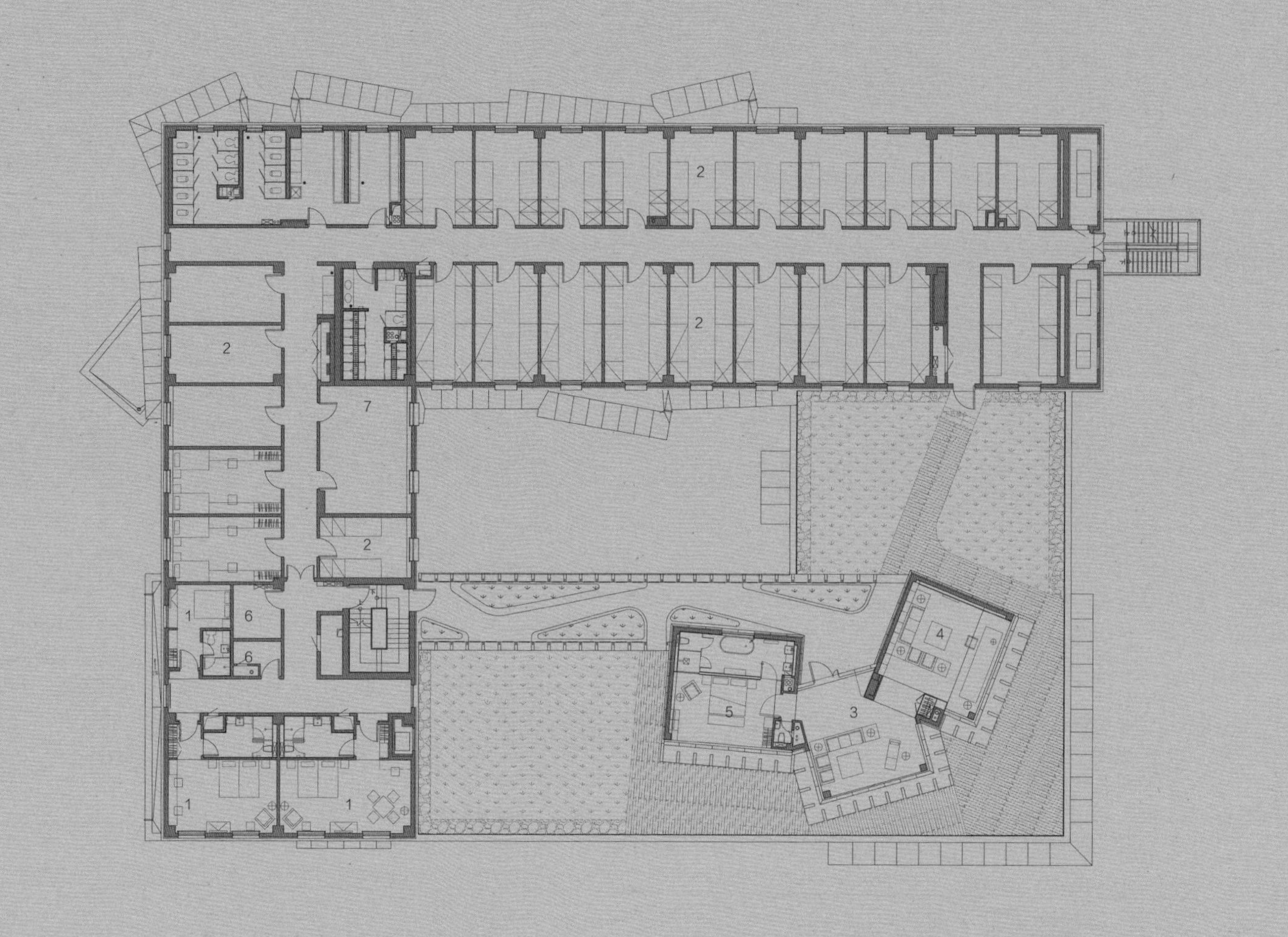

二层平面图

0 2.5 5 10

1. 客房 2. 宿舍 3. 接待室 4. 洽谈室 5. 休息室 6. 后勤用房 7. 活动室

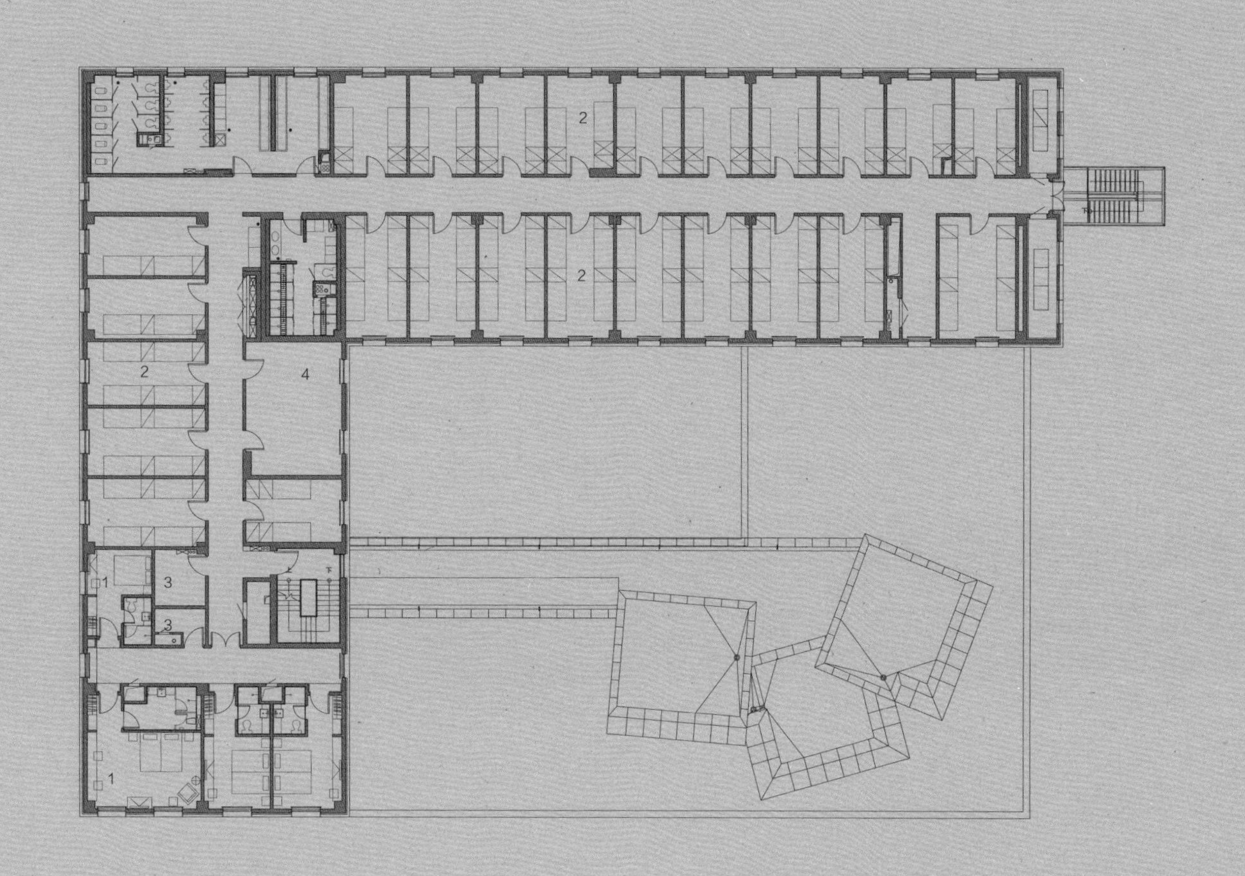

三层平面图

1. 客房　2. 宿舍　3. 后勤用房　4. 活动室

西立面图

0 2.5 5 10

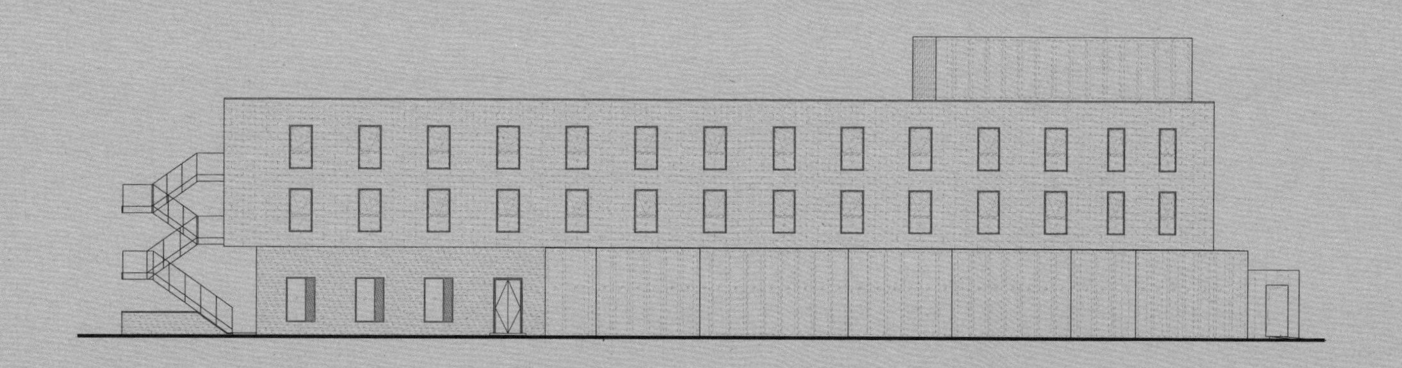

北立面图

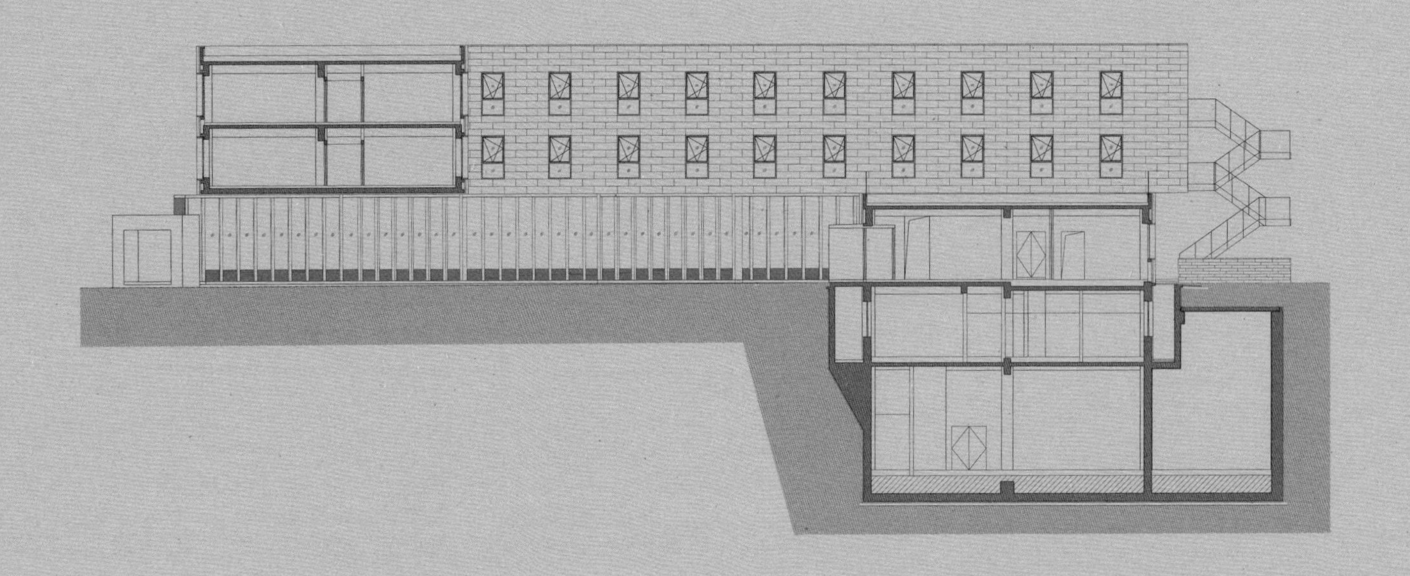

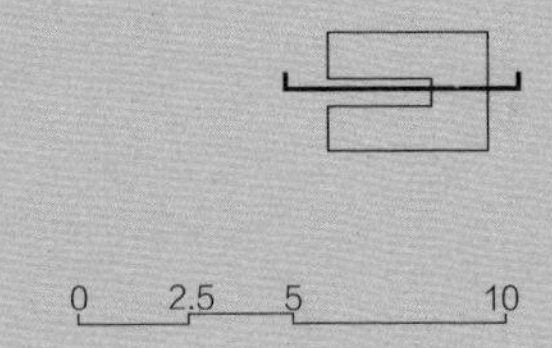
0
2.5
5
10

09 未来科技城公园访客中心
Future Science City Park Visitor Center

项目地点：北京市，昌平区 | 类型：公共建筑 | 状态：已建成 | 时间：2018 | 用地规模：3716.76m^2 | 建筑规模：886.5m^2 | 摄影：陈溯

一、概况

该项目位于北京市昌平区未来科技城滨水公园南入口处。用地东侧为待建未来科技城展示中心，西侧为待建体育中心，南侧通过绿化广场与定泗路连通，北侧衔接景观湖。

项目位于昌平未来科技城公园入口广场中心区域。访客中心设置在入口广场平台之下，南侧为公园入口树形广场，北侧面向驳岸及公园湖面，西侧的树形平台向体育中心延展，东侧与展览中心遥相呼应。访客中心作为公园入口的附属设施，为单层建筑，由一条室外通道连接并分为两部分功能，东侧的问询服务厅（A 区）设置了问询服务大厅、展示、售卖、办公、清洁、储藏等功能；西侧的附属服务设施（B 区）设置了公共卫生间、更衣淋浴、设备机房及园区弱电机房等设施。

二、韧性方法类型

· 流程保证

· 品质保证

· 功能适变

三、韧性设计方法

· 问题驱动

该项目的设计构思以发现问题为出发点，我们主要将设计问题聚焦在：

1）大门建筑与自然环境的矛盾

公园为开放边界的郊野型公园，过多的建筑会对自然环境产生负面影响。

2）场地高差与建筑布局

公园主入口和湖区存在 6m 高差，需要通过访客中心的设计解决高差问题。

3）建筑、结构与景观设计的协调等方面。

· 边界形态

为了使访客中心成为自然环境的一部分，我们利用场地高差将访客中心的建筑隐藏于入口广场平台之下，通过屋顶大台阶及顺应广场弧线展开的景墙将建筑与景观衔接在一起。位于平台下的房间被分成东西两部分，其间是供游人通行的主通道。这样的布局使建筑和环境呈现出复杂的空间拓扑关系。在边界类型上进行了新的尝试，模糊了建筑本体与公园景观的边界。

· 景观驱动

本项目在设计时有意识地弱化了建筑形象，强化了景观设计在建筑设计中的作用。入口大树广场的曲线形式和访客中心的平面融为一体。屋顶台阶、屋顶平台的树洞、下沉广场的台阶、分隔主通道的带景窗的墙体、台阶上的植被等一系列景观设计手法被应用到建筑设计中。

· 积极立面

项目的几何核心有一条人行通道贯通，此道路是公园入口的重要公共空间。因此与道路紧邻的访客中心主体被设计成透明的玻璃盒子，积极的立面使道路和建筑内部实现充分的视线沟通。

· 材料驱动

访客中心的设计采取了将建筑下沉隐没于场地的策略，设计顺势采用了清水混凝土构建建筑主体结构，并作为建筑立面的主要材料外露，访客中心问询服务厅外侧采用了通透的弧形玻璃幕墙，打造了通透消隐的建筑立面效果。

· 几何逻辑

访客中心的平面设计几何控制源于滨水公园南入口的树形铺装，两条反向的弧线构成访客中心的东西边界线，弧形伸展的景墙和台阶也都延续弧线的逻辑。同时景墙上的洞口、屋顶上的座椅及地面的树池都以圆形为基础几何形，构成了协调统一又富于变化的空间。

· 空间完整

空间完整性作为我们另一个基本遵循，在建筑的主要空间中结构、机电专业的构件和设备被严格控制在咖啡厅操作区上方，保证了室内公共空间的完整性。

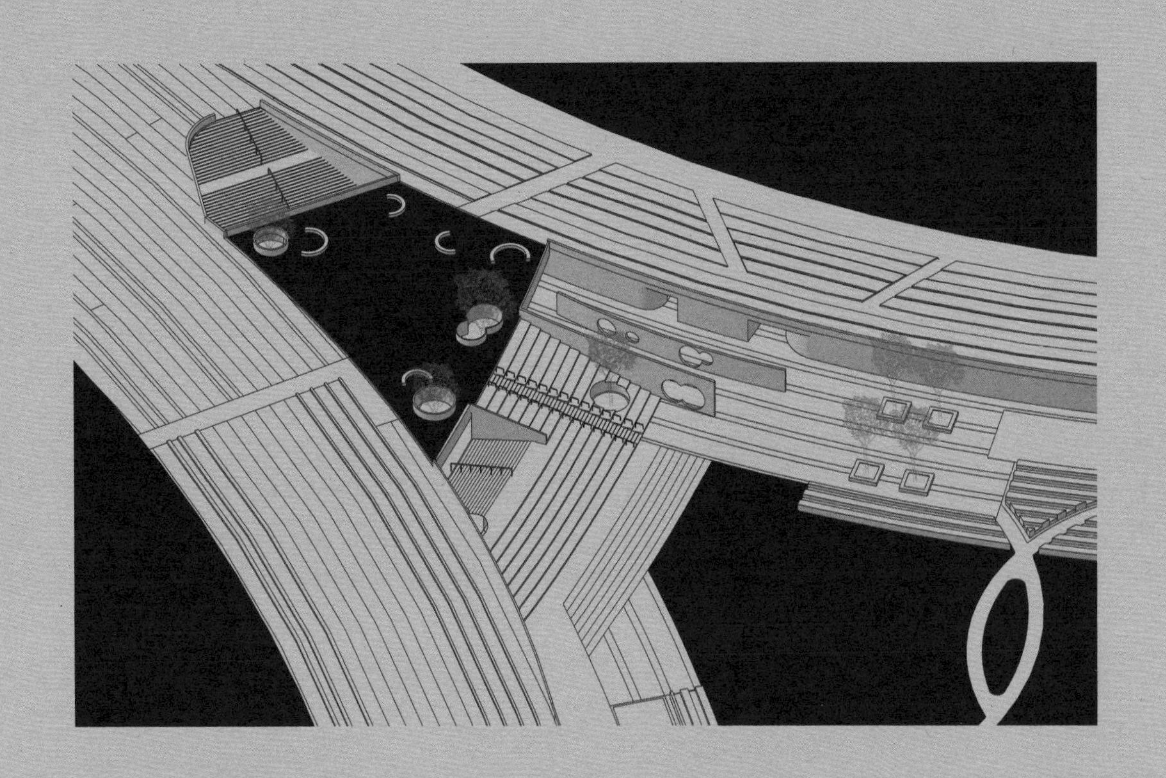

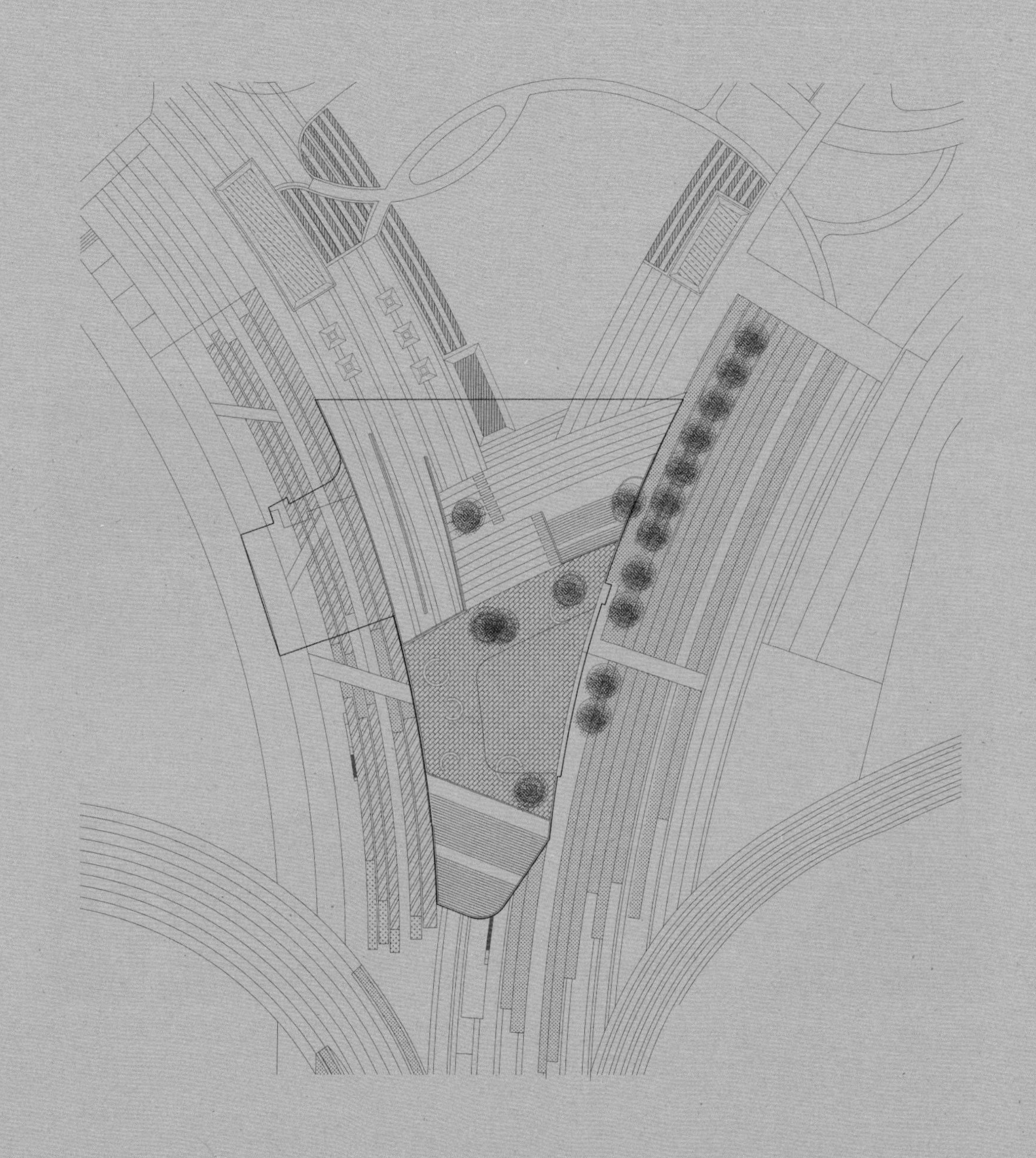

总平面图

0 2 10 20

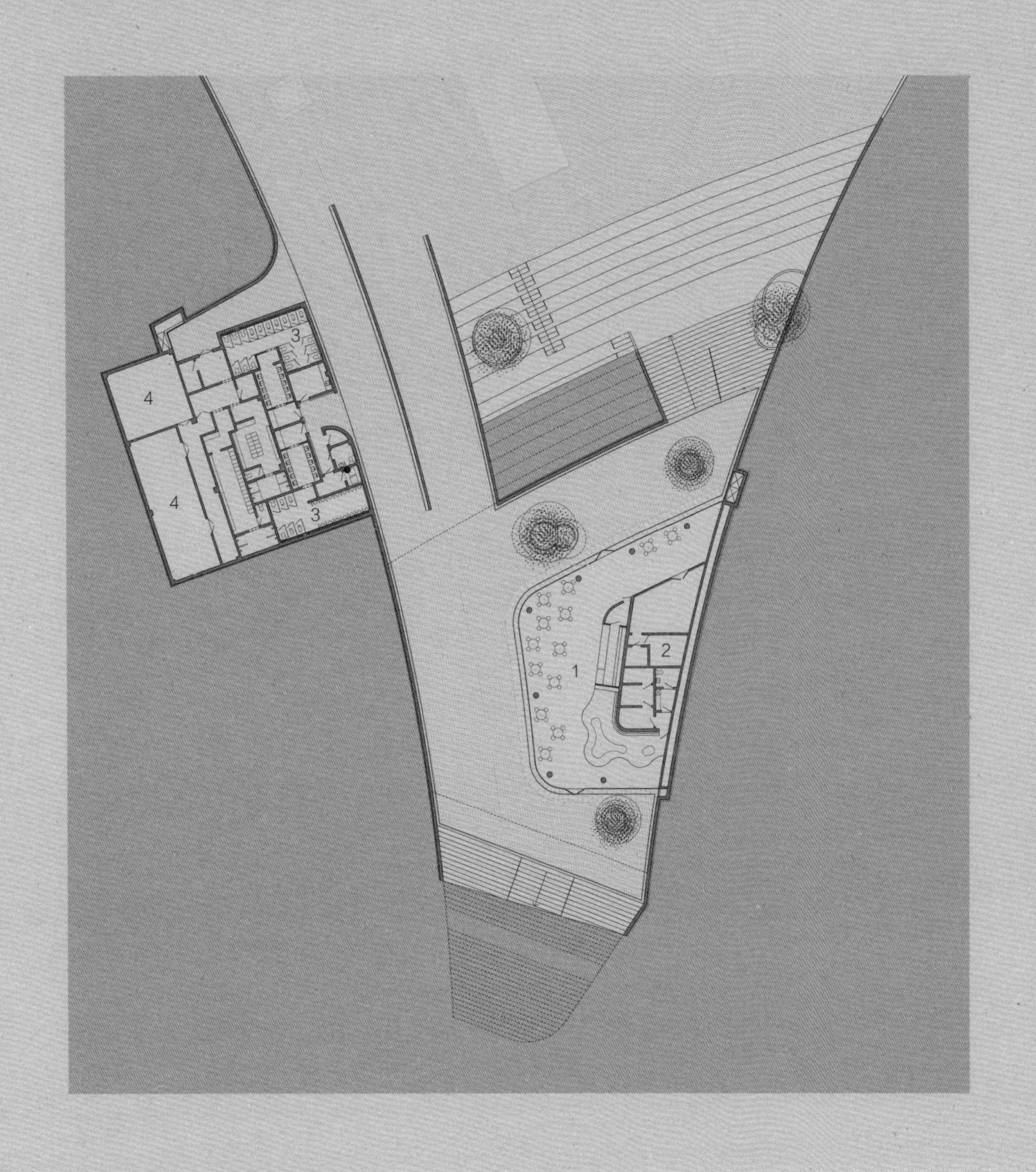

首层平面图

0 2 10 20

1. 咖啡厅　2. 操作间　3. 卫生间　4. 机房

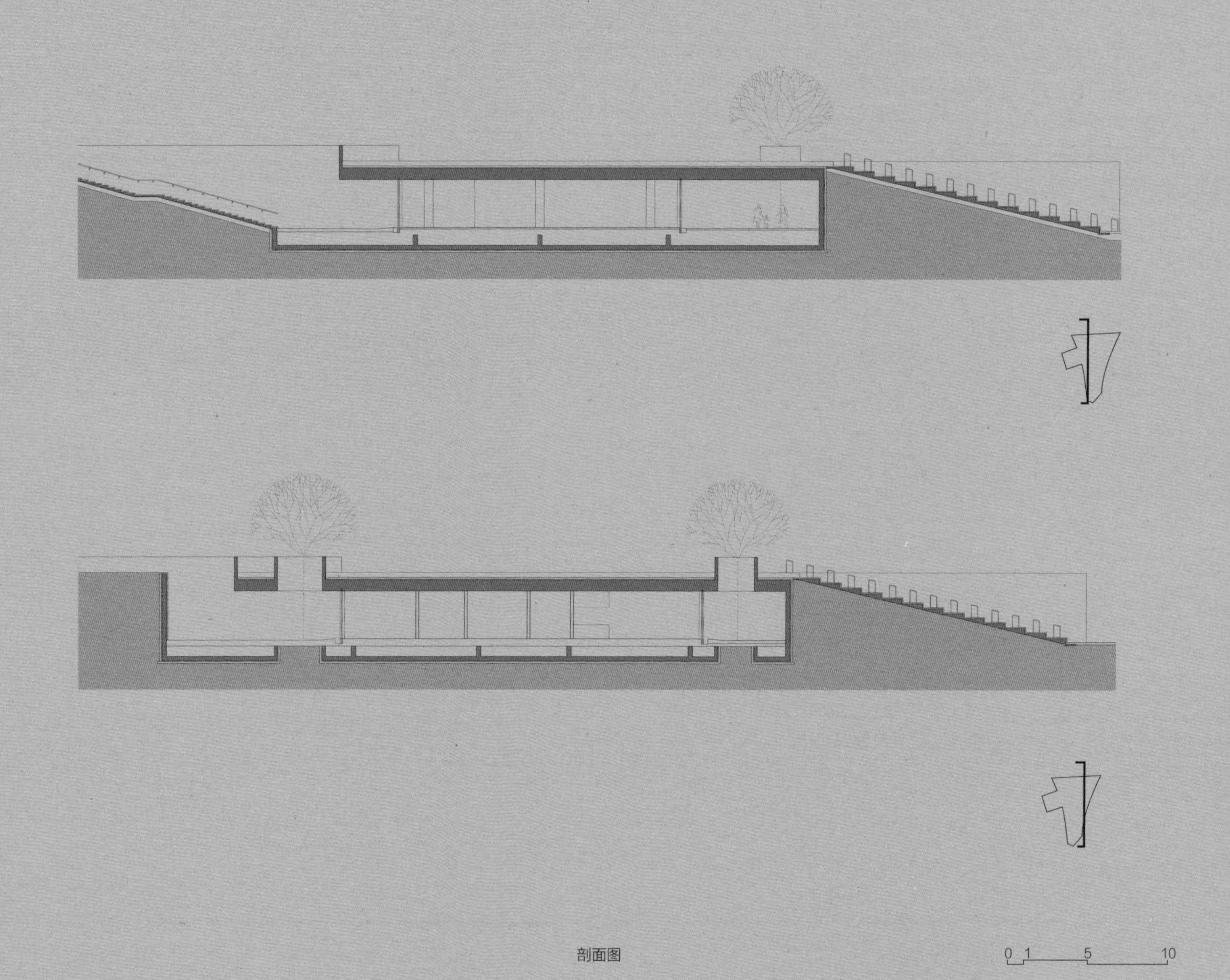

剖面图

COFFEE

10 2019 中国北京世界园艺博览会国际馆
The International Pavilion of the 2019 Beijing International Horticultural Exhibition

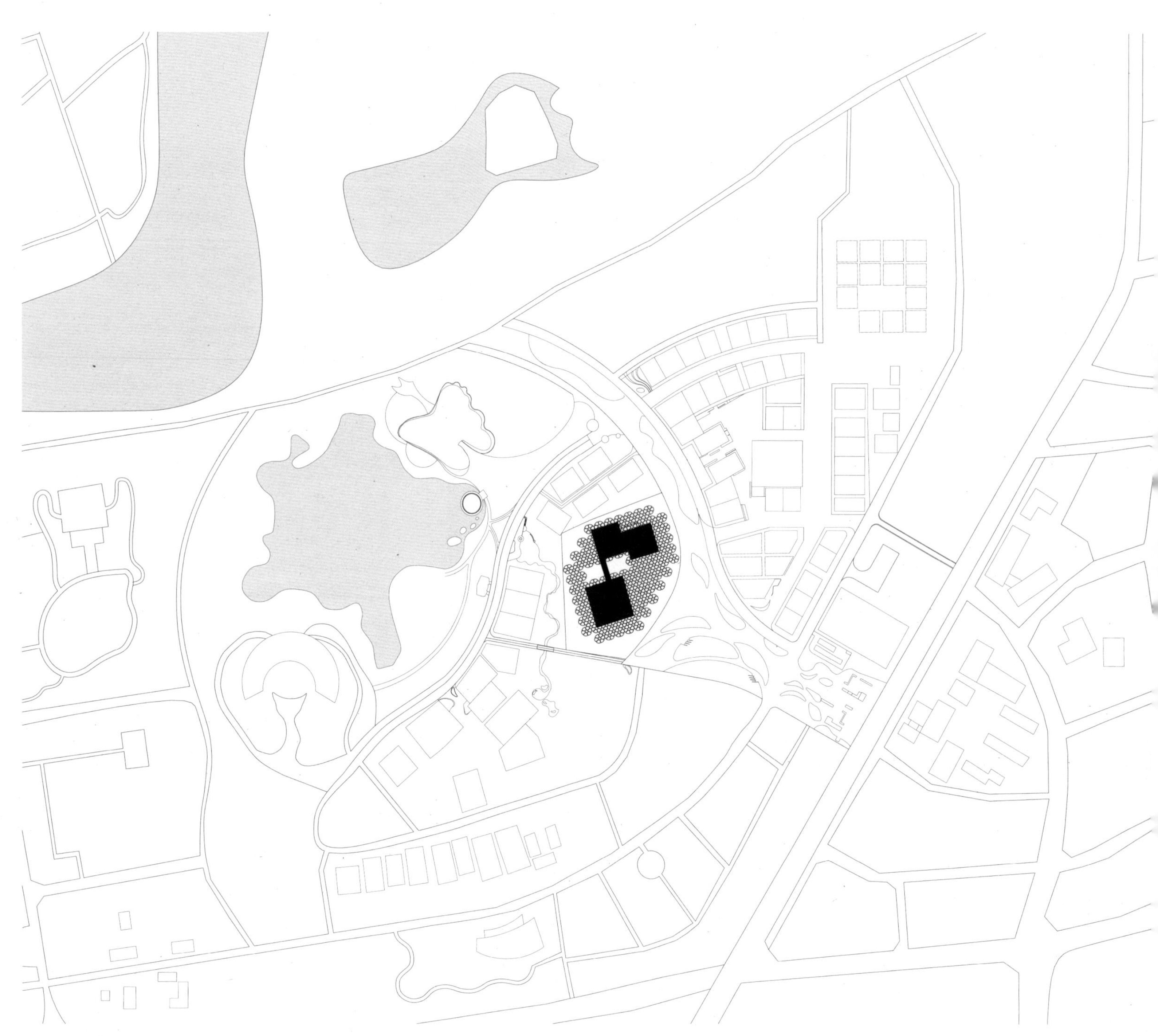

项目地点：北京市，延庆区 | 类型：展览建筑 | 状态：已建成 | 时间：2019 | 用地规模：36000m^2 | 建筑规模：22000m^2 | 摄影：陈溯 、付兴

一、概况

2019中国北京世界园艺博览会国际馆坐落在北京西北延庆区的妫水河畔，在2019年4月至10月的中国北京世界园艺博览会是国际范围内参展的国家、地区和园艺组织的室内展场，同时也是举办国际园艺竞赛的场地。国际馆建设用地3.6公顷，在“一心、两轴、三带”的规划结构下，用地位于世界园艺轴中部，紧邻中国馆和演绎中心，国际展园、中国展园环绕其间，西侧面向草坪剧场和湖区。国际馆人行主入口面向园区2号门，是核心区主入口之一，地理位置醒目。用地正对海坨山的规划轴线，处于妫水河南岸，生态环境优美。

国际馆地上建筑面积15402.4m^2，地下建筑面积6597.6m^2，地下一层，地上一层，局部二层。

国际馆主要包含4个展馆，分别是国家、地区展馆，国际组织展馆，国际高新技术展馆，国际竞赛展馆。由若干“花伞”组成了一个巨大的顶棚，将展馆及室外公共空间罩在一起，“花伞”下可根据需要设置室外展场、集散广场、地面临时卸货场等。

二、韧性方法类型

- 流程保证
- 品质保证
- 功能适变

三、设计要点

· 问题驱动

2019年中国北京世界园艺博览会国际馆的设计构思以发现设计问题为出发点，本项目主要将设计问题聚焦在：

1）功能的不确定性

国际馆的功能在会时和会后都存在不确定的因素。

2）建筑与自然环境的关系

园区周边自然环境优美，但建筑功能要求国际馆体型庞大，给自然环境造成压力。

3）建筑形象与世园会主题表达

4）场馆的会后韧性

· 功能转换

在以会后多功能使用为目标的前提下，结合绿色建筑设计理念，方案以“一座具有灵活性、实用性的建筑”为出发点，采用大跨度结构、方正的平面、高大的空间、平层进入的货运流线等手法进行设计，将国际馆植物展示、交易的功能转化为多功能大厅。

· 混合功能

在功能转换的前提下，国际馆从植物展示的单一功能扩展为集展览、会议、娱乐、餐饮为一体的混合功能建筑。

· 边界形态

紧扣本届世园会办会理念“让园艺融入自然，让自然感动心灵”，国际馆方案以“花海 · 花伞”为创意理念，以对环境最小干扰度和低姿态与周围山水格局相融合。设计以“花伞”为结构单元构件，组成了平缓的不夸张的建筑造型——“花海”。建筑布局采用南北贯通的总图布局，建筑立面四个方向匀质，营造出相对模糊的建筑边界，既尊重大环境，又尊重周围小环境。

· 景观驱动

建筑本身的景观化造型手法以及与环境融为一体的模糊的建筑空间，形成整个用地内别具一格的景观特色。布置在室外广场上的若干可移动的植物无土栽培活动装置——“花墙”，提供了丰富多变的绿色景观新理念。整个室外广场地面通过铺地材质变化，呈现“曲水流觞”图案，赋予此面向世界的现代建筑明确的“中国性”。

· 积极立面

鉴于国际馆的特殊位置，建筑四周均为开放的公共空间，为了让建筑与周边的公共空间产生积极的互动，建筑四周均设置了以花伞为顶棚的广场，建筑物立面尽量通透，让室内外产生视线沟通。

· 结构驱动

在建筑方案设计伊始就以花伞式结构单元组合为出发点，结构设计成为建筑创作的最重要的内容。

· 绿色驱动

国际馆的可持续设计注重发挥建筑学的作用，避免过多依靠机电设备。其中的弹性设计和一体化花伞设计策略，成为可持续设计的重要内容。

国际馆每支漏斗形花伞集合屋面排水与雨水收集建筑遮阳系统、防水与保温一体化、光伏发电、融雪系统、自然通风、夜景照明与一体，体现绿色设计理念

· 几何逻辑

从一朵花伞到一片花海，整体构图上进行了一系列几何操作，使花海呈现出优雅、舒展的形态。在竖向维度上，让花海的顶面弯曲成椭圆球壳面，最高点位于长轴东北侧。在平面系统中，每一朵花伞都内嵌于完整的圆形圆周之上，花伞柱位于圆心，六片花瓣间隔60°角均匀伸出，向四周伸展。每片花瓣均呈等边六边形且关于三条对角线中的任意一条对称，并内嵌在整体呈正方形的轴网之中，花朵相互拼接将形成三个方向上有韵律的均匀的嵌套的重复变化，适合展览建筑需要的平面布局，使得顶部花海的复杂多轴向与平面的直角坐标系这两种几何体系之间得到了美妙的转换。这样的处理使花海的边界变得柔和并富于内在逻辑，“既模糊，又有序”。

· 空间完整

分开的两组矩形展览空间与16.8m的柱网体系相互结合，将机电系统整合于花伞底部设备平台及地面设备管廊中，确保展厅的空间完整性。

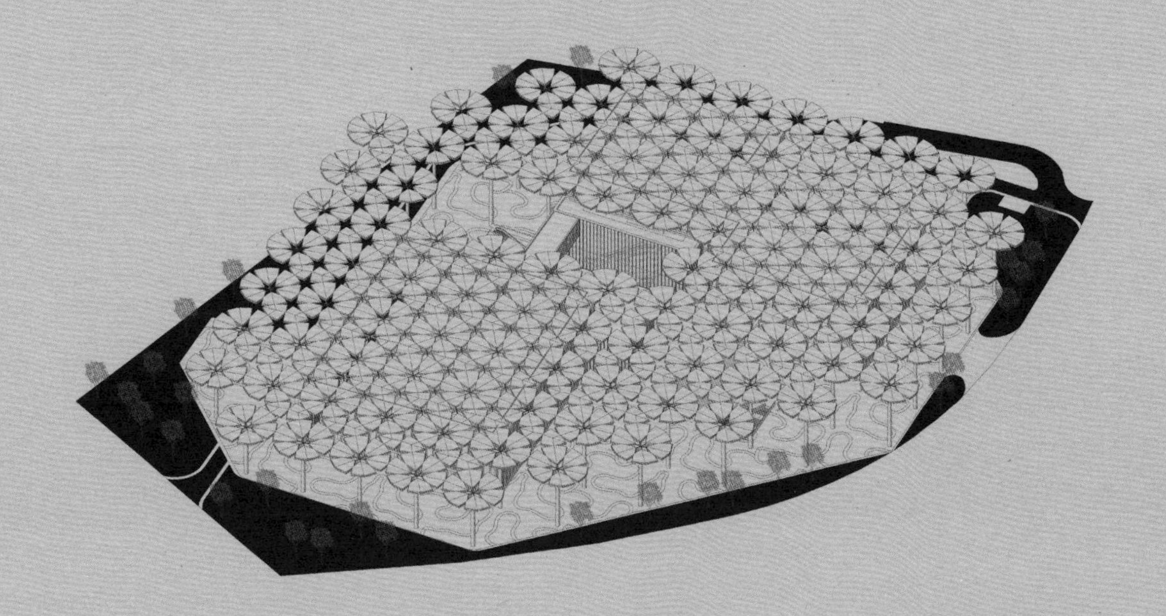

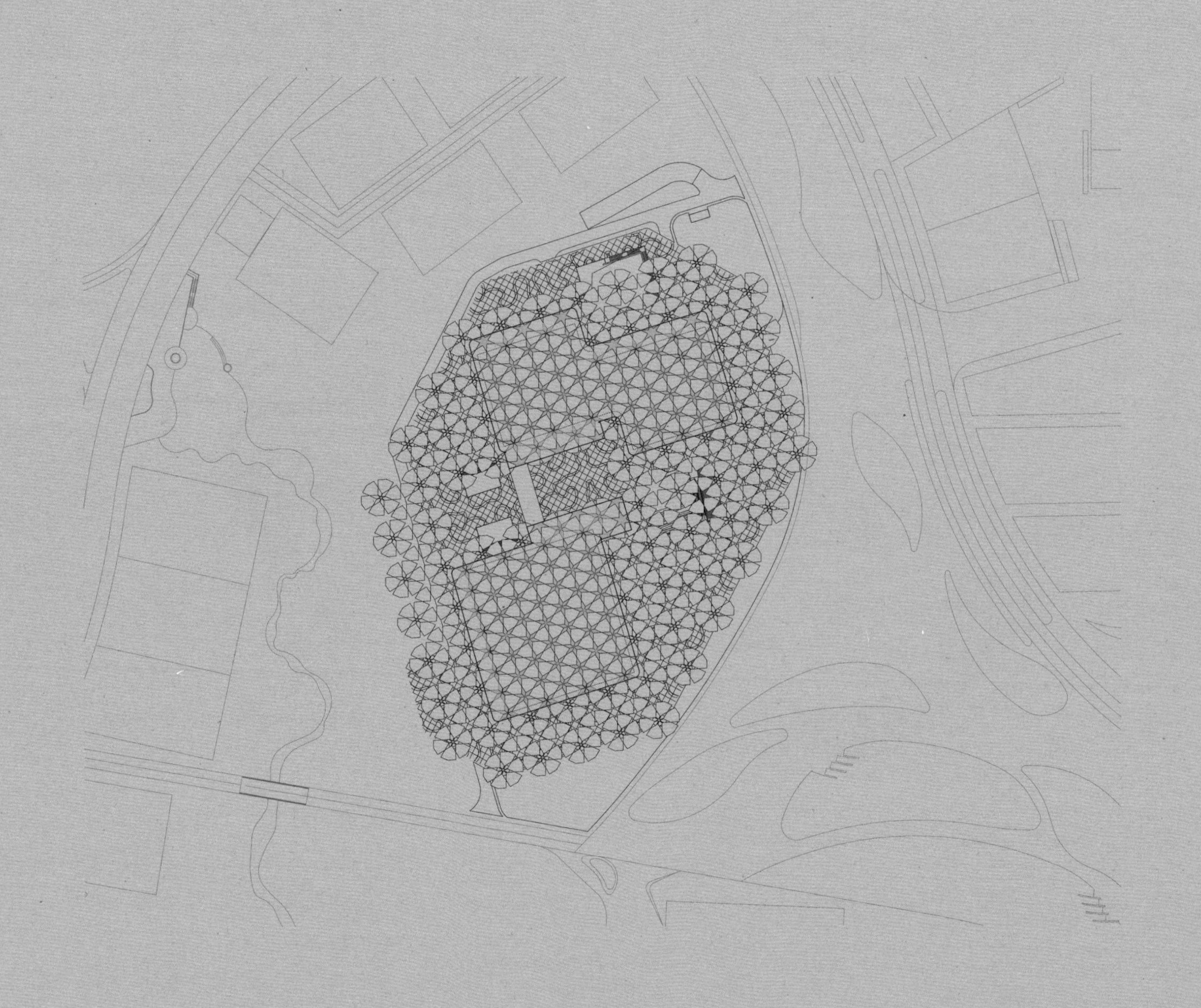

总平面图

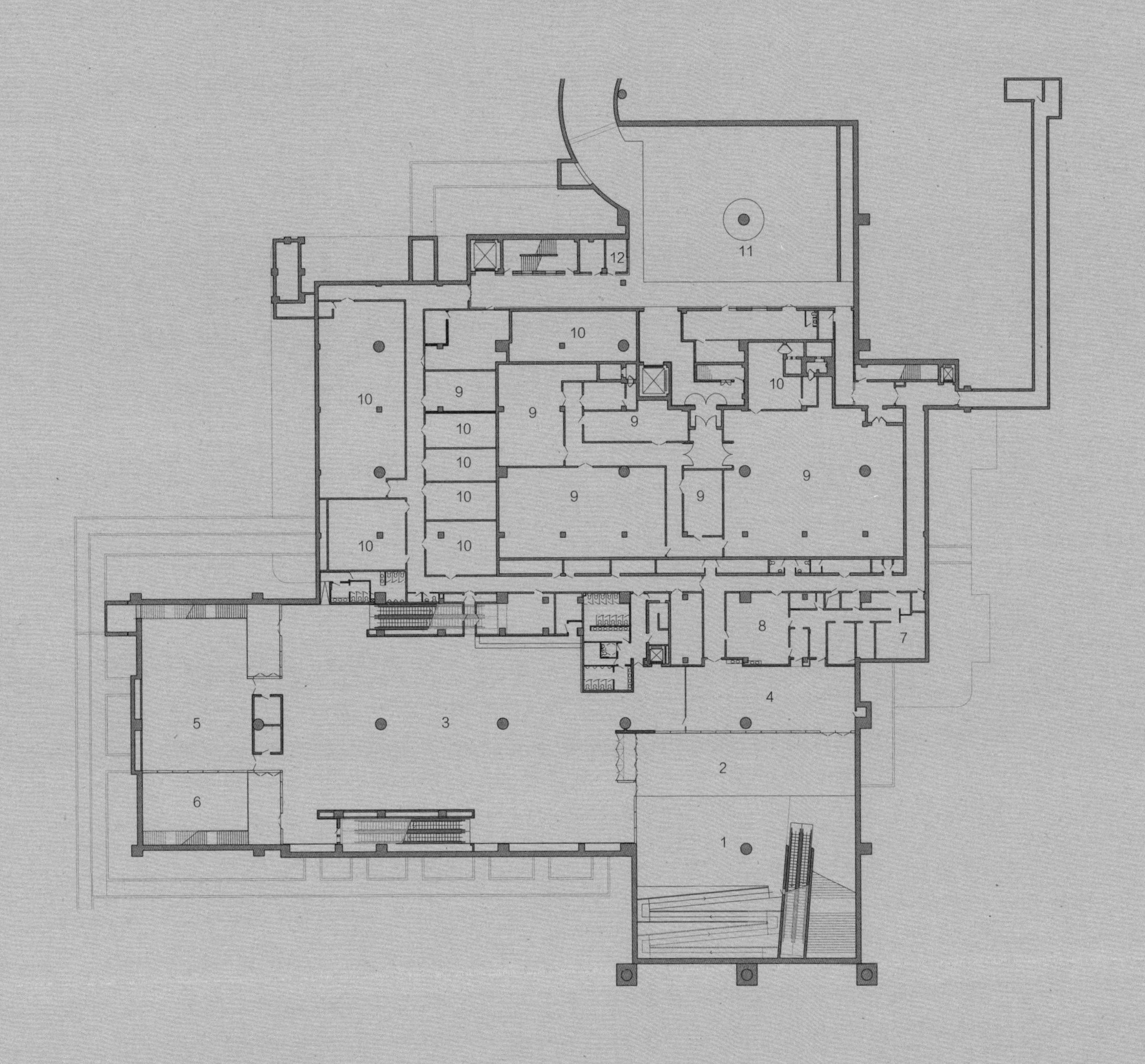

地下一层平面图

1. 入口下沉广场　2. 观众出入口　3. 登录厅　4. 餐厅　5. 多功能厅　6. 下沉庭院　7. 厨房　8. 清真餐厅　9. 库房　10. 机房　11. 下沉卸货场　12. 值班室

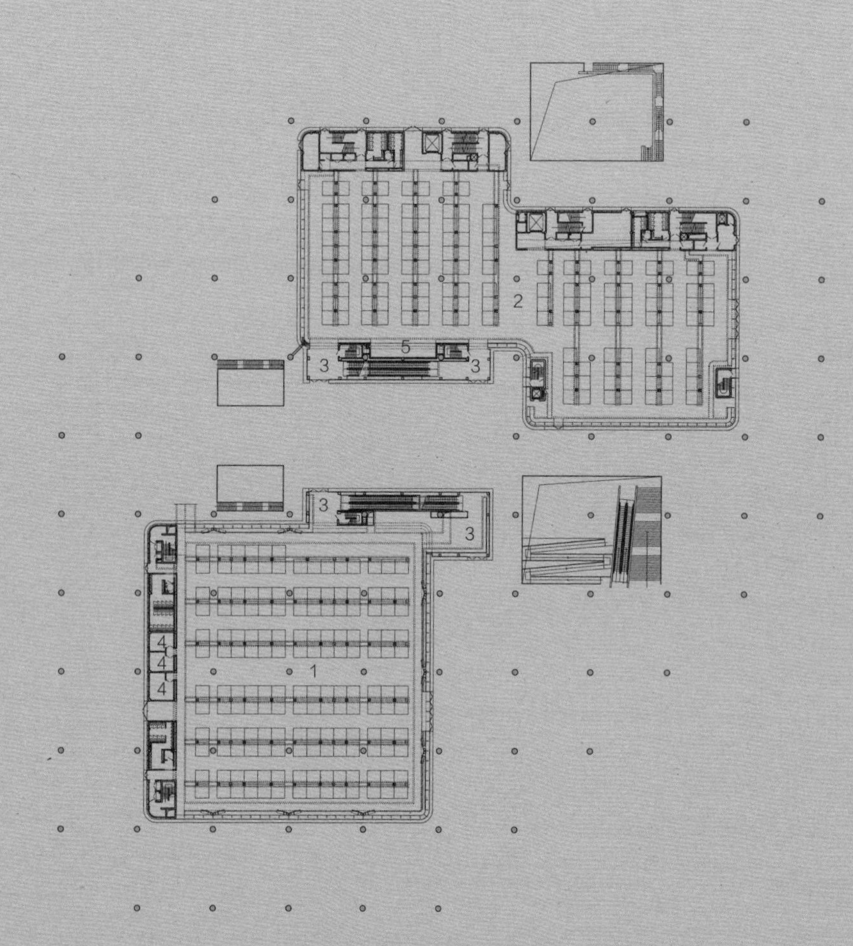

首层平面图

0 2 10 20

1. 国际竞赛展厅　2. 国家、地区展厅　3. 过厅　4. 洽谈室　5. 纪念品售卖区

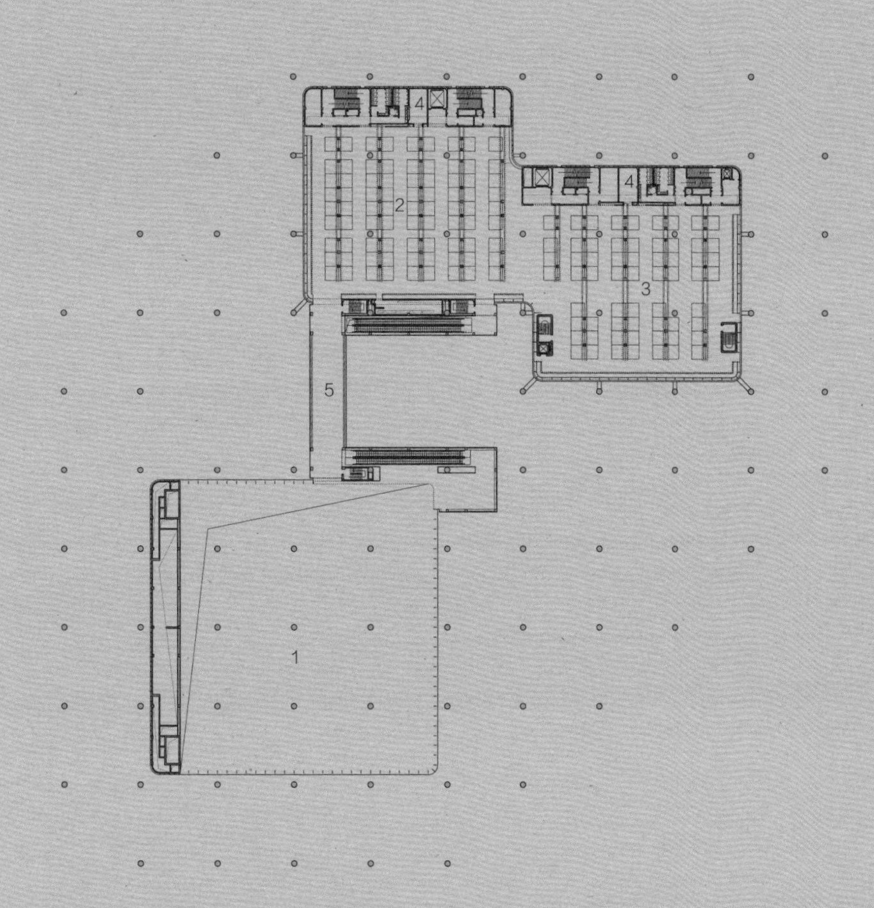

二层平面图

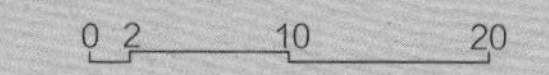

1. 国际竞赛展厅上空　2. 国际组织展厅　3. 国际高新技术展厅　4. 自助中心　5. 展廊

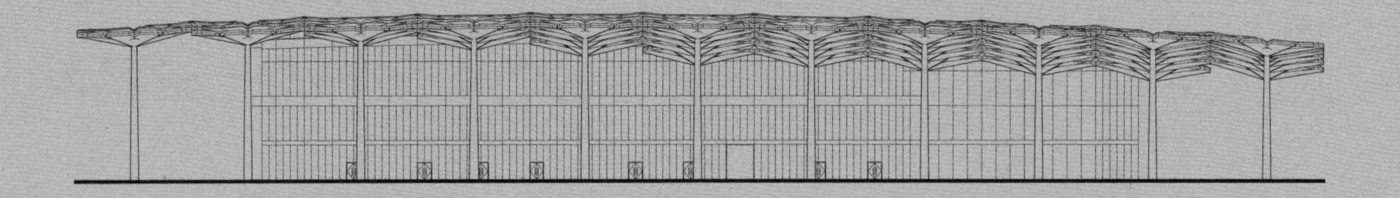

西立面图

0 2 10 20

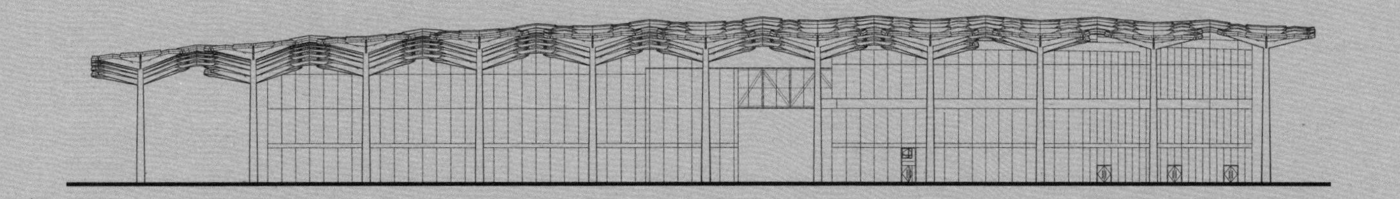

东立面图

0 2 10 20

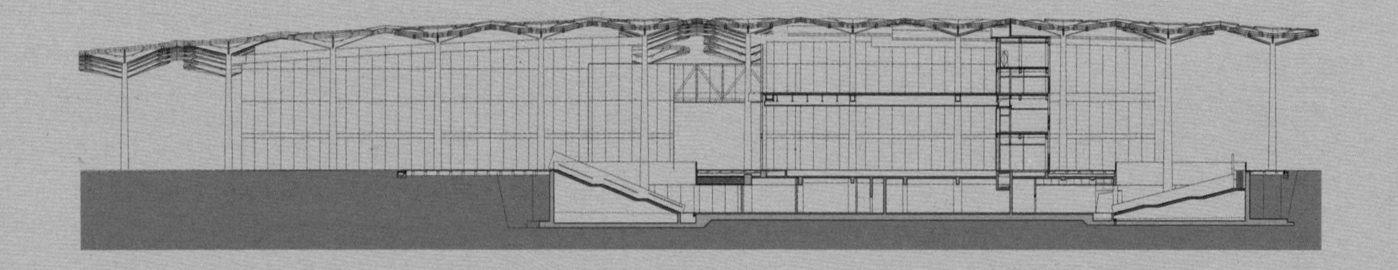

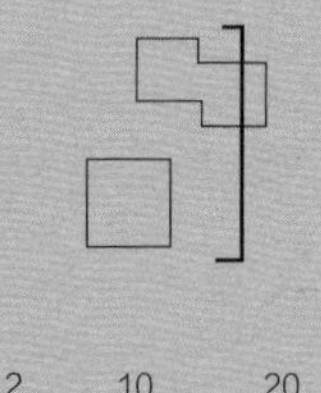

剖面图

0 2 10 20

国际馆
INTERNATIONAL
PAVILION

国际馆
INTERNATIONAL
PAVILION
注意安全

INTERNATIONAL
国际馆

国家／地区展厅
INTERNATIONAL
EXHIBITION
HALL

11 城市绿心旧厂房改造（民国院子）
Central Green Forest Park-Old Factory Renovation (Courtyard of the Republic of China)

项目地点：北京市，通州区 ｜ 类型：建筑改造 ｜ 状态：已建成 ｜ 时间：2019 ｜ 用地规模：1791m² ｜ 建筑面积：486m² ｜ 摄影：陈向飞、梁雪成

一、概况

城市绿心民国院子位于北京市通州区城市副中心城市绿心内部的绿心文化区内，建筑用地北侧为潞河湾街，其余三侧为园林景观用地，景观资源优势明显。

场地南北长约 46.4m，东西长约 40.3m，用地面积 1790.54m^2。场地内部原有三座民国时期砖木结构建筑，正房一间，厢房两间，院门一座。但因年久失修，结构部分老化均无法继续使用。

本工程分为东、西两个院子，东院场地原有保留民国时期木构建筑三栋，因建筑保存状况较差，故选择改造方式为拆除原址复建。原有建筑的老物件（老砖、老瓦及老条石等）保留，在复建过程中尽量使用。改造定位为历史建筑赏析、休憩交流等。

西院为一组新建建筑，包含三栋建筑及两座凉亭，整组建筑为钢筋混凝土剪力墙结构。建筑外墙与屋顶均为耐候钢板金属幕墙，今后作为咖啡书吧使用。地上建筑面积 486m^2，建筑高度（屋脊）6m。

二、韧性方法类型

· 流程保证

· 品质保证

三、韧性设计方法

· 问题驱动

民国院子的设计构思以发现设计问题为出发点，本项目我们主要将设计问题聚焦在：

1）历史肌理的保护与延续；

2）新建筑布局与老的村落肌理的关系；

3）如何确定整体建筑风貌；

4）建筑体型关系的处理；

5）韧性能力提升等方面。

· 全面评估

场地内东侧保留民国时期木构建筑三栋，建筑保存状况较差，主体结构、建筑构造存在较大隐患，已无法继续使用。

场地现状的院落仅保存了半个院落格局，另外与老宅相邻的加建房屋还有残迹存留。村庄的其他部分已被拆除，现存建筑成为绿地中的孤岛。

现存的老宅和部分围墙、院门虽然破旧，但原始风貌尚存，具有较高的价值。

· 边界形态

为了保持原有风貌，特别是突出中国传统北方住宅庭院空间和自然环境之间复杂的空间拓扑关系，我们特意把新建部分布置在原来加建的建筑旧址上，并保持原来建筑的小尺度。同时将原来西侧两个加建的小房子按原尺度演化成两个类亭子空间，进一步丰富了院落与建筑之间的边界，使庭院和建筑进一步融合，增加了院落空间的复杂性和趣味性。

· 景观驱动

内院是这组建筑的灵魂，也是景观的核心。设计以院落空间和景观一体化设计为出发点，采取一系列的景观设计手法，达到建筑与景观的深度融合。

院落南侧为主要的入口空间，利用混凝土自然碎拼形成入口小径，两侧竹丛掩映，形成静谧自然的小院入口区域。以竹丛掩映，形成静谧的入口空间；同时踏石而入，更显高级自然。延续老北京四合院空间格局，从铺装和种植两方面入手：铺装方面，研究老北京四合院传统地铺形式，主要通过空间采用方砖海墁甬路形式；其次通过空间采用大停泥砖形式。

种植方面，入口为海棠，呼应主题，庭院内的点景大树以国槐为主。现代庭院空间部分，主要以混凝土平台和种植空间为主，结合室外外摆，形成现代简洁的景观空间，既满足功能使用，又与四合院空间形成新旧对比、交融。

· 几何逻辑

在设计中注重建筑体型的几何逻辑关系是我们设计实践的最基本遵循。作为设计的底层逻辑，本项目的基础几何图形（几何原型）为长方形，围绕着这个几何图形我们采取加法的几何操作方式，建筑形体方面，在延续原坡屋顶形式的同时尽可能简化建筑形象，使之更为简单纯粹。在类亭子空间的设计中，我们主要采用了减法的几何操作方式，在两坡硬山的原型基础上，通过局部减少墙体的方法，形成复杂多维的灵动空间，在似与不似之间建立新与旧建筑之间的几何过渡关系。

· 空间完整

空间的完整性作为我们另一个基本遵循，一直贯穿在设计过程中。在建筑的主要空间中结构、机电专业的构件和设备被全面控制，将所有设备点位及风口在建筑主体浇筑时提前预埋，严格避免上述构件和设备破坏空间完整性。

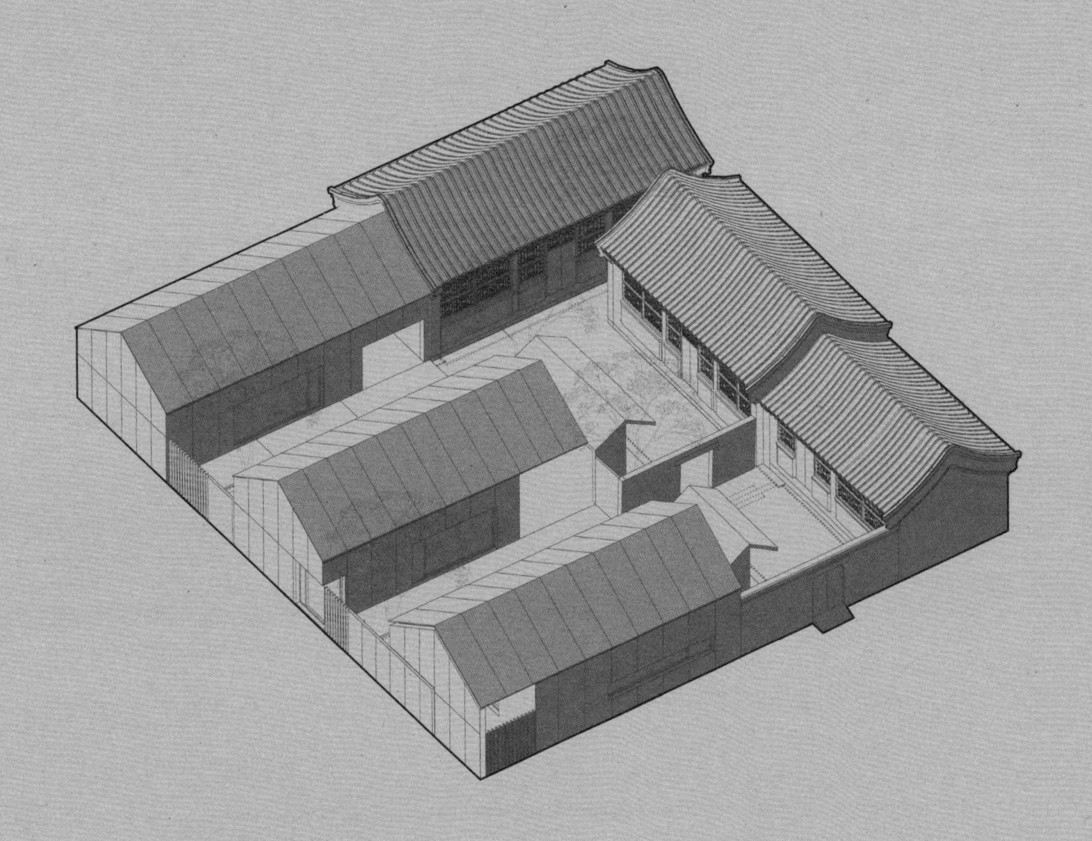

总平面图

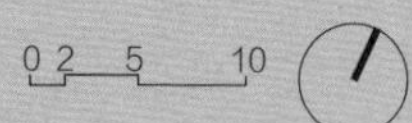

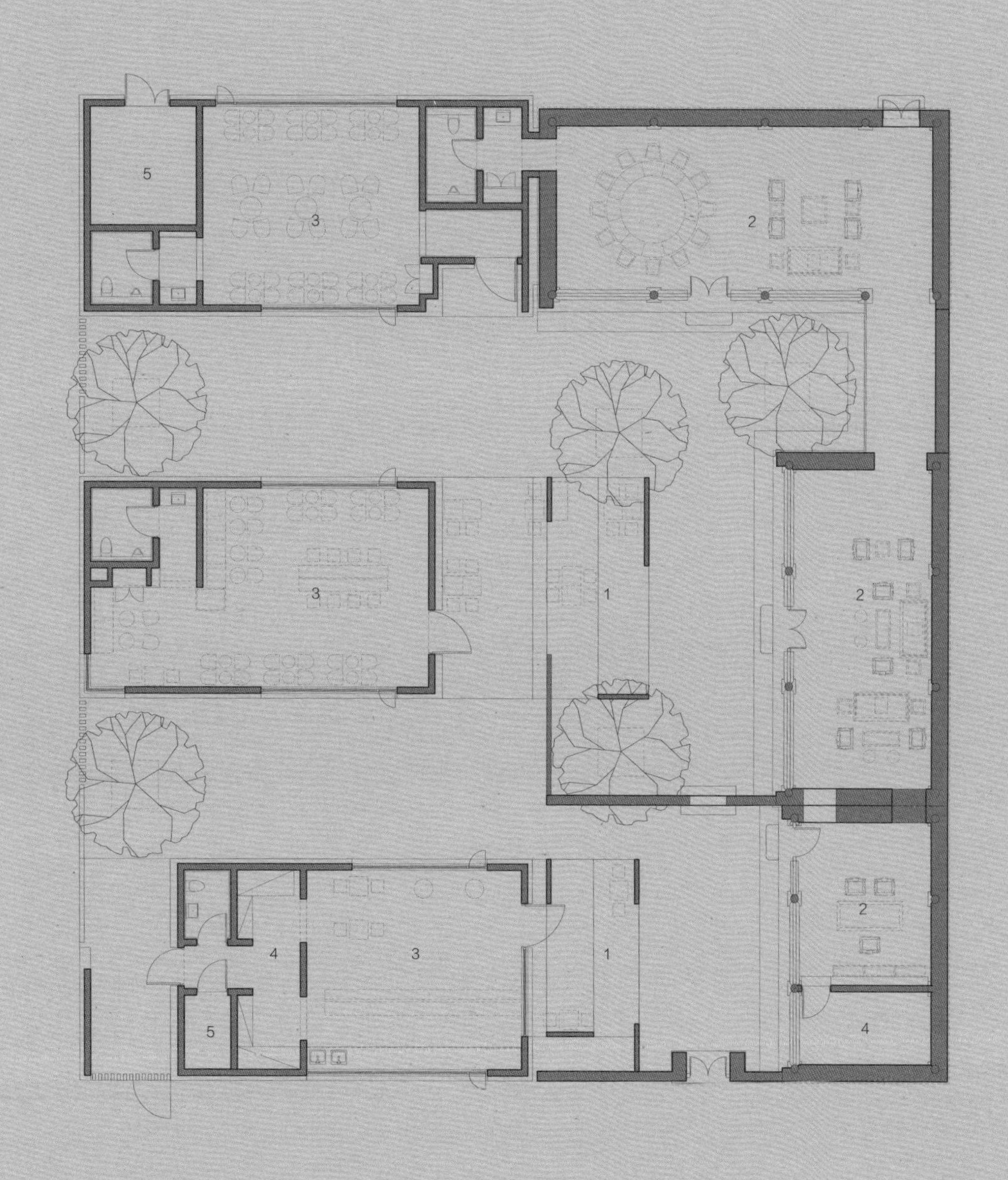

平面图

1. 凉亭　2. 茶室　3. 咖啡厅　4. 操作间　5. 设备间

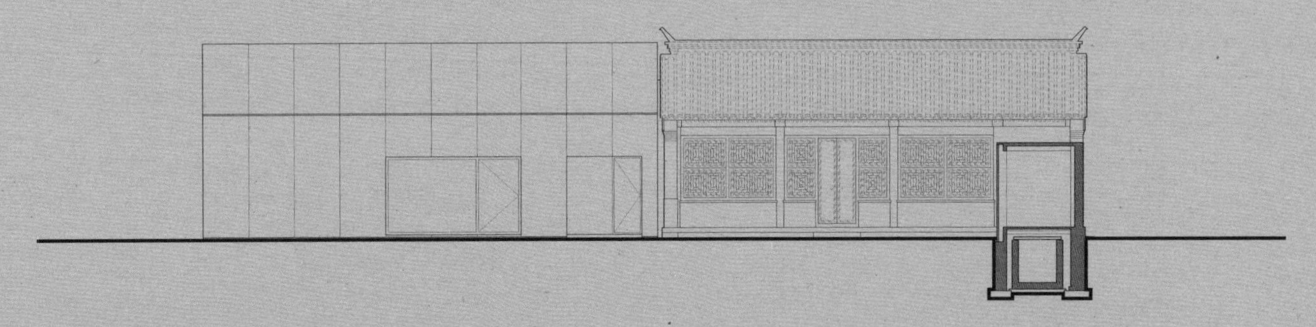

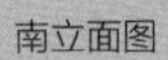

南立面图

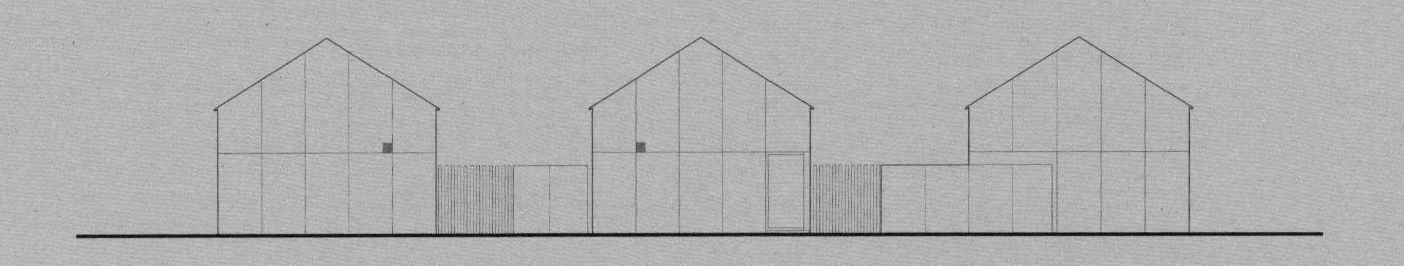

立面图

0 2 5

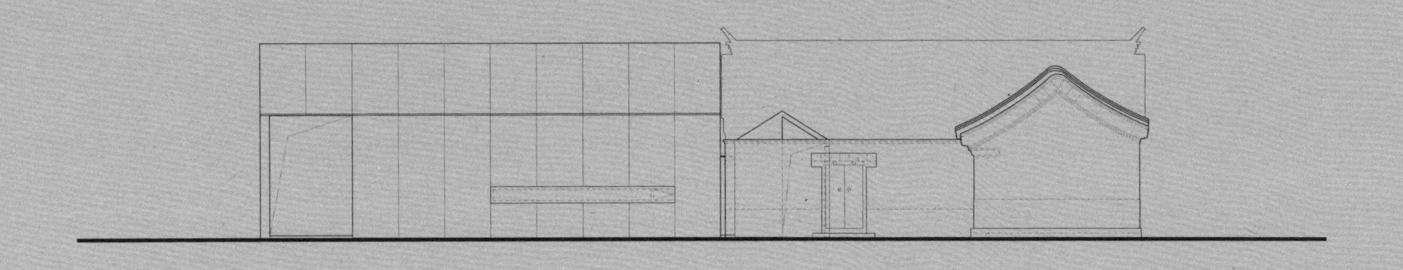

南立面图

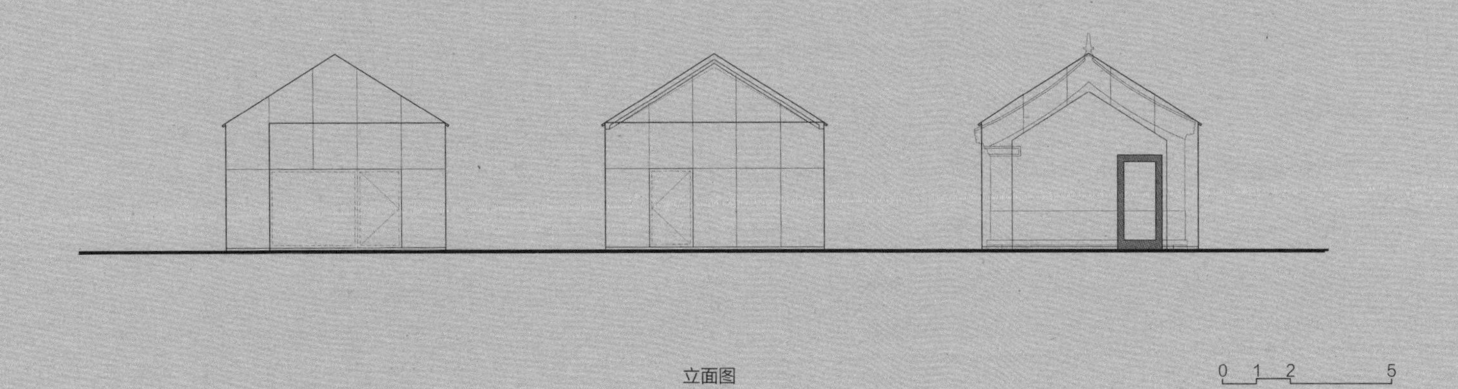

立面图

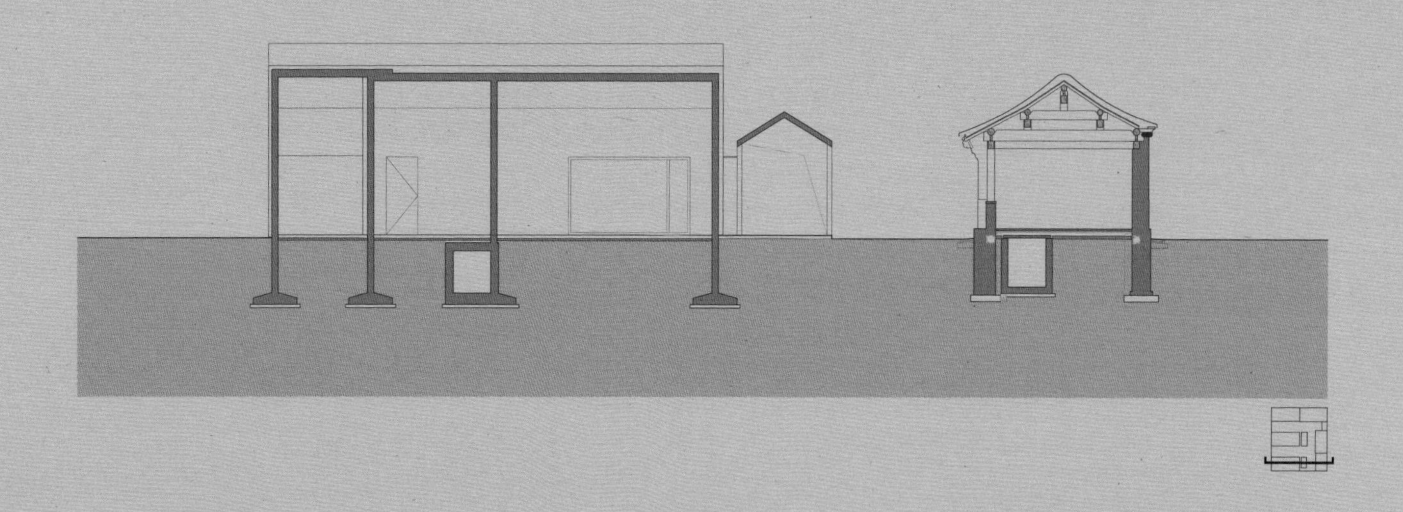

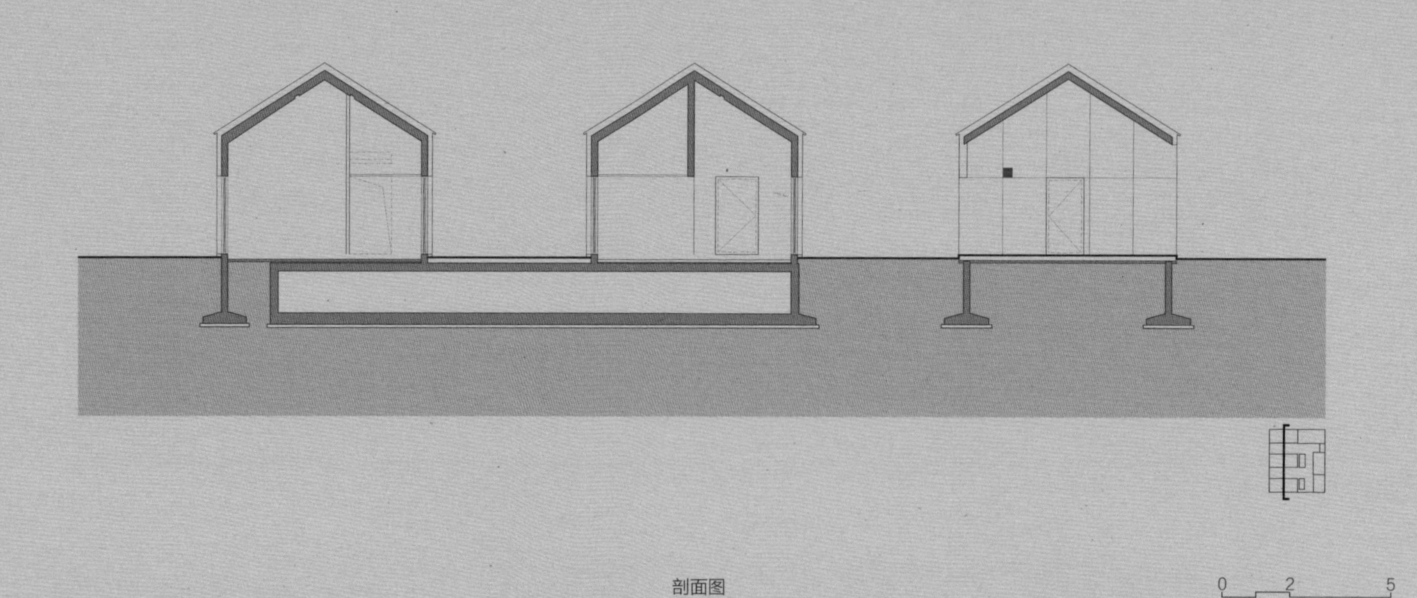

剖面图

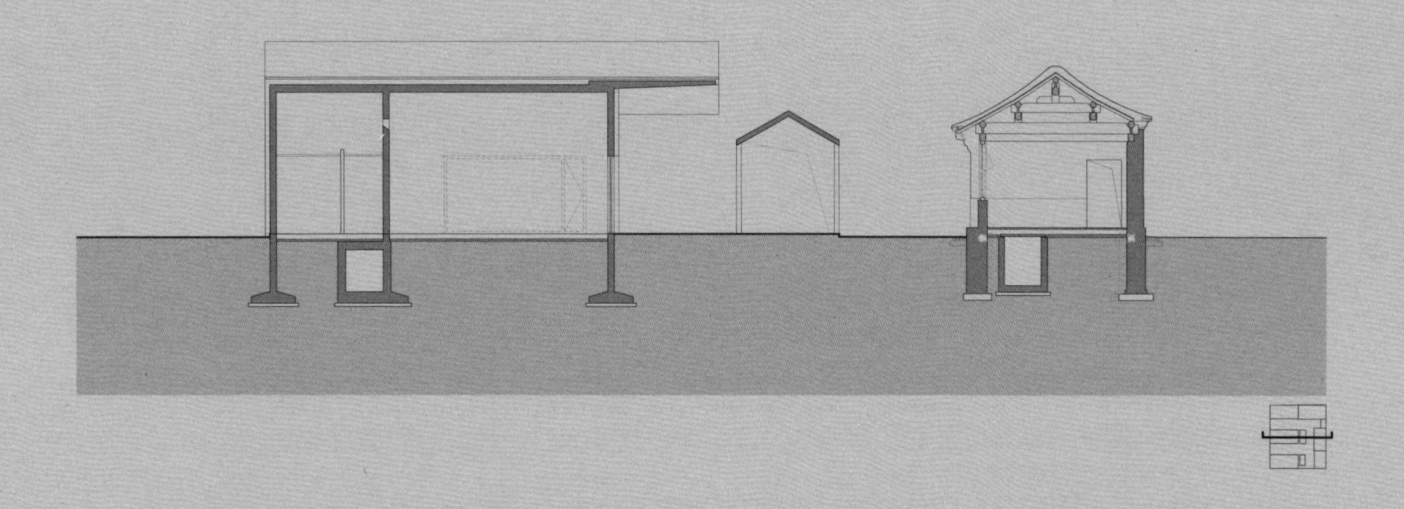

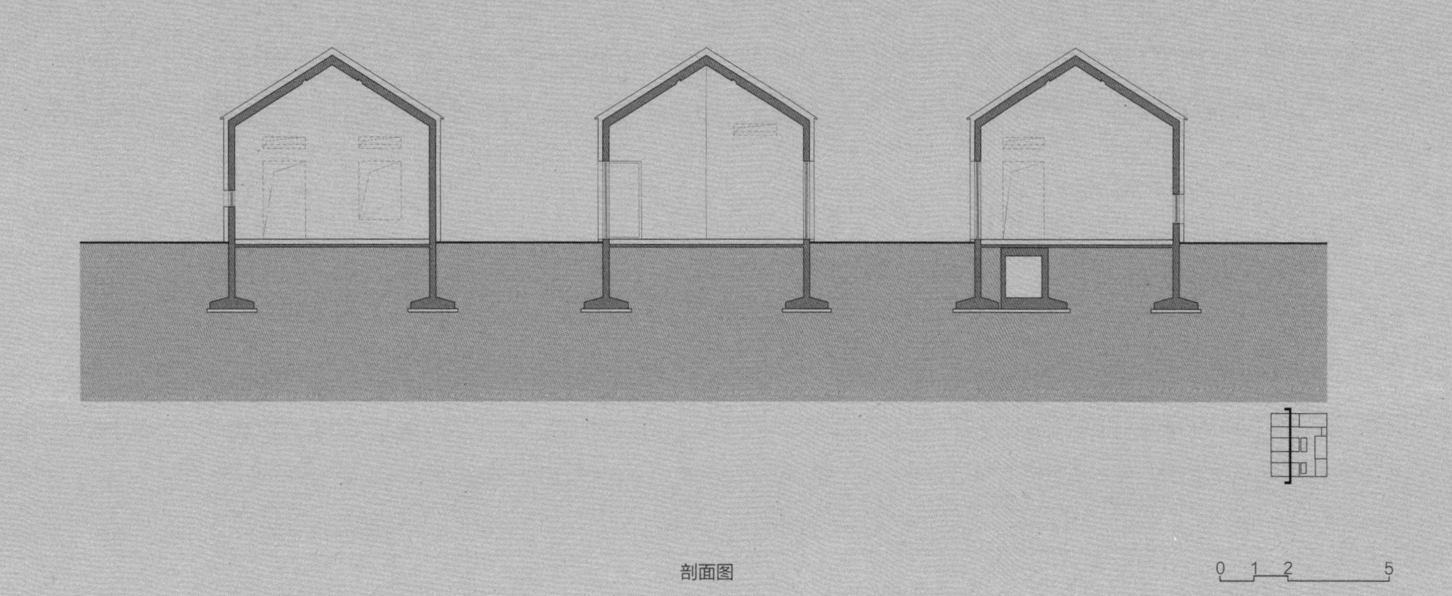

剖面图

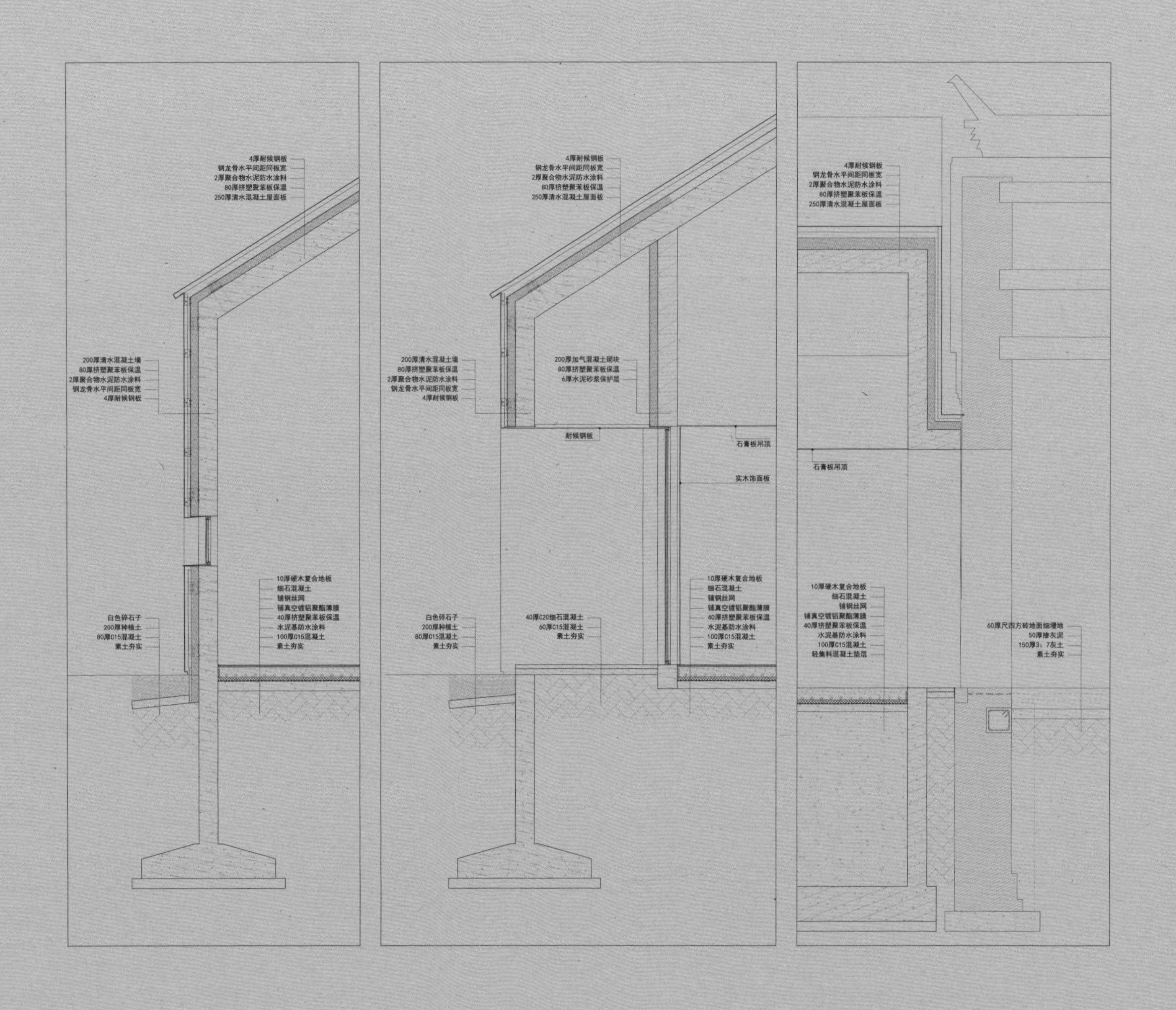
4厚耐候钢板
钢龙骨水平间距同板宽
2厚聚合物水泥防水涂料
80厚挤塑聚苯板保温
250厚清水混凝土屋面板
200厚清水混凝土墙
80厚挤塑聚苯板保温
2厚聚合物水泥防水涂料
钢龙骨水平间距同板宽
4厚耐候钢板
白色碎石子
200厚种植土
80厚C15混凝土
素土夯实
10厚硬木复合地板
细石混凝土
铺钢丝网
铺真空镀铝聚酯薄膜
40厚挤塑聚苯板保温
水泥基防水涂料
100厚C15混凝土
素土夯实
4厚耐候钢板
钢龙骨水平间距同板宽
2厚聚合物水泥防水涂料
80厚挤塑聚苯板保温
250厚清水混凝土屋面板
200厚清水混凝土墙
80厚挤塑聚苯板保温
2厚聚合物水泥防水涂料
钢龙骨水平间距同板宽
4厚耐候钢板
200厚加气混凝土砌块
80厚挤塑聚苯板保温
6厚水泥砂浆保护层
耐候钢板
石膏板吊顶
实木饰面板
白色碎石子
200厚种植土
80厚C15混凝土
素土夯实
40厚C20细石混凝土
60厚C15混凝土
素土夯实
10厚硬木复合地板
细石混凝土
铺钢丝网
铺真空镀铝聚酯薄膜
40厚挤塑聚苯板保温
水泥基防水涂料
100厚C15混凝土
素土夯实
4厚耐候钢板
钢龙骨水平间距同板宽
2厚聚合物水泥防水涂料
80厚挤塑聚苯板保温
250厚清水混凝土屋面板
石膏板吊顶
10厚硬木复合地板
细石混凝土
铺钢丝网
铺真空镀铝聚酯薄膜
40厚挤塑聚苯板保温
水泥基防水涂料
100厚C15混凝土
轻集料混凝土垫层
60厚尺四方砖地面细墁地
50厚掺灰泥
150厚3：7灰土
素土夯实
0
0.5
1

墙身详图

改造前

12 新大都园区“鸭王饭店”改造

Xindadu “Yawang Restaurant” Renovation

地点：北京市，海淀区 | 类型：改造建筑 | 状态：已建成 | 时间：2020 | 建筑规模：2491m^2 | 摄影：韩金波、陈向飞

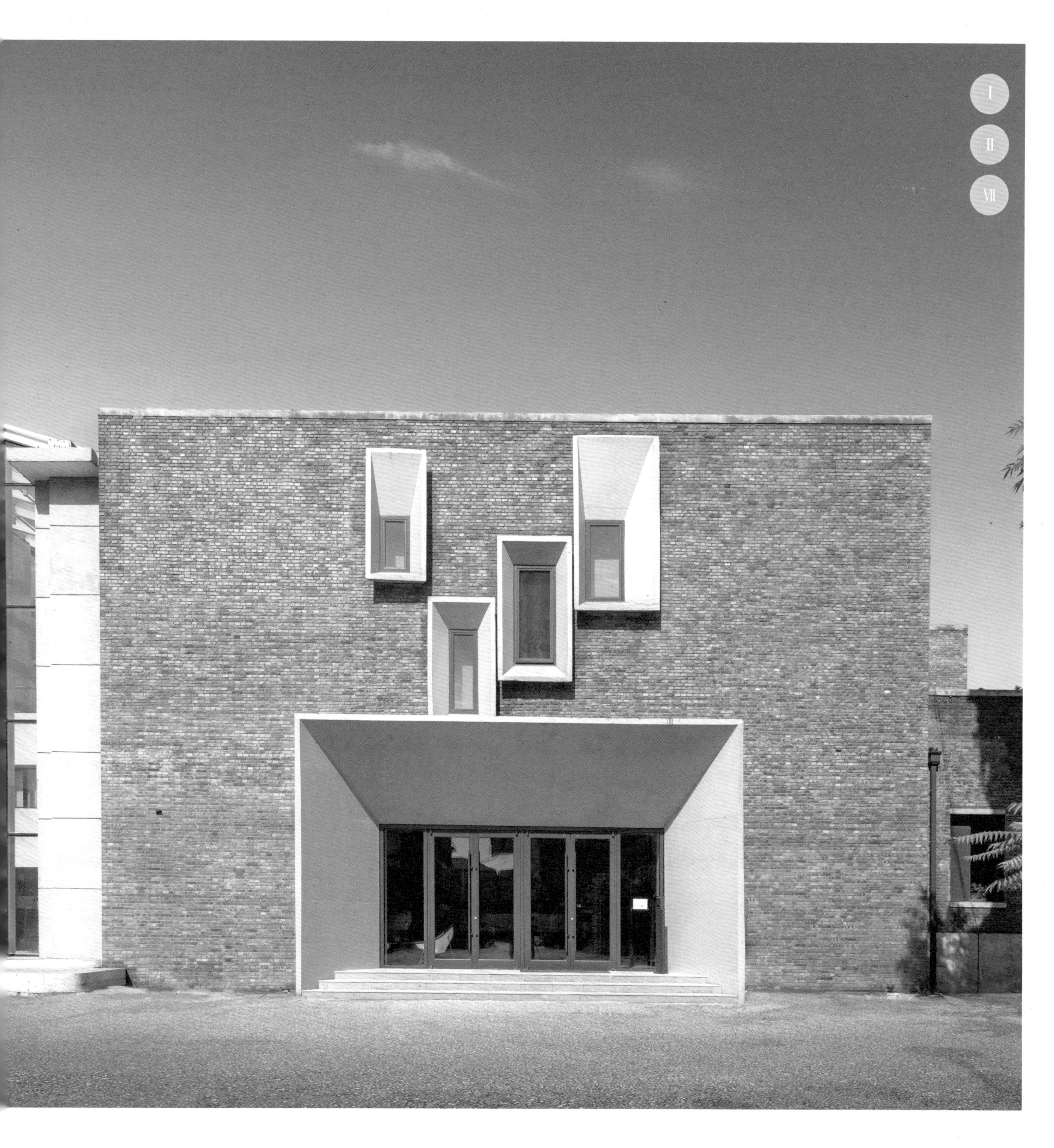

一、概况

项目位于北京市西城区车公庄大街 21 号院新大都园区内。项目南侧贴临现状办公，西侧北侧临家属院，东侧为园区内部道路。场地较为平整，东侧楼前道路北高南低，坡度较缓，东侧主入口前有园区广场。

项目前身原为北京市革命委员会食堂及餐厅，20 世纪 90 年代作为鸭王烤鸭店及员工宿舍，本次改造后整体建筑作为商业办公使用。

通过结合现状有机改造更新，现有首层、二层空间均为办公空间及其辅助空间。首层营造了若干公共空间，供办公人群使用，通过局部楼板的拆除，设置了沟通交往厅，丰富了办公人群日常的行为沟通模式。二层利用原先废旧的烟囱空间局部增加梁板，将两侧的办公空间彻底连接，原本松散的建筑空间被统一的设计整合，能较好地适应现行办公空间的需求。从打造绿色办公空间的角度出发，设计中采用了多种手段，通过局部楼板的拆除设置了共享空间，布置室内绿植，在建筑西侧部分通过局部拆除设置了内院，有效解决了周围房间的采光通风问题，也提供了绿植的种植场地。

室内整体装饰尽可能多地展示出建筑改造的新旧对比，并未追求过多的表面装饰，整体原则以展示原本建筑和材料的真实属性为主，局部通过新旧材料的对比形成强烈的反差，制造了一定的戏剧性。

二、韧性方法类型

· 流程保证

· 品质保证

三、韧性设计方法

· 问题驱动

本项目我们主要将设计问题聚焦在：

1）通过选定合适的结构加固方式发挥既有建筑的现有特色。

相较一些极具特色的工业遗产建筑或者具有时代特色的旧建筑，现状建筑远谈不上特别高的改造价值，但是通过踏勘和分析，现状建筑也有一些因为不同时期建造痕迹所带来的特色，如坡屋顶、烟囱、不同标高的屋面空间，等等。在选定结构加固方式时，尽可能地减少对原有建筑空间的影响，发挥现状建筑的特色。

2）通过有机的设计手法化解既有建筑的不利条件。

现状建筑有大量没有采光条件的小空间，为了改善办公条件，在隔墙上开设了半月形的月亮窗，将若干封闭隔绝的小空间的界限打破，变成了流动的空间。原本用作厨房排油烟的烟囱构筑物，通过增设楼板，形成了连接南北两侧办公空间的交通空间。

3）如何为未来可能的应用场景提供更多开放的建筑空间。

由于在改造初期并未确定未来的实际办公承租方，为了能满足不同公司的办公需求，将办公空间定义为以开敞办公为主，辅助若干小间独立办公室，并且在后期的二次精装过程中贯彻了最初的设计思路，保留了整体的公共空间和开敞办公空间。

4）韧性能力提升。

· 全面评估

在进行改造前，设计团队对现状建筑进行了整体评估。现状建筑始建于 1972 年，经过若干次加建改建，形成了非常复杂的建筑形体。主体部分为内框架体系的二层建筑，北侧附着了若干一层平房和作为员工宿舍的二层坡屋顶建筑。整体建筑缺少足够的采光，隔墙众多，有大量小开间的黑房间。同时想要作为现代办公空间，现状建筑缺少较为合适的公共空间。

项目位于多年形成的园区西北角，与周边建筑关系复杂，其南侧紧邻先期已改造完成的玻璃中庭，中庭品质一般，对本工程有负面影响。建筑西侧、北侧和老居住区贴邻。东侧是一条狭窄的道路，对面为一栋红砖坡顶办公楼。除东侧办公楼外，周边建筑破旧，风格多样。

本项目建筑系多年逐渐形成的，其体型、样式、内部空间、结构形式复杂、多样。建筑外墙大部分原为红砖加水刷石装饰，后期被多种装修覆盖。整体有自发的自然建造感，其建筑学的价值有待发掘。

· 积极立面

整合园区内的公共空间，变消极为积极。我们在保持建筑原有风貌的前提下，尽量提高立面的品质，打造有亲和力的积极的立面。建筑外立面沿用了现状最初的清水砖墙外立面，对现存状况较好的立面做了相应清洗，修补状况不佳的立面。建筑东立面将原本饭店加建的仿古门头彻底拆除，新建清水混凝土门头，强化了建筑主入口的仪式感，二层通过与一层相似的形体变化设置了 4 个清水混凝土外窗框，改善了二层东侧区域的采光条件。

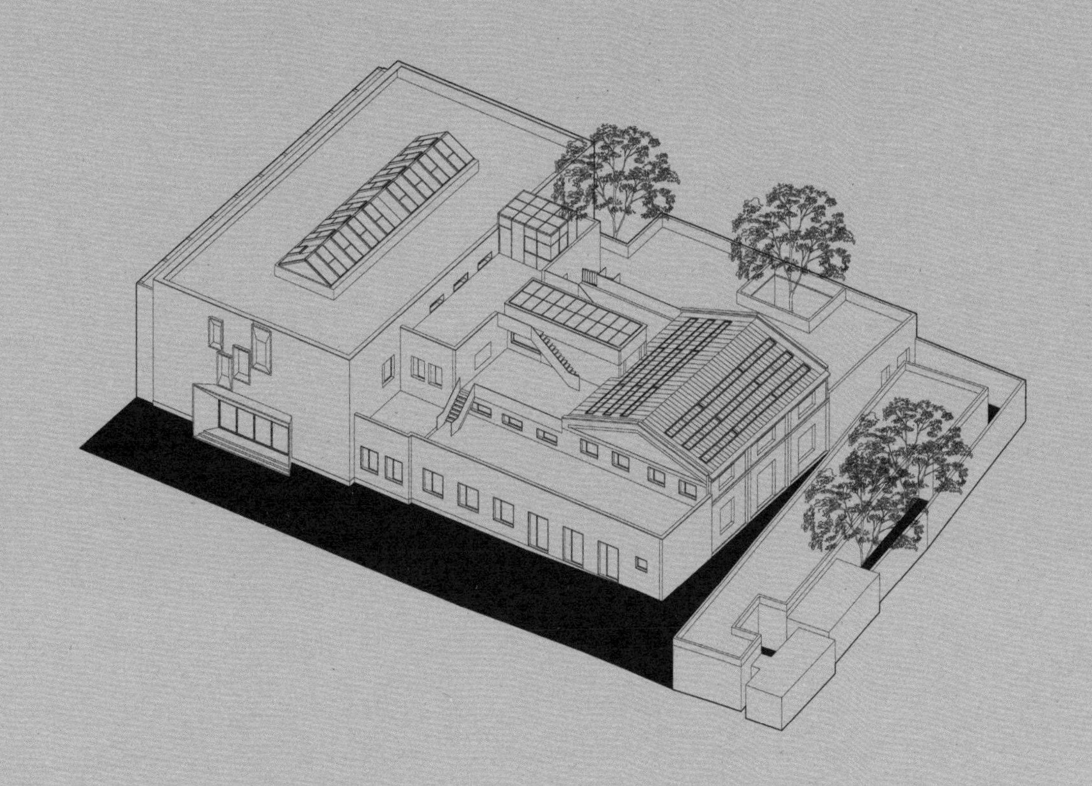

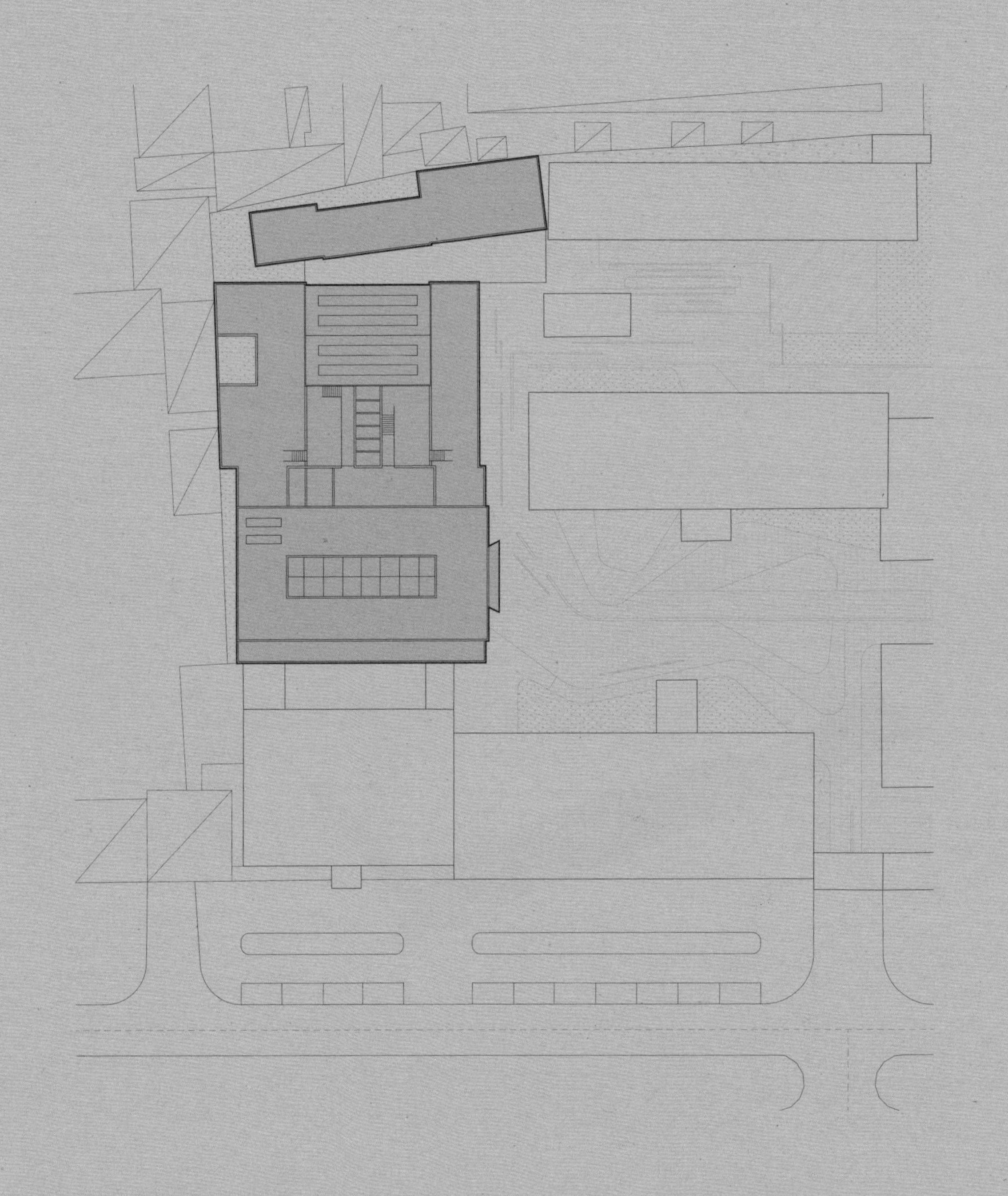

总平面图

0 5 15 30

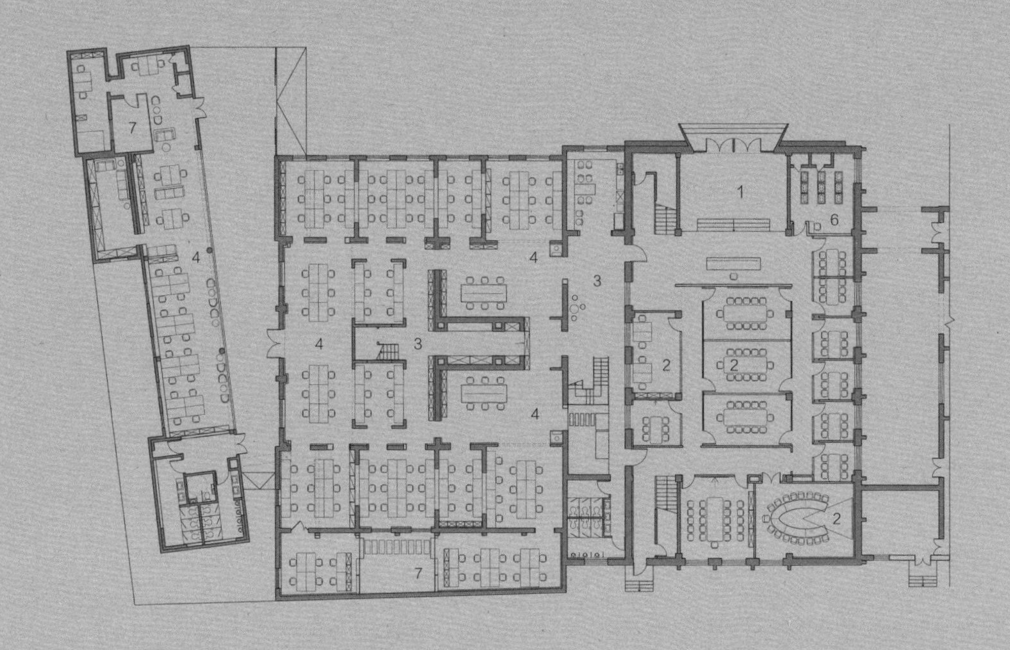

首层平面图

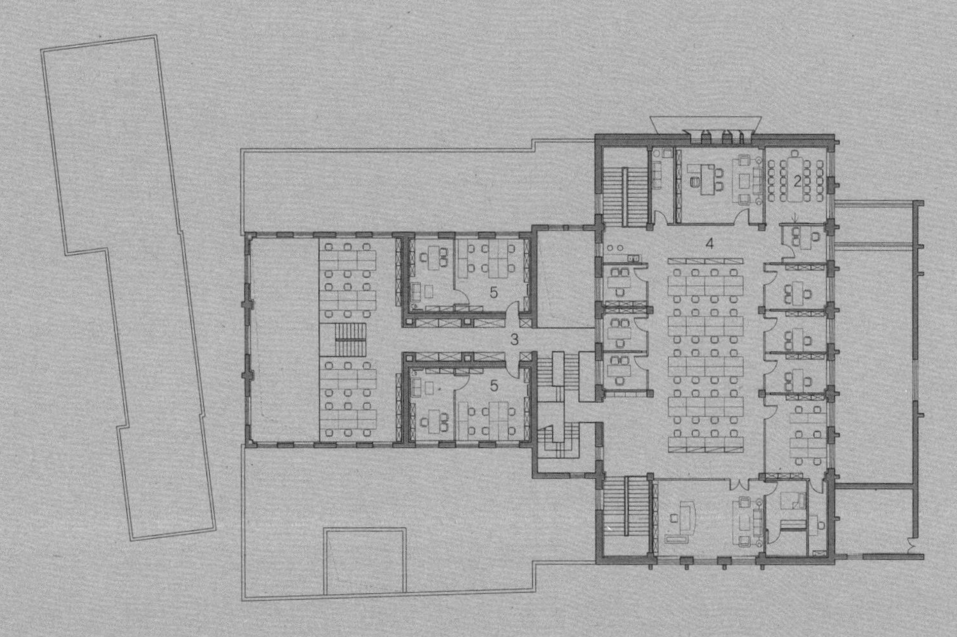

二层平面图

0 2 5 10

1. 门厅展示　2. 会议区　3. 共享空间　4. 开敞办公区　5. 独立办公室　6. 设备机房　7. 庭院

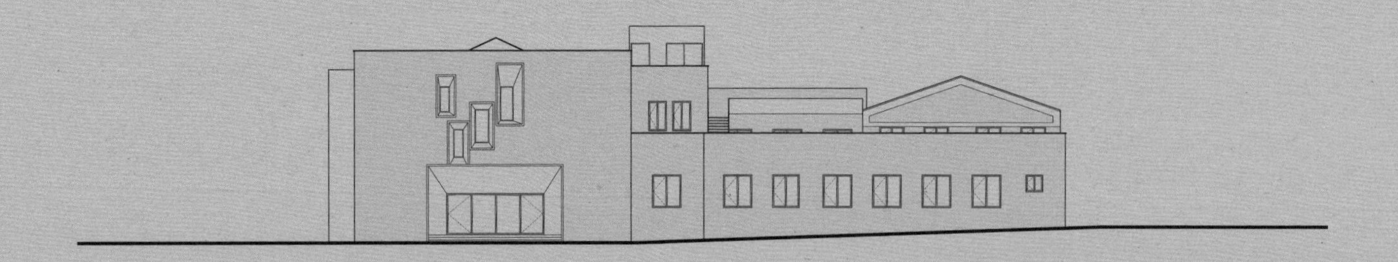

东立面图

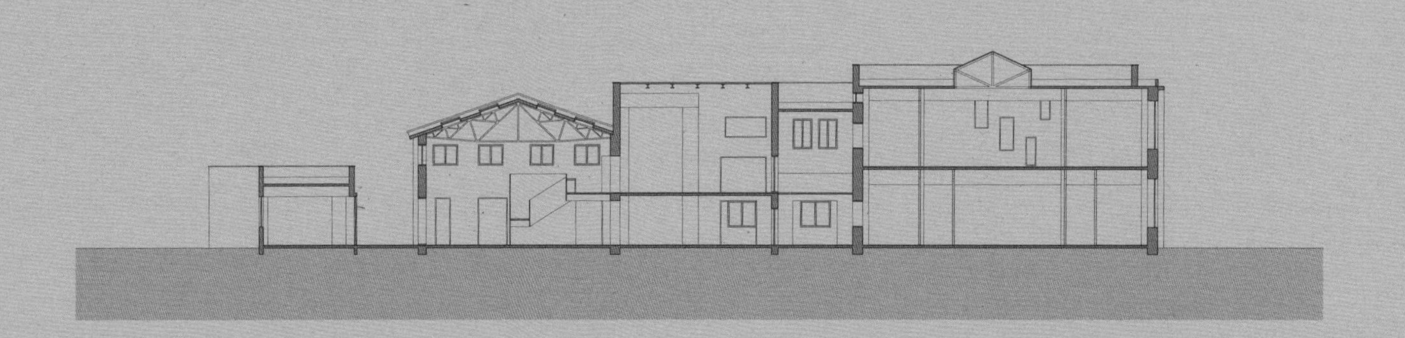

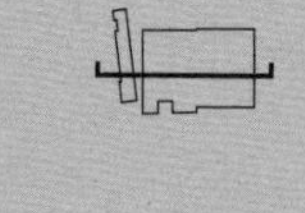

剖面图

0 2 5 10

刘兴组

13 南京鲁能美高梅美荟酒店
Mhub by MGM Nanjing

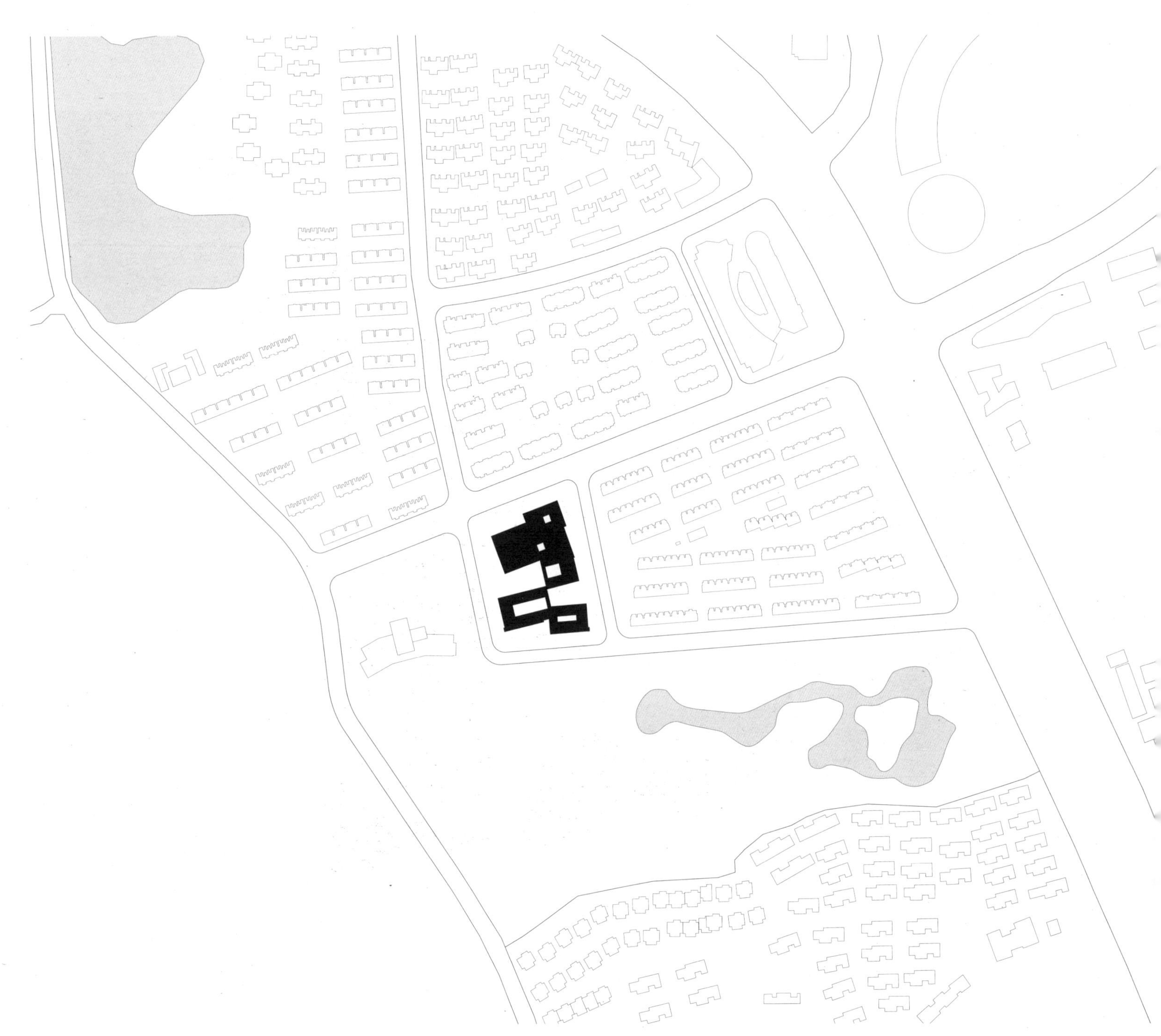

地点：南京市，江宁区 | 类型：酒店建筑 | 状态：已建成 | 时间：2020 | 用地规模：20318.01m^2 | 建筑规模：33102.14m^2 | 摄影：陈溯

I
VII
XI
XII

一、概况

该项目位于南京市江宁区高新园弘景大道以西，格致路以南。

区块依托江宁大学城、周边已建成别墅小区及配套商业。用地北侧临城市道路，北侧及东侧均为别墅区，西南侧被高尔夫球场及南京方山地质公园围绕。现状场地西高东低。

酒店大致分为四个功能区，分别为酒店公共区、客房区、后勤区、地下车库及机房区；酒店地上 3~4 层，地下 1 层。地下一层为车库，局部设夹层为自行车库和设备空间。酒店地上由 5 个体块错落围合形成整体布局，北侧体块首层设置酒店大堂、餐厅、会议室、宴会厅等公共区，二层及以上为客房区。南侧 3 个体块主要为酒店客房楼，形成三个不同特色的院落空间。各组客房通过一条贯穿南北的公共观景廊相连。

酒店设计希望能够打造休闲娱乐与社区生态共存的酒店复合有机体，以促进生活方式与在地文化的融合碰撞。

二、韧性方法类型

· 流程保证
· 品质保证
· 功能适变

三、韧性设计方法

· 问题驱动

该项目的设计构思以发现设计问题为出发点，在这样一个周边环境以及酒店定位的前提下，思考如何随方制象，设计一个传统文化与现代建造，私密体验与社区共享，人工建筑与自然环境之间相平衡的酒店。本项目我们主要将设计问题聚焦在：

1）开放边界和住客私密空间的界线；
2）打造与周边社区生态共存的酒店复合有机体；
3）酒店与周边环境的利用与协调；
4）建筑体型关系等方面。

· 积极立面

项目用地恰巧处于人工建成环境与自然环境的交界处。北侧及东侧均为已建成多层高端住宅区，场地西南侧是高尔夫球场，拥有优良的绿化景观。西侧远方则是方山地质公园景区。酒店设计尝试弱化场地边界，没有像传统园林一样采用围墙自我封闭，而通过宜人的开放水景和绿地进行空间限定，推动酒店功能向周边社区融合开放、资源共享的理念。

建筑客房楼部分采用院落式的组织方式，走廊沿庭院的立面采用通透的落地玻璃幕墙围合，几个院落沿中心的一翼连接起来，形成一条贯通场地南北的公共观景游廊，串联起不同标高的各个院落。建筑尽量贴用地边线布置，营造宜人的街道尺度。设置在东北角的全日餐厅沿街立面采用落地大玻璃幕墙，使街道和酒店室内产生视线沟通，使得酒店呈现出更积极的向社区开放的姿态，为周边大尺度封闭街区营造了积极的街道空间。

· 几何逻辑

本项目的基础几何图形为矩形，酒店依据功能拆分为五个不同尺度的矩形围合院落，自北向南交错分散于场地上，体量扭转、高低错落，形成丰富的内外庭院。通过体量角部的搭接连接成完整连续的内部空间。

五个院落体块看似错乱的搭接，实则每个矩形院落都有一条边界平行于道路红线，或是平行于东侧住宅区肌理，使得酒店形成既有变化性又能够融于城市肌理的平面构型。地下庭院、内院、屋顶花园也都以矩形为基础几何图形进行设计。

· 空间完整

空间的完整性是我们设计过程中始终遵循的原则。在建筑主要空间中结构、机电专业的构件和设备被全面控制，严格避免上述构件和设备破坏空间完整性。屋顶大量的设备空间被设置在金属坡屋面的下方，保证了建筑第五立面的完整性。

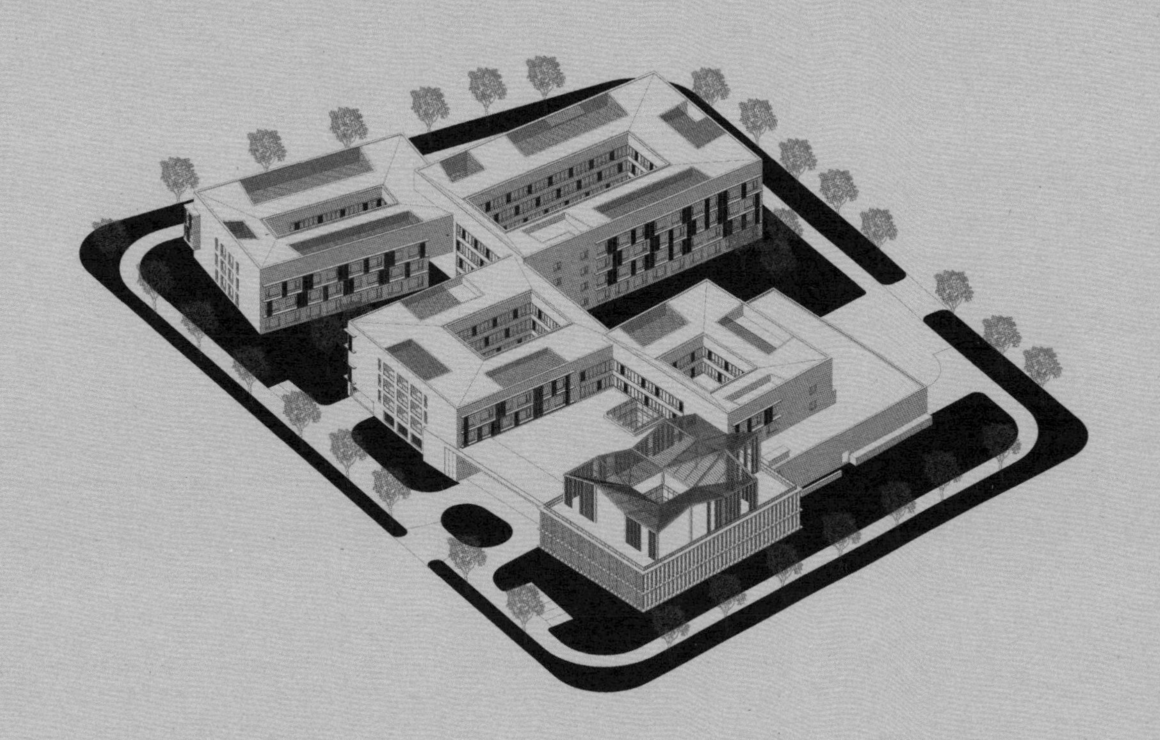

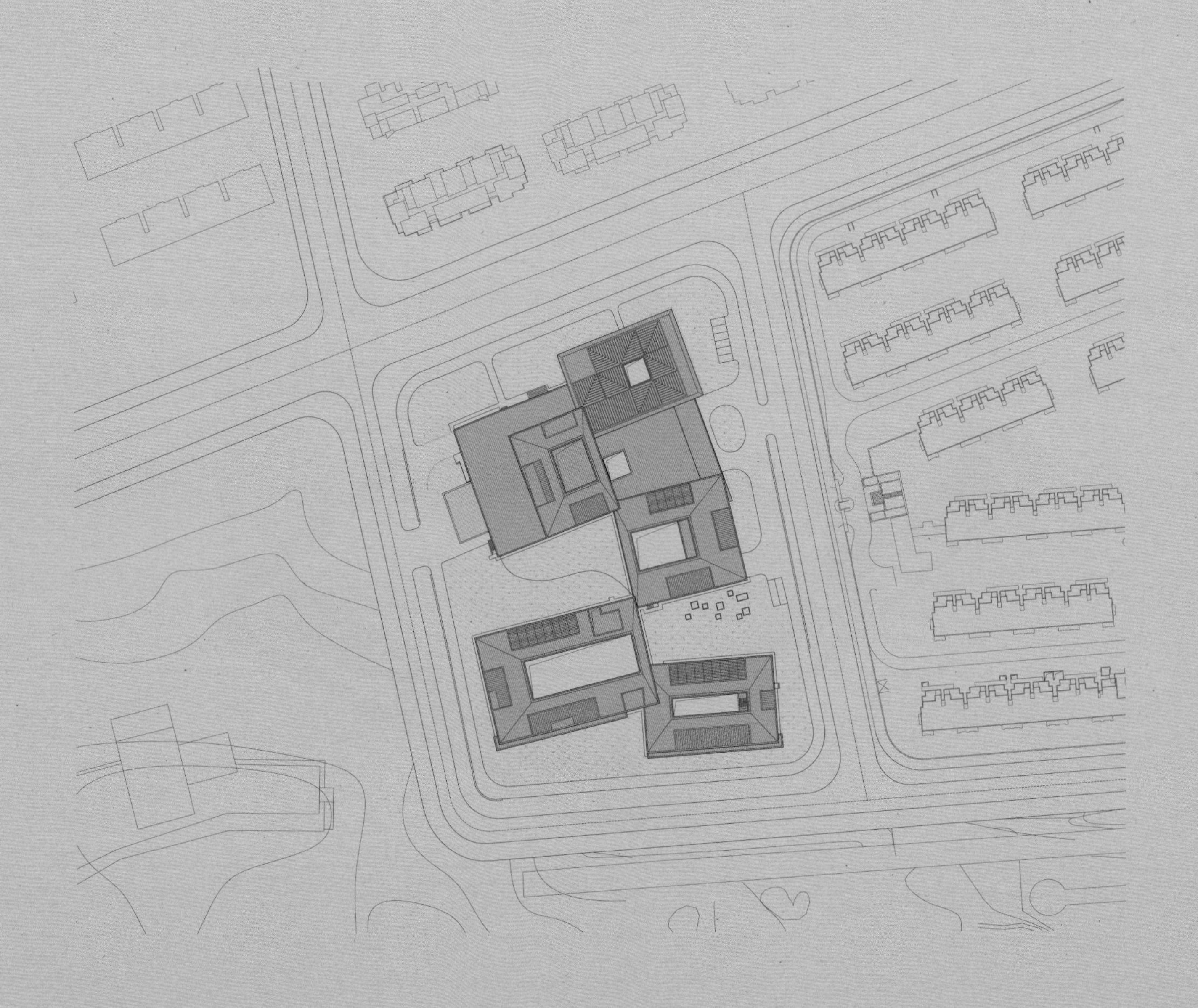

总平面图

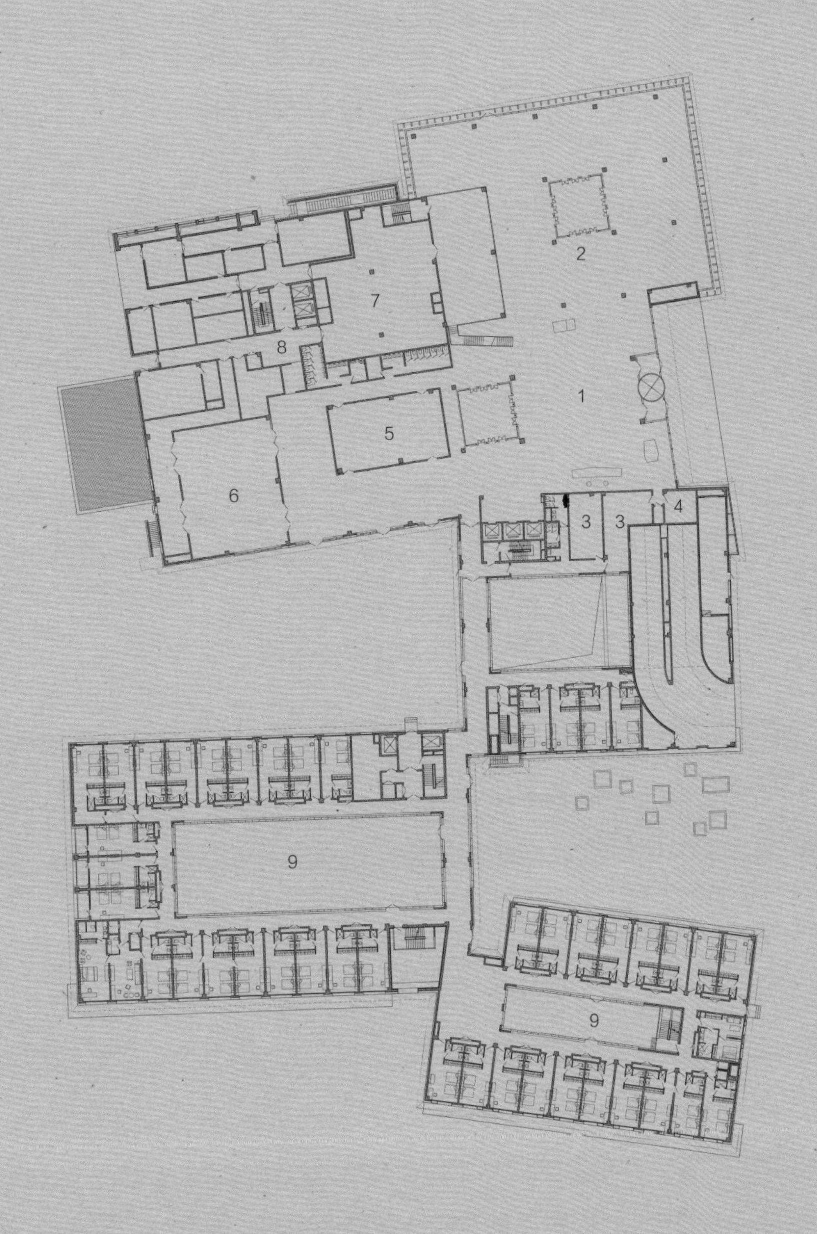

首层平面图

1. 大堂　2. 用餐区　3. 登录厅　4. 办公室　5. 会议室　6. 宴会厅　7. 厨房　8. 后勤区　9. 客房区

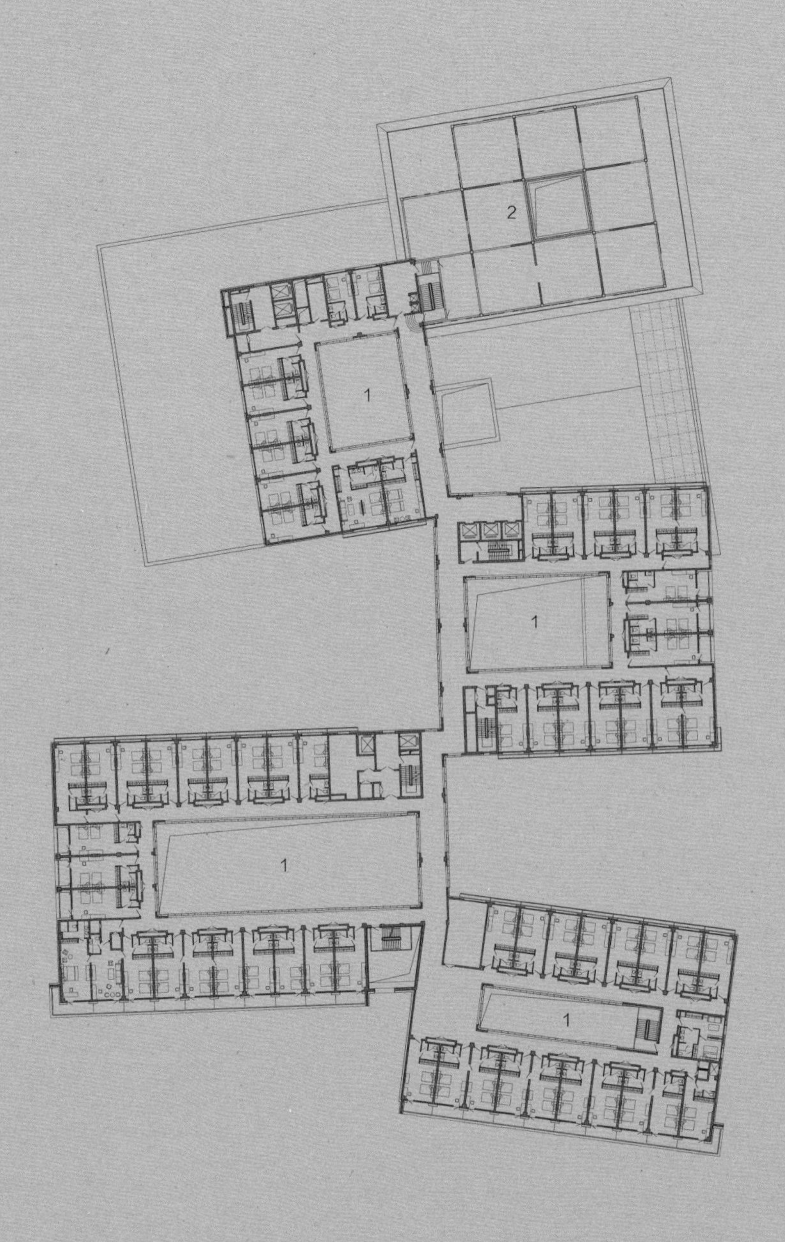

三层平面图

0 2 10 20

1. 客房区　2. 露台

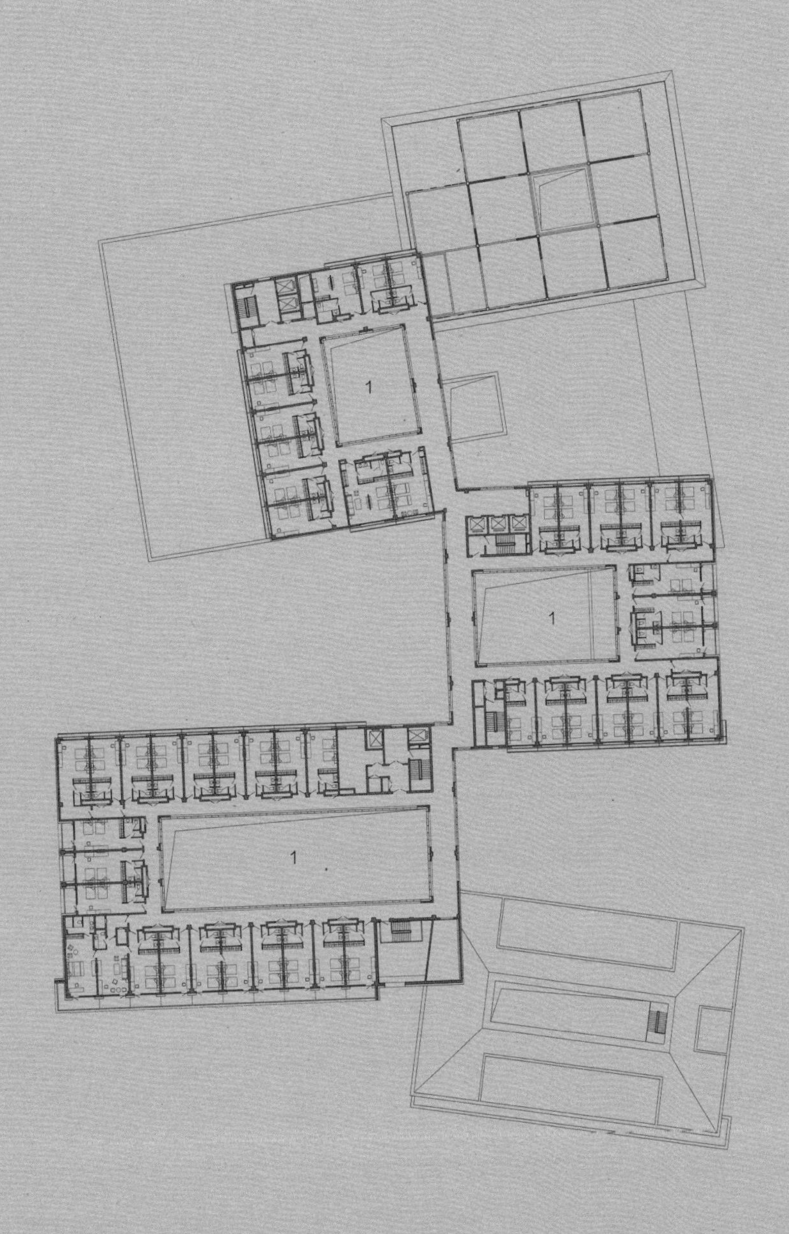

四层平面图

1. 客房区

南立面图

东立面图

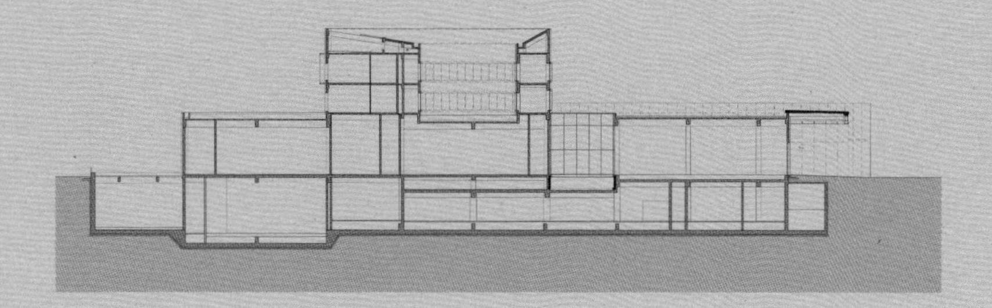

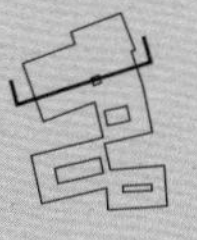

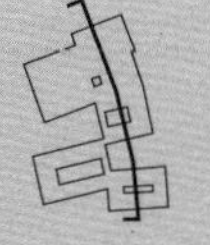

剖面图

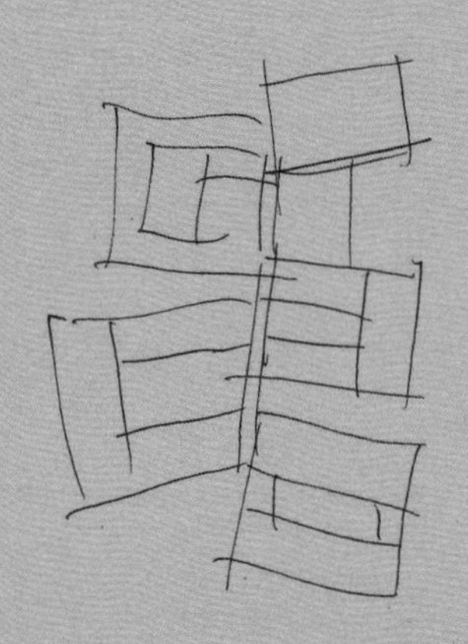

Mhub

Mhub

Mhub
BY MGM
Mhub

Mhub

Mhub

14 中建·大兴之星办公总部

“The Star of Daxing” Headquarters of China Construction Third Engineering Bureau

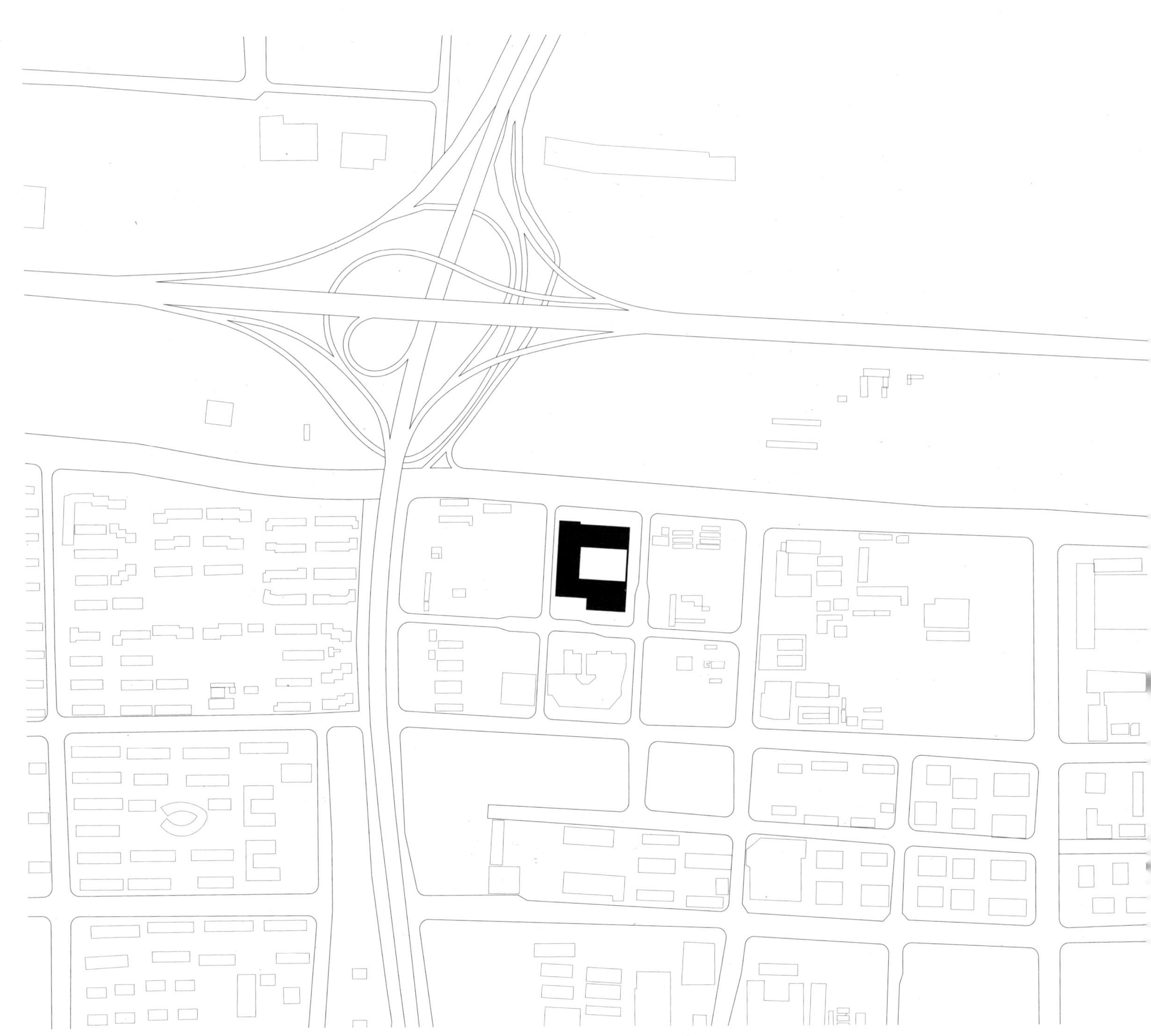

地点：北京市，大兴区 | 类型：办公建筑 | 状态：已建成 | 时间：2020 | 用地规模：2.3639 公顷 | 建筑规模：120259m^2 | 摄影：陈溯、陈向飞

一、概况

项目位于北京市大兴区，地处京开高速与南五环交叉口东南角。周边原有建筑已被拆除，四周均有市政道路。此处将来的规划以商务办公为主。项目占地23639m^2，平面近正方形，用地平整。功能为三部分：南侧两栋板楼，是酒店；北侧板楼，是办公区；南北侧板楼之间，位于用地西侧的拱形连接体，是公共空间。

办公首层包含大堂、企业博物馆等；二至十三层为标准层，每层西侧为探入中庭内的会议室；地下一层为办公配套功能和设备机房等。

酒店 A 座首层包含大堂、自助餐厅等，B 座首层包含门厅及商业；二层主要为餐厅；三至十四层为客房；地下一层为配套和设备机房，包含宴会厅、游泳池、会议室等。

二、韧性方法类型

· 流程保证

· 品质保证

· 功能适变

三、韧性设计方法

· 问题驱动

设计构思以发现设计问题为出发点，包括：

1）定义城市公共空间；

2）花园与建筑；

3）开放与共享；

4）营造多元化办公场景；

5）可持续与效率。

· 功能转换

将连接办公和酒店的商业定位成以多样化办公和服务性商业为主，既能带来经济收益，又保证了总部整体的品质，同时也给使用者提供了休闲、放松的场所。

· 混合功能

本项目将办公、酒店、公寓、商业融为一体，形成一个集办公、居住、商业、开放的花园为一体的综合体。

· 边界形态

在平淡的城市环境中营造优美的区域环境，是本设计的重点。将建筑尽量靠用地边线布置，在中心留出一个巨大的花园，从地面坡至地下一层。打破了建筑和花园之间常规的线性界面。建筑的界面和绿化环境充分融合。

· 景观驱动

我们希望为办公楼的使用者和酒店的客人在平凡中营造相对优美的环境。为此花园成为建筑的重要组成。花园纵贯用地的东西向。在东侧是一个大型的室外花园，与西侧的拱形大厅形成一个整体，拱形大厅里种有绿植，形成纵贯用地的一个室外花园连接一个室内花园的绿化环境。

· 积极立面

在沿街部分，营造积极的立面，为将来的城市公共空间提供了亲切宜人的环境。采用两个办法：一是在建筑沿街植入公共服务功能；二是在沿街立面尽量设置大型玻璃幕墙，使建筑室内外形成视线的互动。

· 结构驱动

本项目体型简单，但其中设置了若干令人惊奇的空间，这些空间给结构带来挑战。建筑师在结构设计中深度介入，使结构和建筑完美结合。本项目采用独特的结构形式——连续拱，将裙房、商业等体量及雨棚等构件整合在一起，形成统领全局的整体形象。商业部分为跨度 51.6m 的清水混凝土拱大跨度无柱空间，拱顶设置条状天窗。

北侧办公楼的西端设置 60m 通高的边庭作为主入口大堂，3 层以上设置层层出挑的会议室探入边庭内。上大下小的钢结构采用吊挂的方式，利用中庭西侧的两个巨柱和东侧核心筒支撑起顶部的桁架，再从桁架上通过两组 V 形吊柱悬挂起下方各层楼板。在边庭内 9、11、13 层朝向中央庭院一侧设置空中栈道连通吊挂的会议室和室外，供人俯瞰庭院、远眺风景。

· 材料驱动

在设计之初，为了体现业主的身份特征，我们把材料创新应用作为设计的重点。建筑首层、二层及地下一层大量使用清水混凝土建造大跨度拱顶、雨棚和立柱，体现了建筑和结构一体化的美感。建筑的主要立面采用独创的混凝土预制外墙单元组合外呼吸双层玻璃幕墙，但由于各种原因最终未能实现。

· 绿色驱动

绿色低碳和可持续，是未来建筑的一个主要发展方向。本设计从以下方面来实现：方正的体型，简洁的流线；建筑布局保障充足的日照；便捷的公共交通，合理的停车设置；装配式外墙；节材与材料资源利用；双层幕墙；屋顶采光；自然通风；暖通空调和电气系统节能；室内环境；节水与水资源利用。

· 几何逻辑

三栋建筑的体量均为方形，通过方正的构图，保证贴线率，同时为整个区域制定了建筑的基本空间模式。

在首层、二层部分，采用独特的结构形式——连续拱，将裙房、商业等体量及雨棚等构件整合在一起，形成统领全局的整体形象。

在建筑立面设计中，采用模数化的原则，根据平面柱网和层高，形成了单元式幕墙体系。根据办公标准层、办公中庭、酒店标准层等不同部位，幕墙单元在统一中有变化。

· 空间完整

在拱形大厅、办公中庭、酒店大堂等主要室内空间中，结构、机电专业的构件和设备的布置被统一考虑，严格控制，避免对空间完整性的破坏。

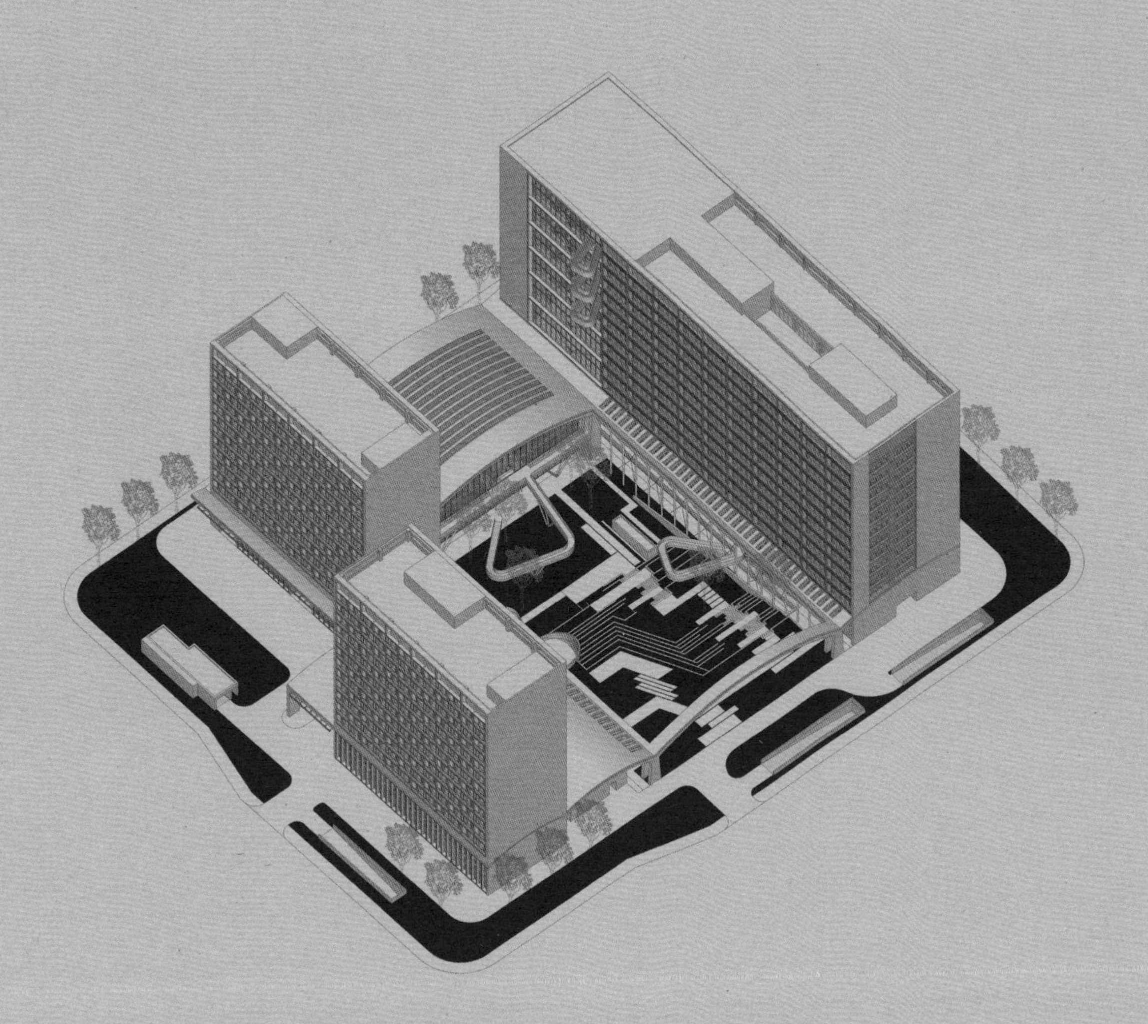

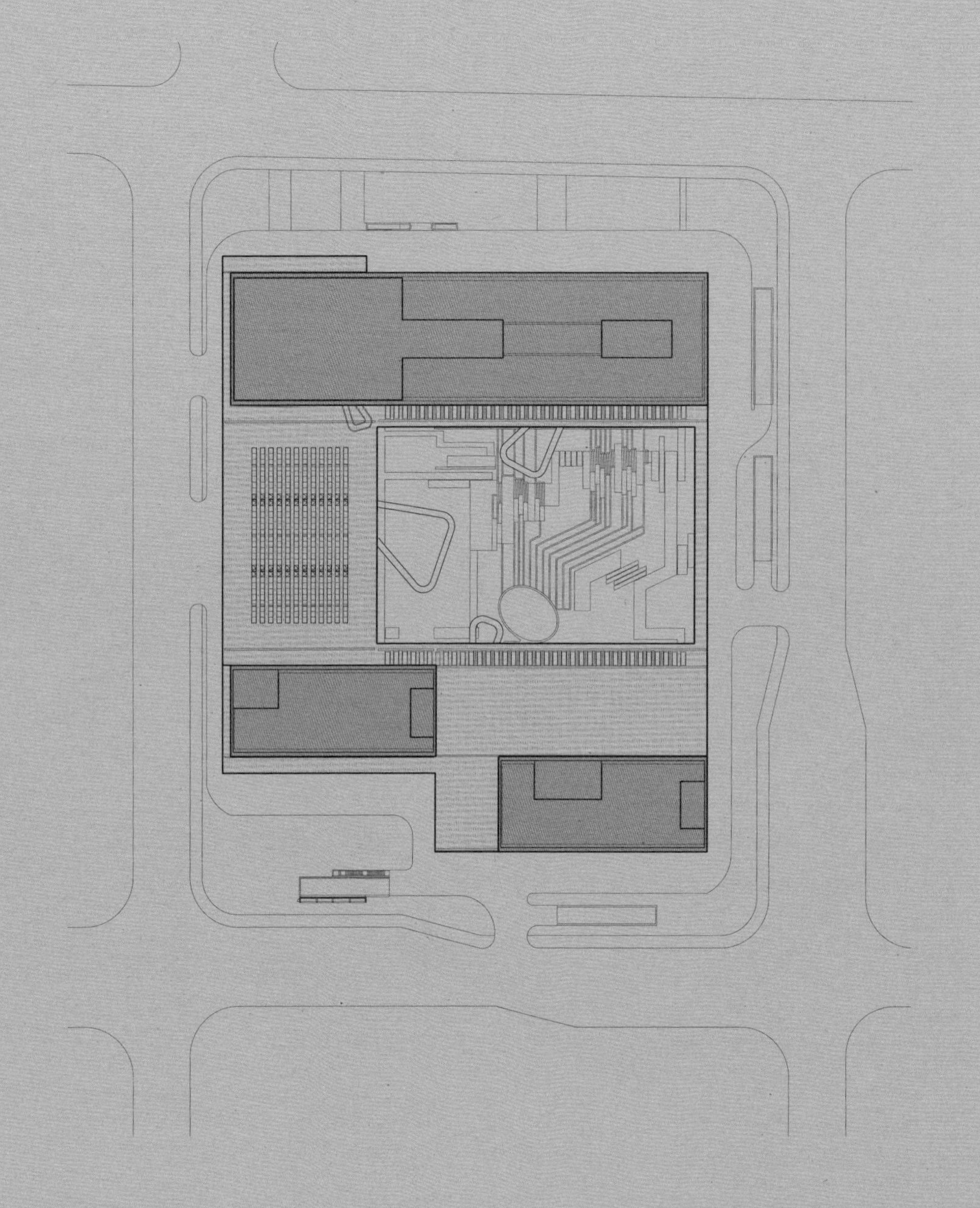

总平面图

0 5 10 20

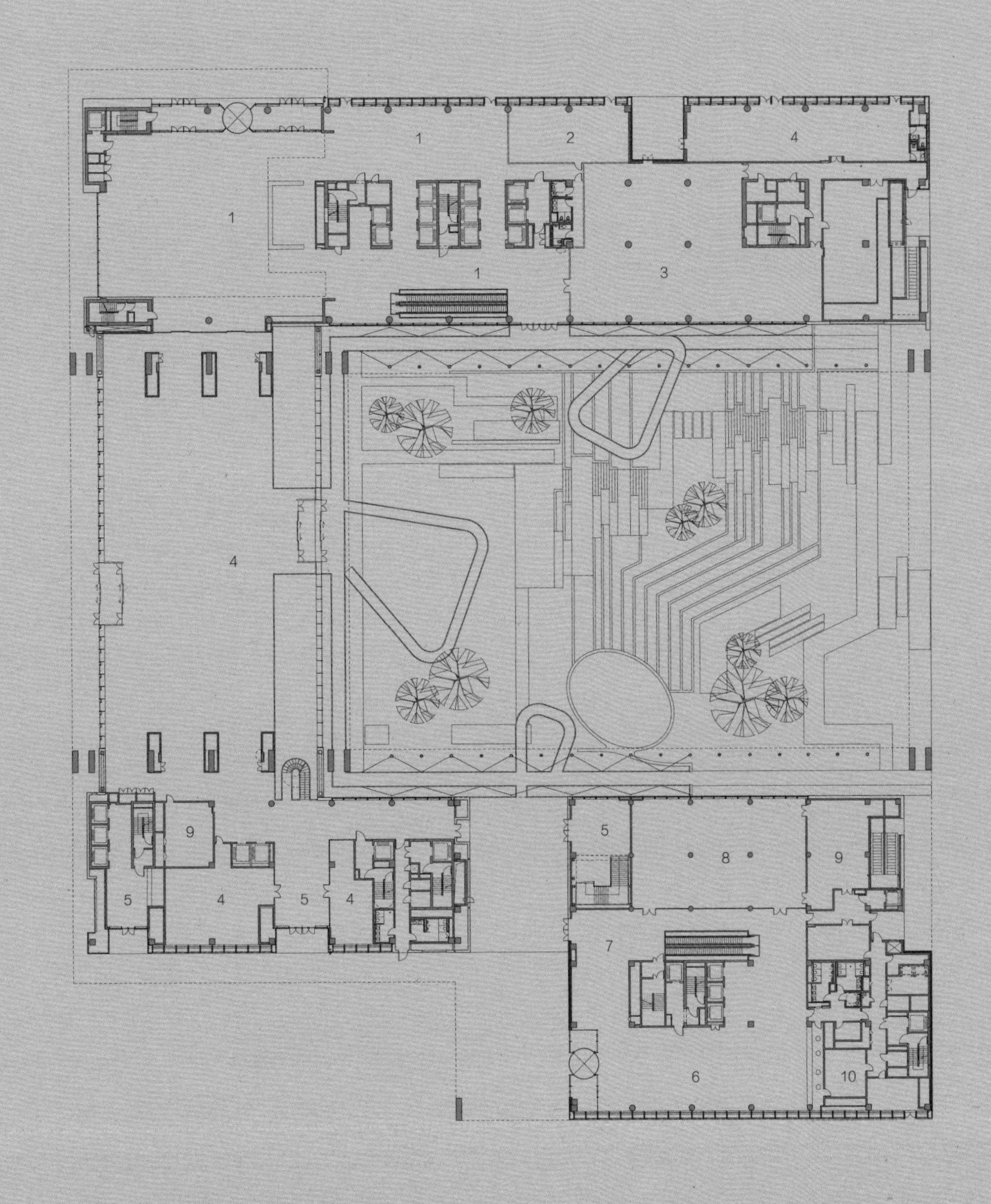

首层平面图

1. 办公大堂　2. 企业展厅　3. 企业博物馆　4. 商业　5. 门厅　6. 酒店大堂　7. 休息厅　8. 自助餐厅　9. 操作间　10. 办公

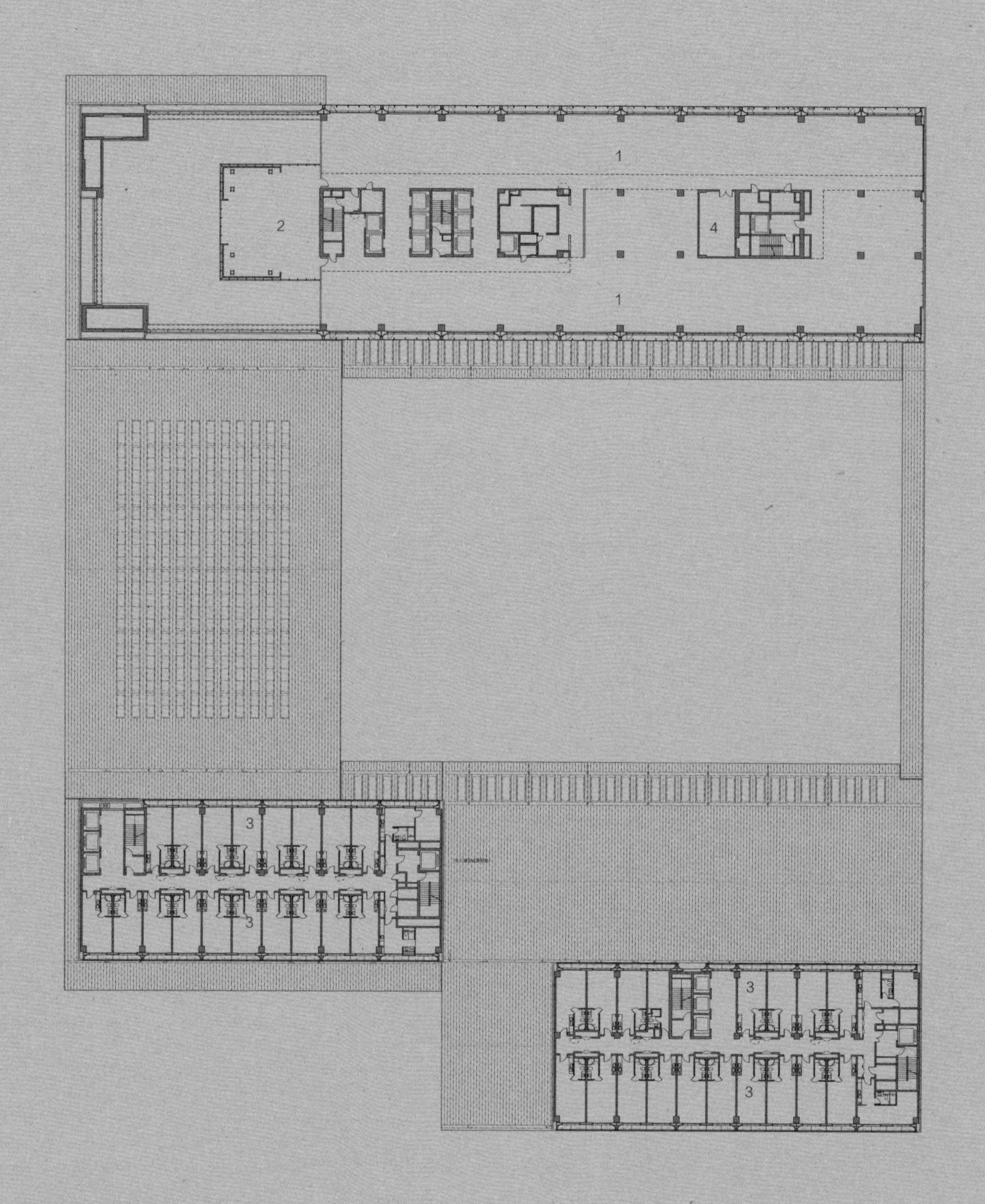

标准层平面图

0 5 10 20

1. 办公　2. 会议室　3. 客房　4. 机房

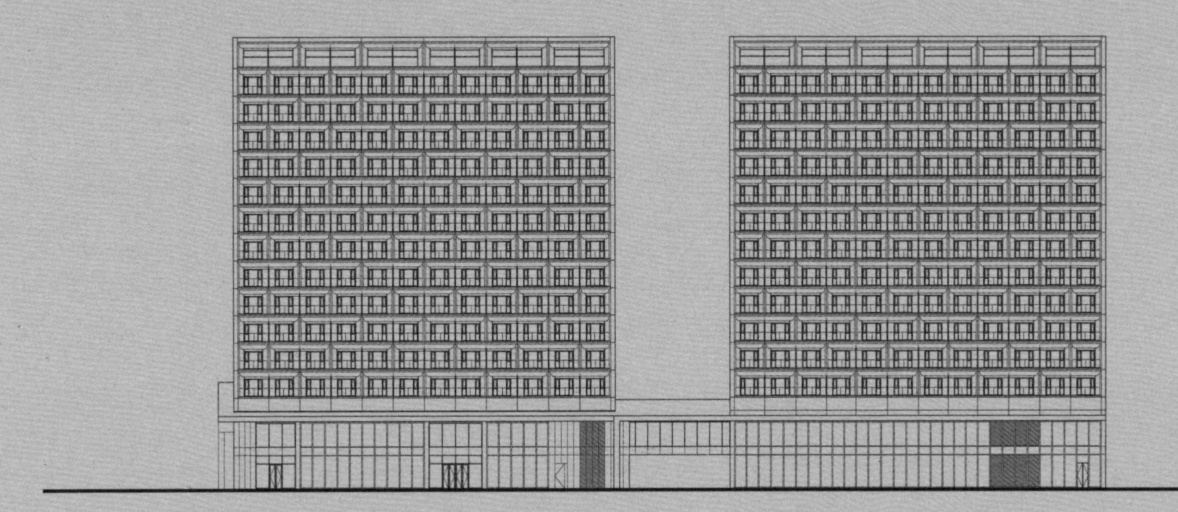

南立面图

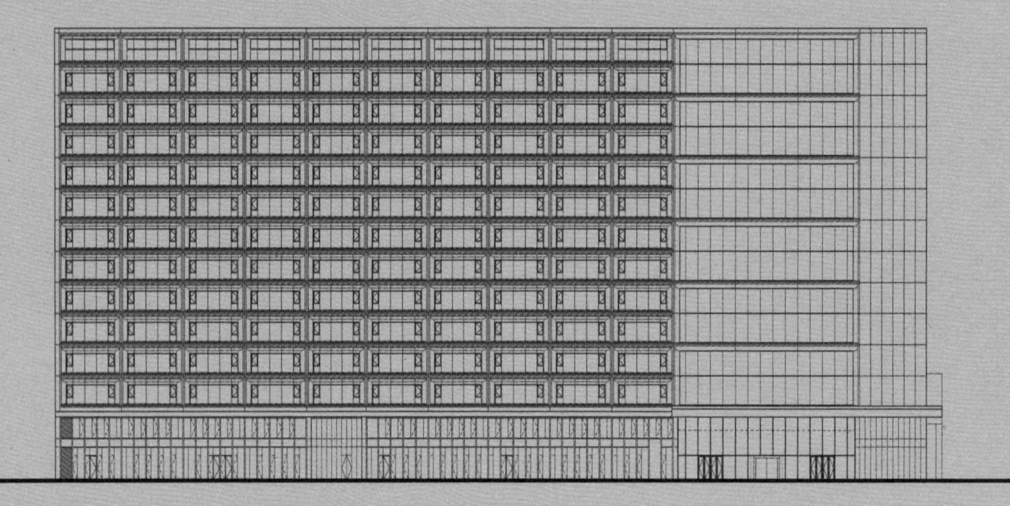

北立面图

0 5 10 20

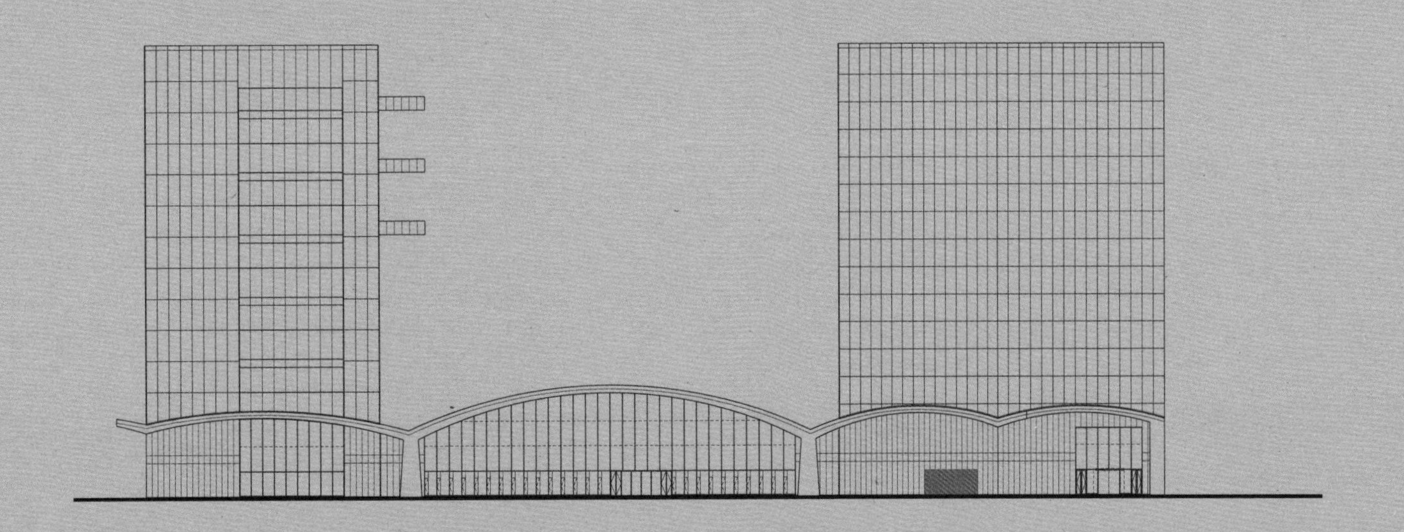

西立面图

0 5 10 20

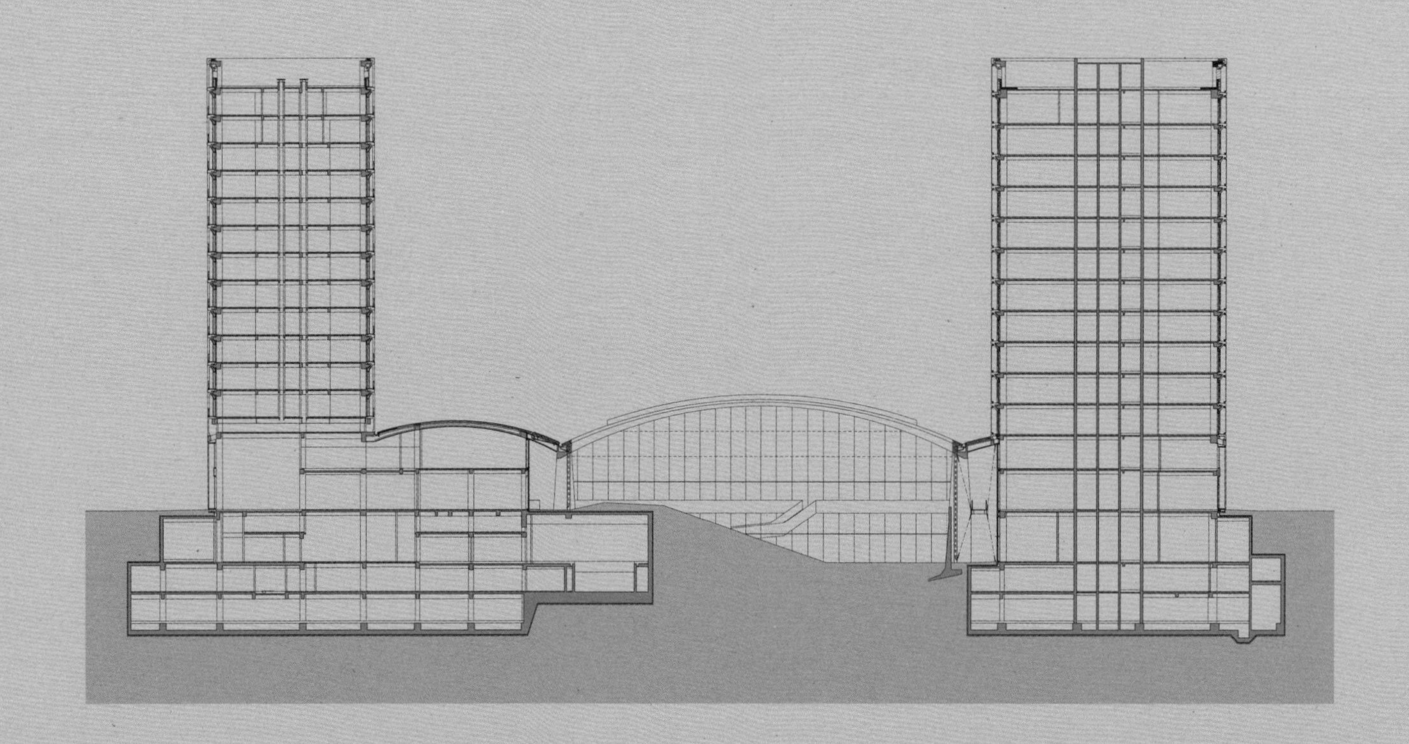

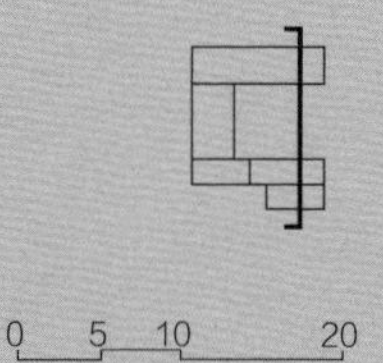

剖面图

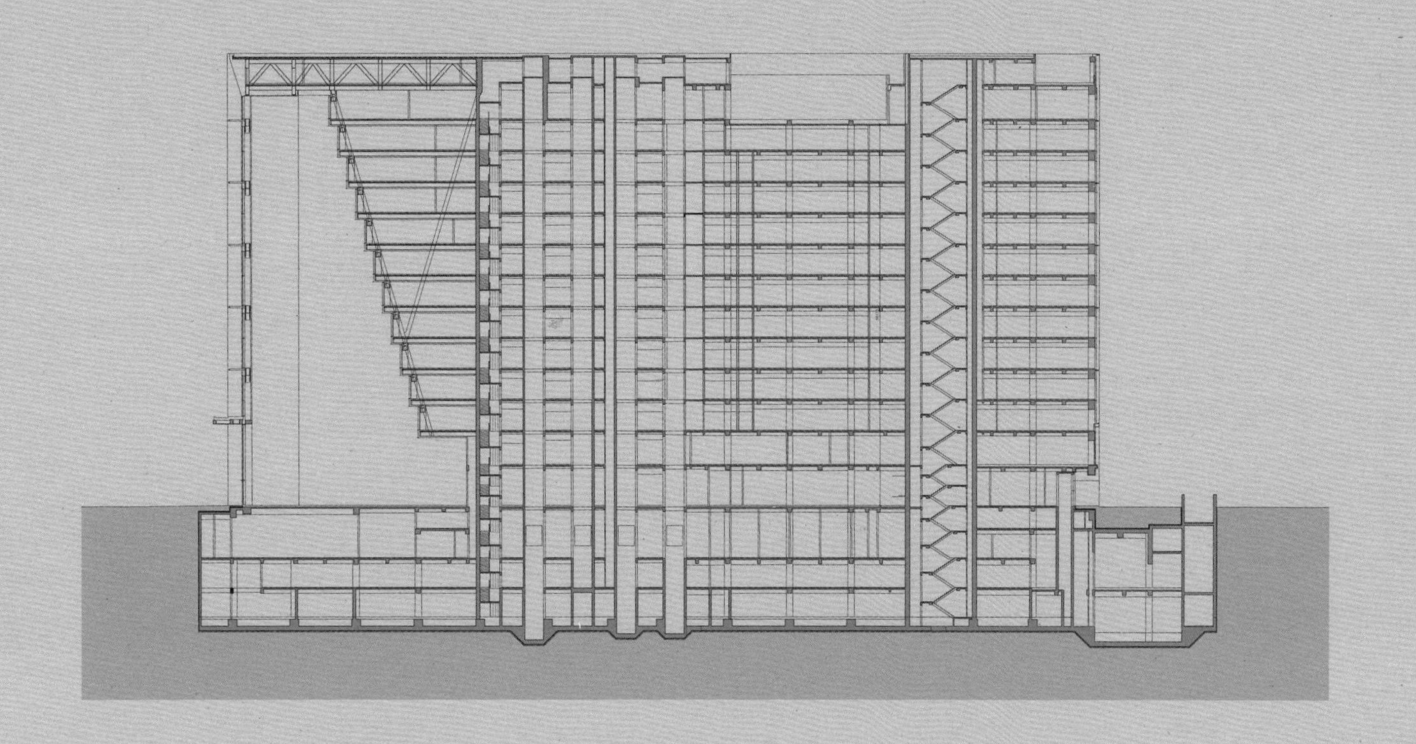

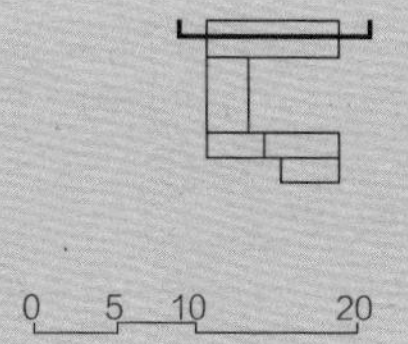

剖面图

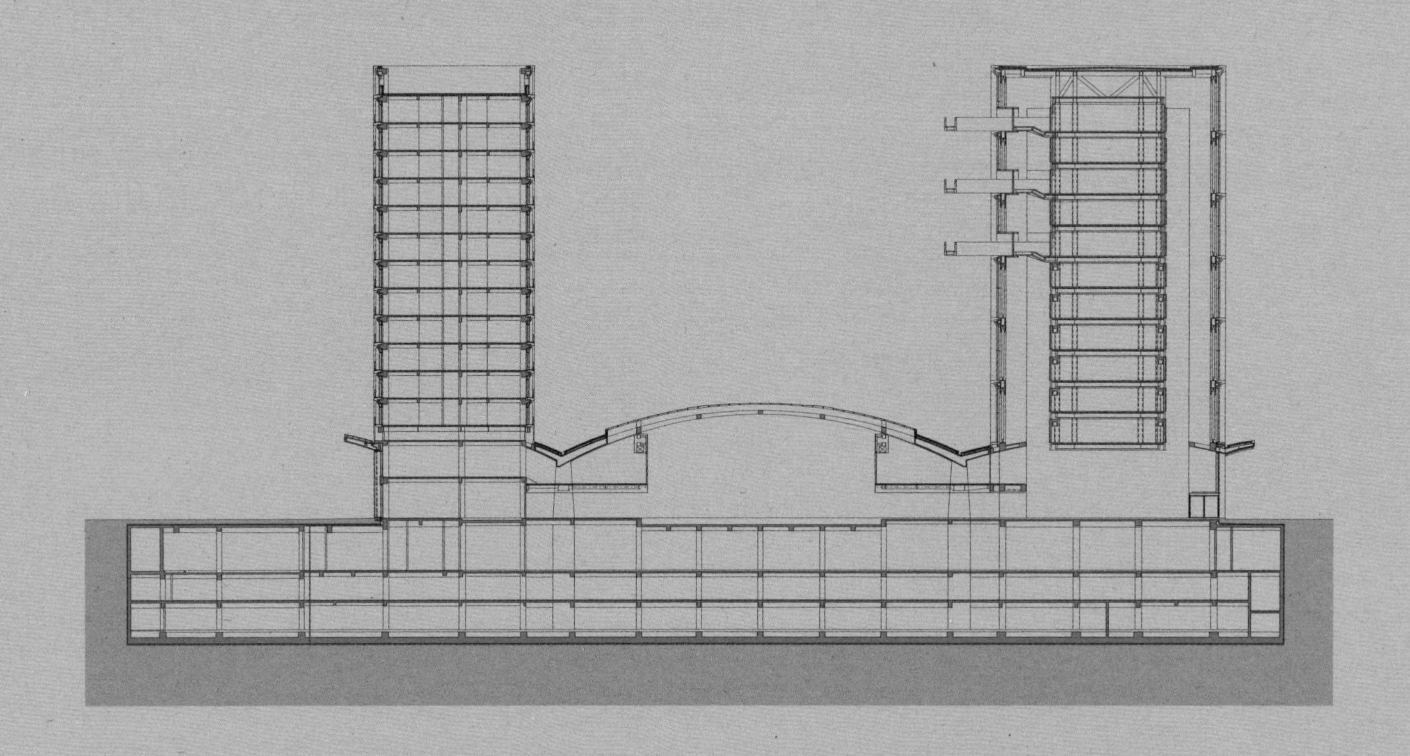

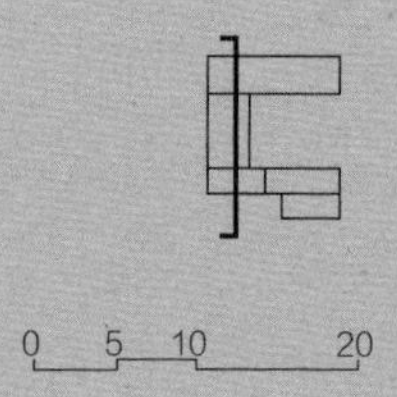

剖面图

0 5 10 20

中建|大兴

中建|大兴之星
THE STAR OF DAXING

中建 大兴之星

15 新大都饭店（1号楼）改造
Xindadu Hotel (Building 1) Renovation

地点：北京市，西城区 | 类型：改造建筑 | 状态：已建成 | 时间：2021 | 用地规模：3571.3m^2 | 建筑规模：39431m^2 | 摄影：陈向飞

CAPITAL XINDADU
首创·新大都

一、概况

新大都饭店位于北京市西城区车公庄大街21号，为现状首创股份新大都饭店主楼。项目周边为成熟的社区，四周均有道路，公共交通发达。其中南边道路为车公庄大街，东边道路为文兴西街，西侧和北侧为园区内部道路。园区用地南侧、北侧、西侧为多层住宅区，东侧为办公建筑。项目位于新大都园区内，是区内最主要的建筑，处于统领地位。园区内除主楼外还包括若干独栋多层办公楼、会议和健身、锅炉房、精品酒店和会所等。新大都饭店占地3571.3m^2，用地平整。

新大都饭店地上十四层，地下两层。我们将首层至三层原酒店配套用房改造为商业用房，业态以餐饮、超市、银行、健身为主，四层为设备层，五层及以上标准层为办公用房，根据建筑Y字形的体型，划分平面为三个办公单元，每个办公单元每两层设置一个挑空空间，地下二层和地下夹层为地下车库和机房，地下一层局部改造为员工餐厅、厨房和后勤用房。

二、韧性方法类型

· 流程保证

· 品质保证

三、韧性设计方法

· 问题驱动

新大都饭店的设计构思以发现设计问题为出发点，本项目我们主要将设计问题聚焦在：

1）新与旧戏剧性对话；

2）化不利为有利（形态、层高低、进深大）；

3）营造新办公空间，提升市场竞争力；

4）绿色节能；

5）韧性能力提升等方面。

针对问题我们提出了改造策略。

1）尊重现状，保留主楼及裙房顶部所有亭子及飞檐，维持顶部原有样貌，保留城市角度的视觉记忆；保留并强化主楼原有凸窗水平线条，并在裙房中相应加强水平凸窗元素，使整体更加统一，舒展挺拔。

2）在裙房处设置南北两个中庭并串联，中庭上方设置采光天窗，改善采光通风环境；在标准层处利用Y字形平面，划分为三个办公单元，每个单元两层一组，中间设置共享中庭，同时利用现状结构特点，采用分布式竖向风道系统、自然排烟系统，最大限度释放净高，提供高品质的办公环境。

3）对机电系统、外墙节能进行全面维护、更新和升级改造，对现有结构和抗震性能进行检测，视检测结果对结构进行加固，使之符合当前结构和抗震规范的要求。

· 全面评估

从建筑本体分析，裙房进深大，采光通风较差，标准层层高低，对于办公空间不利；同时年久失修，机电设备系统老化，外墙漏水，节能保温性能差。

项目位于园区东南角，建筑南面临车公庄大街是区域内标志性建筑。园区为多年形成的，建筑类型、体量多样，风格各异。园区整体环境质量不高，缺少高品质的公共空间。

新大都饭店作为区域内标志性建筑，顶部的亭子对所在区域的影响力非常强，整体风貌是典型的20世纪八九十年代的建筑特色；从造型分析，Y字形平面有酒店特色，体型挺拔又不规则，塔楼竖线条与裙[illegible]水平线条舒展但逻辑关系不清晰，塔楼凸窗有特色。

· 混合功能

为了提升建筑韧性能力，使项目在改造更新[illegible]成为一个集办公、商业、餐饮、公共服务为一体[illegible]综合体。

· 积极立面

为了提升园区内公共空间的品质，将园区内功[illegible]性的车行路改造成有活力的步行区，我们在建筑的[illegible]层布置了各种公共空间。并将原来封闭的立面打开[illegible]首层立面采用浅色石灰岩和落地玻璃，努力营造亲[illegible]宜人的环境氛围。

· 空间完整

空间完整性作为我们一个基本遵循，一直贯穿[illegible]办公楼改造的所有设计过程中。在建筑的主要空间[illegible]结构、机电专业的构件和设备被全面控制，严格避[illegible]上述构件和设备破坏空间完整性。

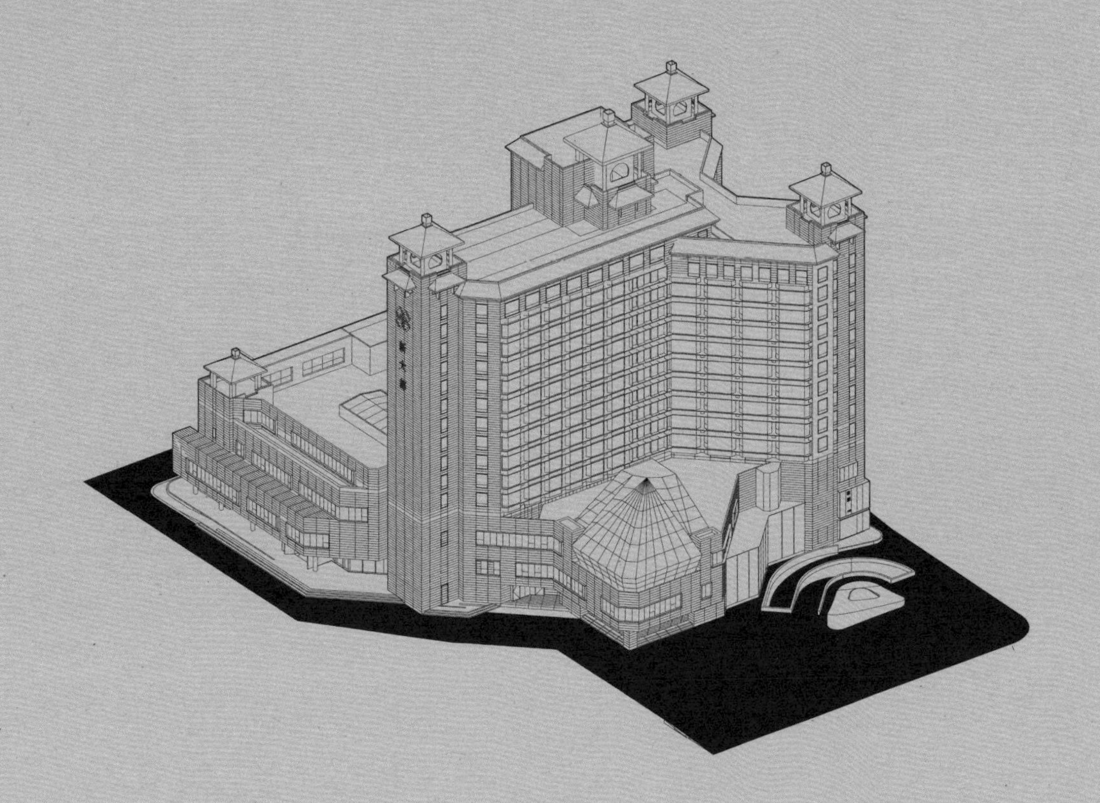

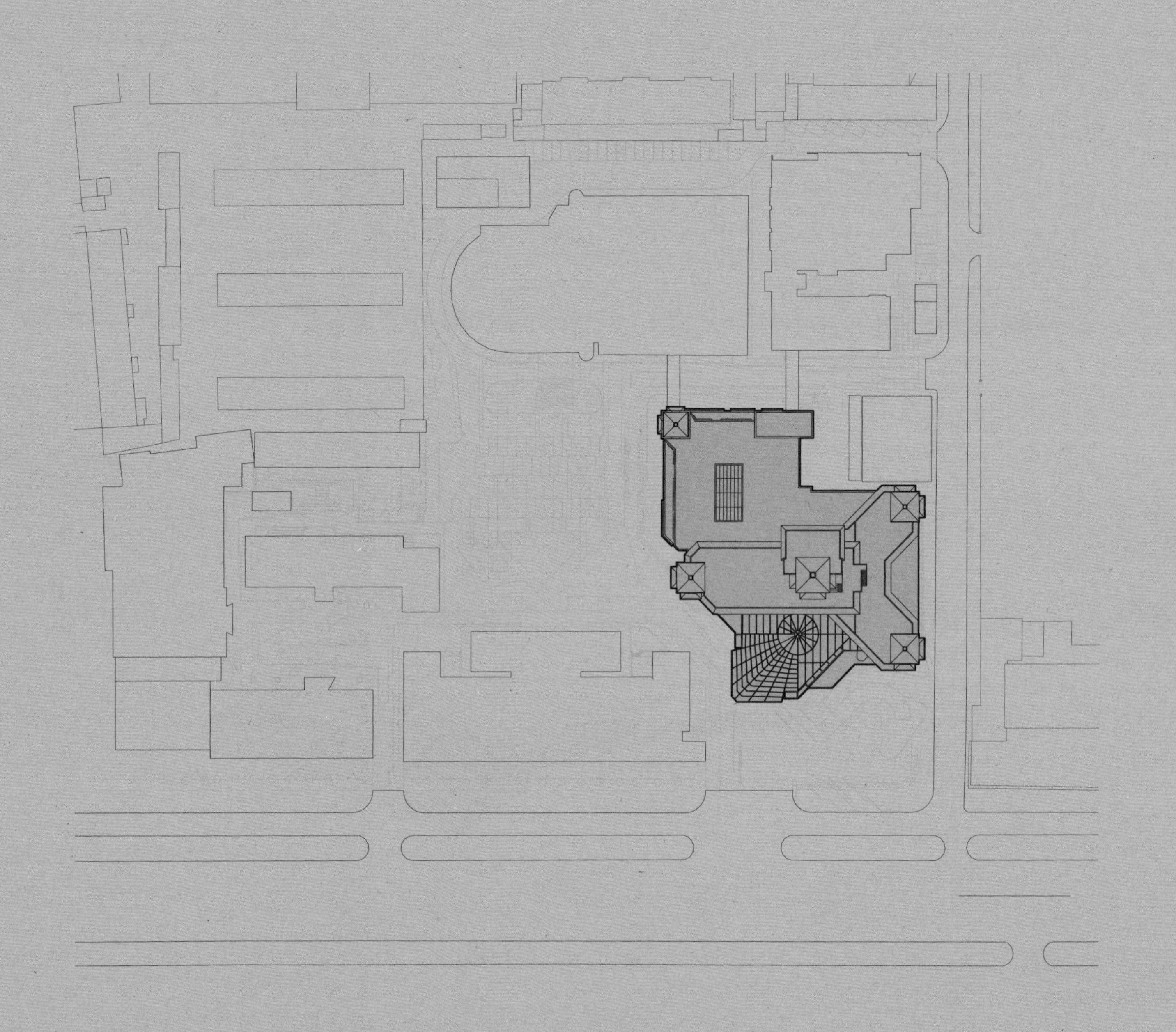

总平面图

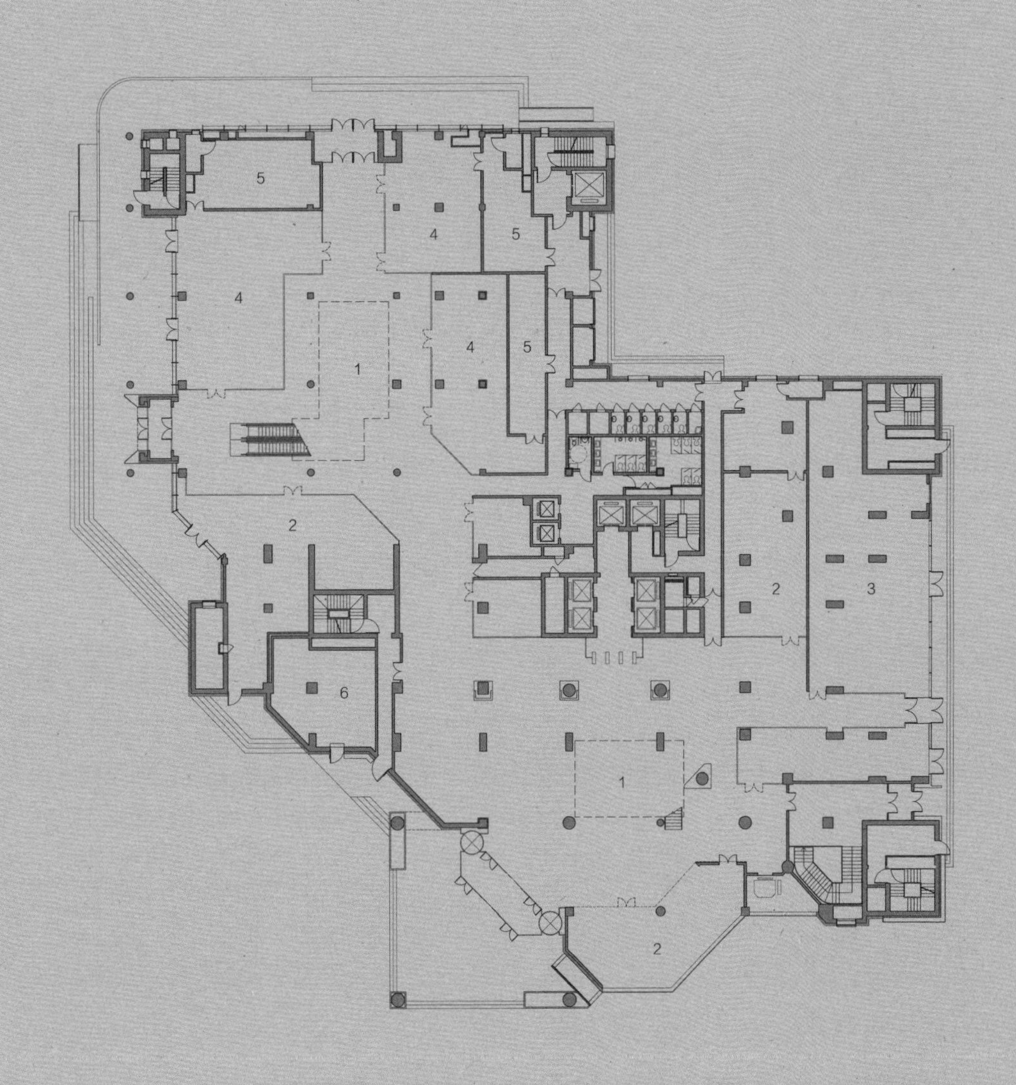

总平面图

0 2 5 10

1. 中庭空间　2. 商业　3. 银行　4. 餐饮　5. 厨房　6. 消防中心

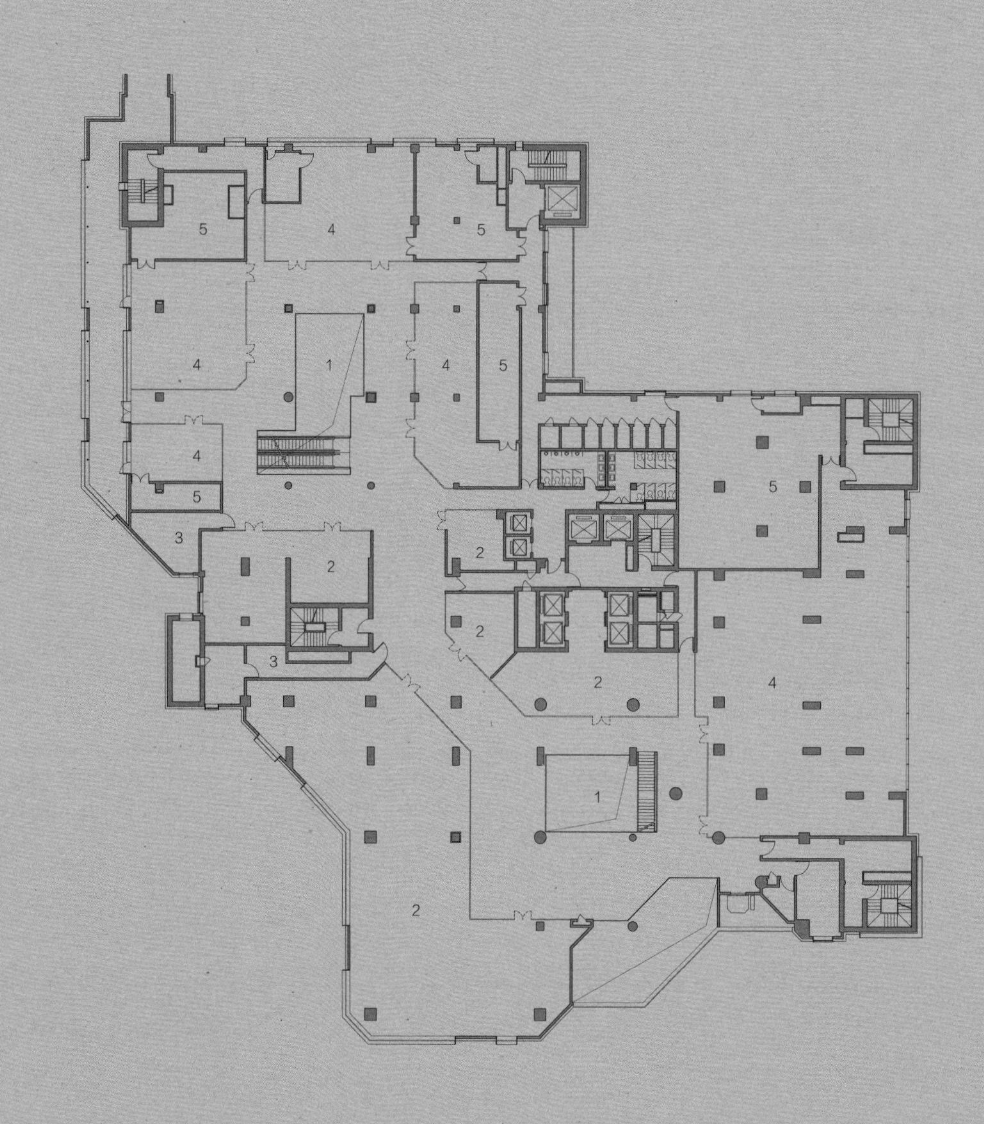

二层平面图

1. 中庭上空　2. 商业　3. 机房　4. 餐饮　5. 厨房

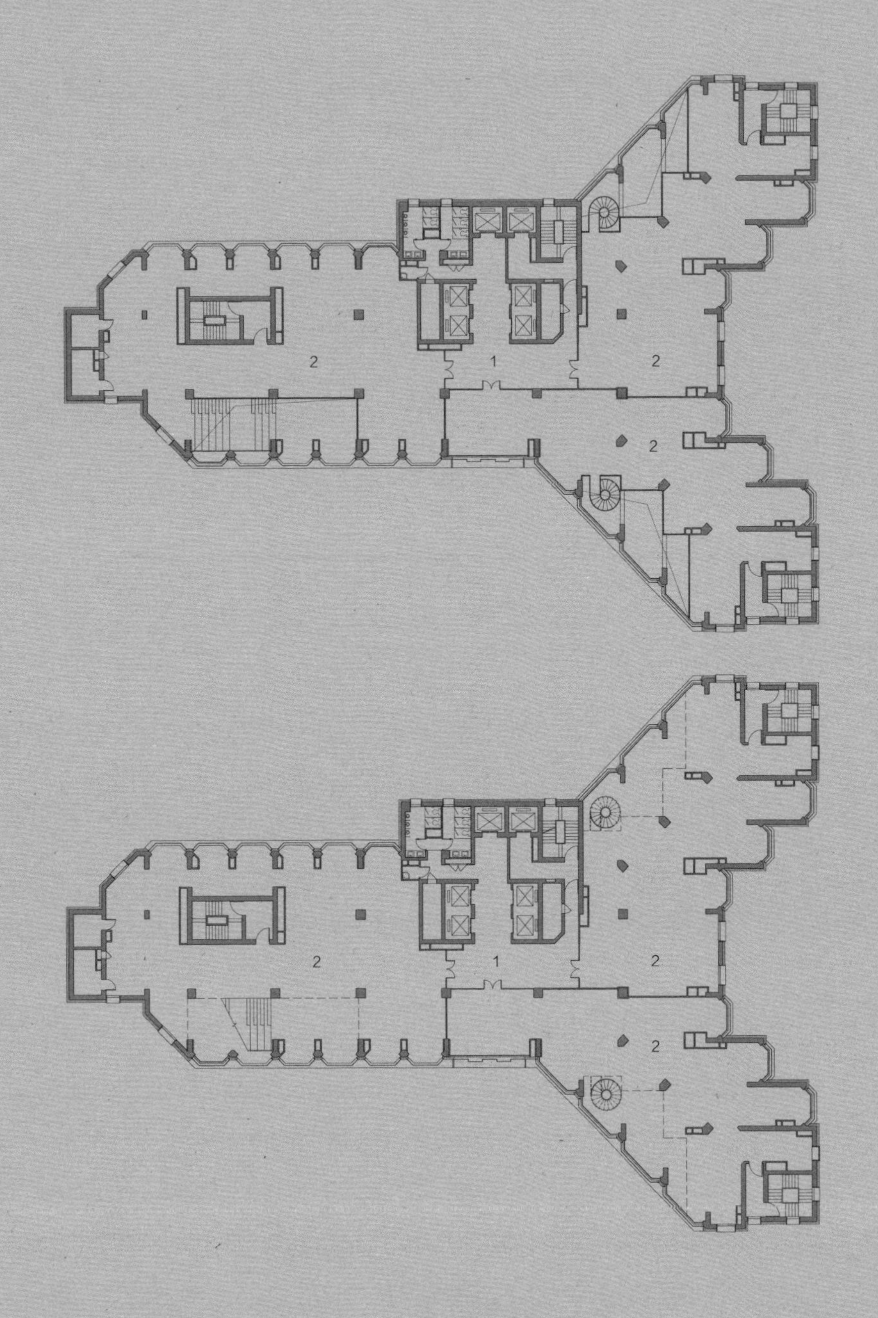

标准层平面图

1. 电梯厅　2. 办公单元

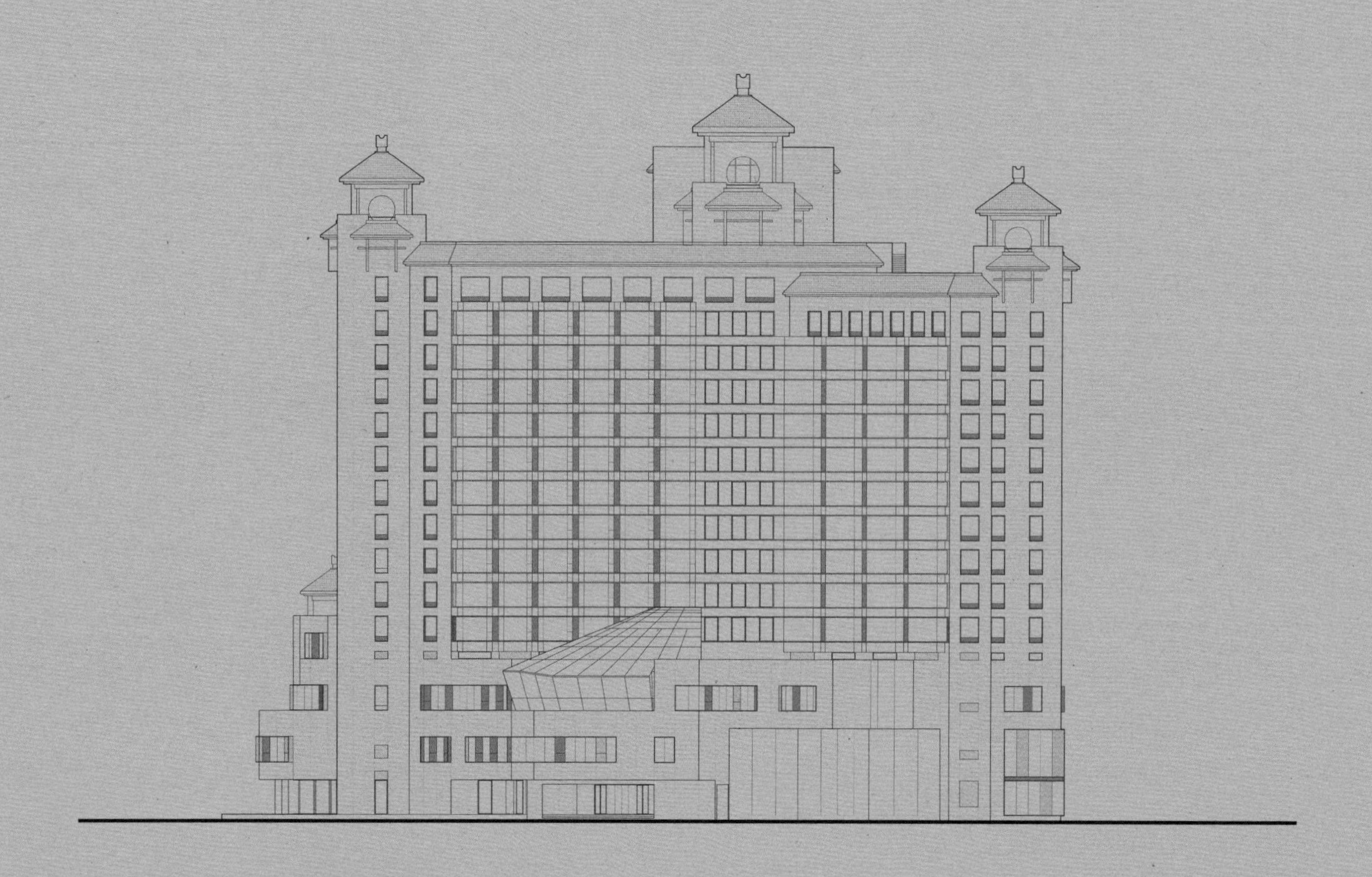

南立面图

西立面图

0 2 5 10

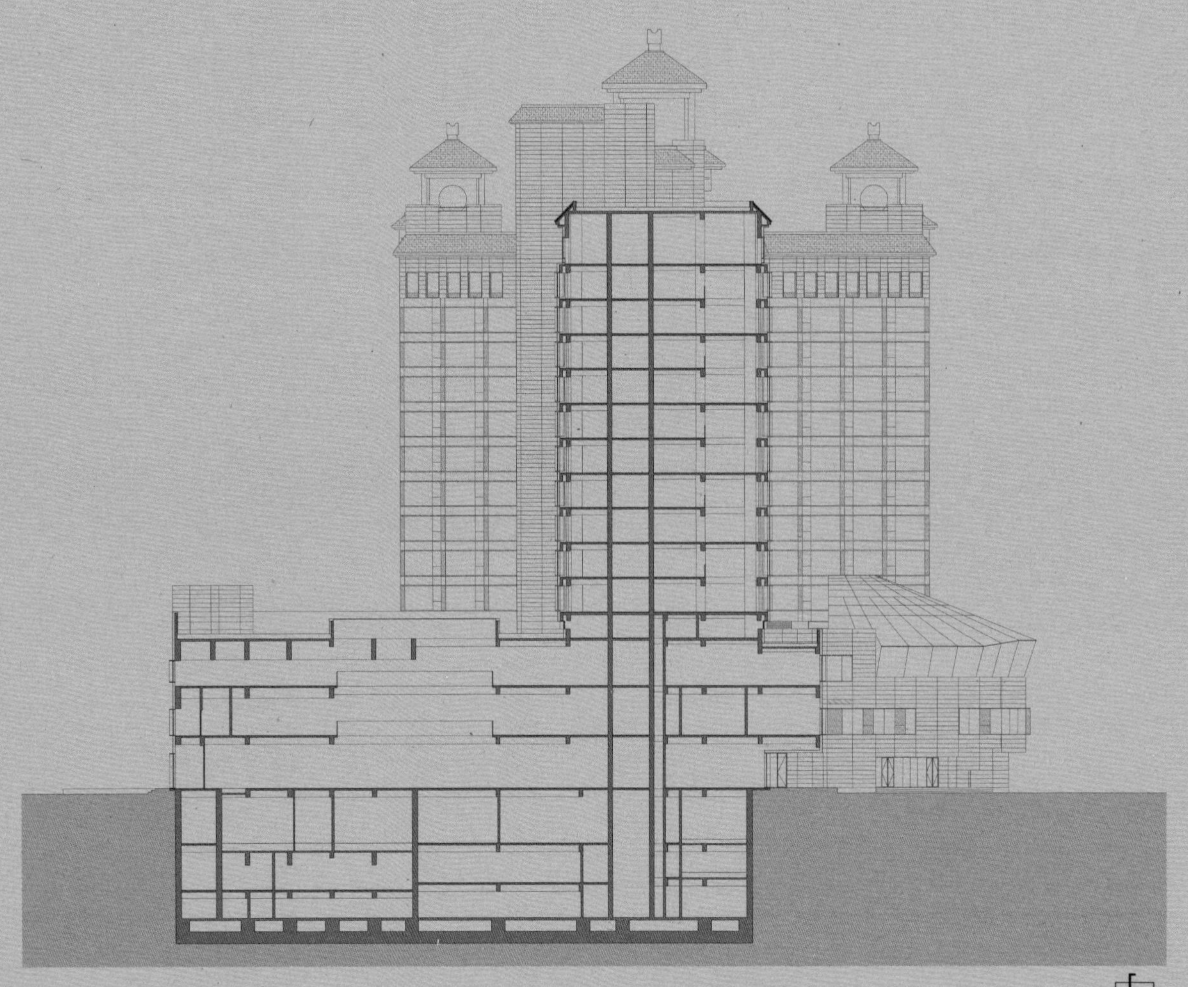

剖面图

CAPITAL XINDADU
首创·新大都

新大都
国际俱乐部
24
招商银行
5

CAPITAL XINDADU
首创·新大都
首创·新大都
CAPITAL XINDADU

等待

CAPITAL
首创 新大都

首创·新大都

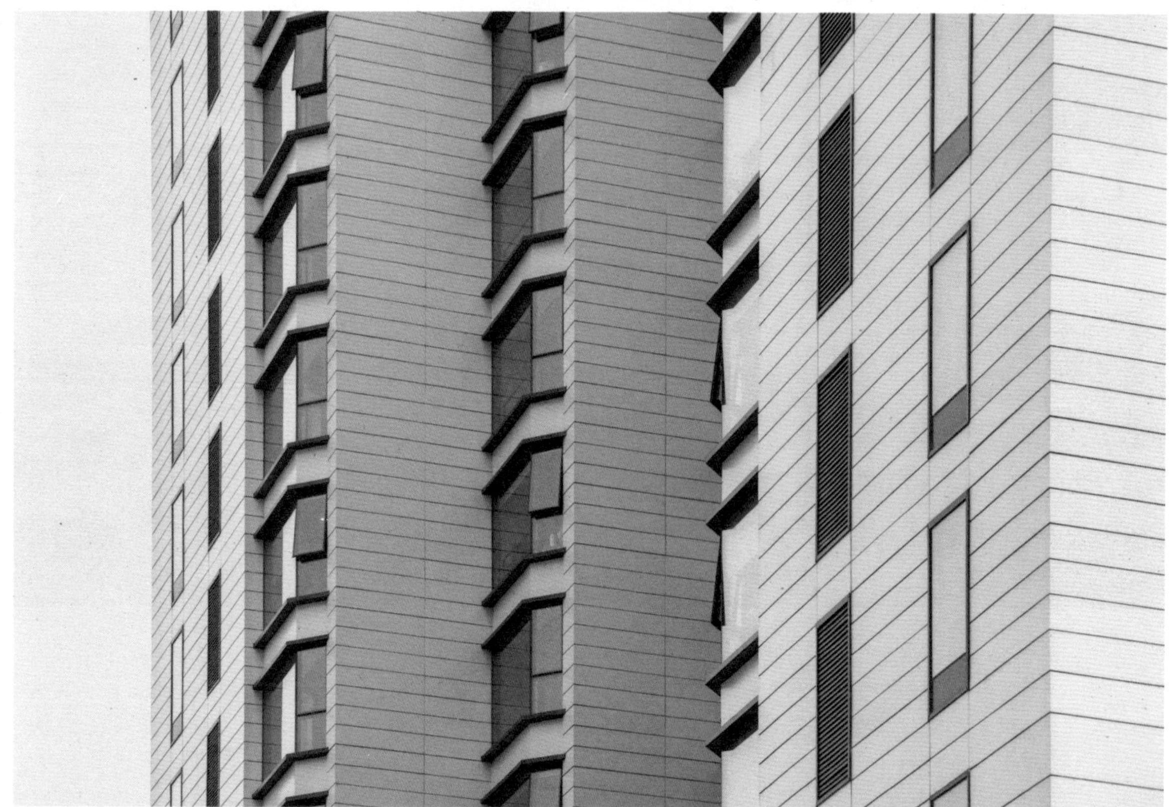

通往办公
TO OFFICE

16 杭州奥体中心体育游泳馆
Hangzhou Olympic Sports Center Natatorium

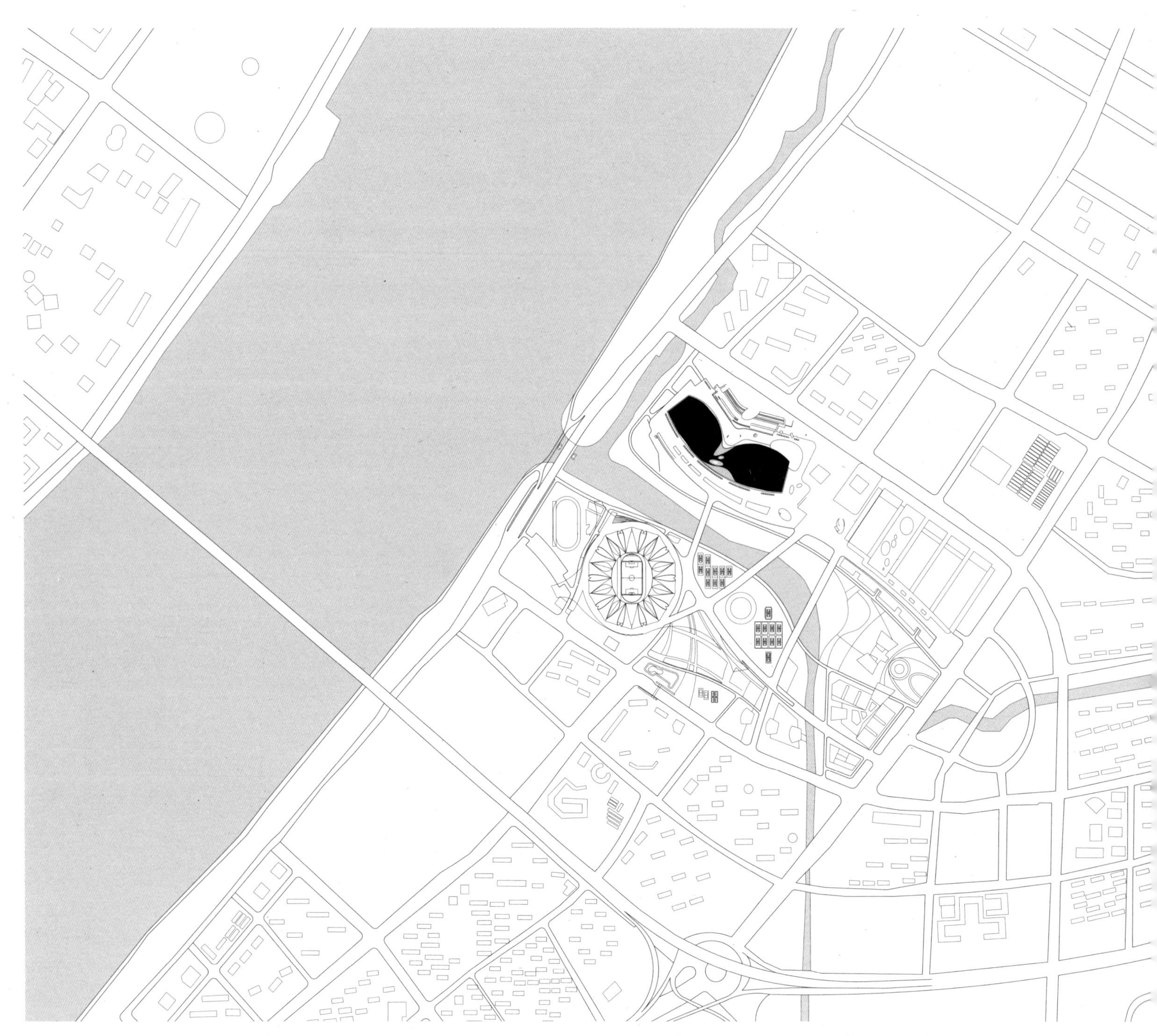

地点：杭州市，萧山区 ｜ 类型：体育建筑 ｜ 状态：已建成 ｜ 时间：2021 ｜ 用地规模：227900m^2 ｜ 建筑规模：396950m^2 ｜ 摄影：范翌

SOMERSET

一、概况

项目位于浙江省杭州市萧山区钱塘江南岸西兴大桥以东，杭州奥林匹克中心北侧，与“大小莲花”和“双子塔”毗邻。用地西北濒临钱塘江，隔江与钱江新城相望，建成后将共同构成并延伸城市新轴线，带动江南城市的开发。

杭州奥体中心体育馆游泳馆是第十九届杭州亚运会主要比赛场馆，地上主要包括体育馆、游泳馆、商业设施三大部分内容。建筑地下主要包括地下商业设施、机房及地下停车库。

其中体育馆为一个多功能体育馆，约 17000 座，馆内能进行篮球、羽毛球、排球、乒乓球、手球、冰球、冰上表演、竞技体操、拳击、武术、室内足球等比赛。游泳馆设置跳水池、游泳比赛池和训练池，以及赛后全民健身和游泳培训的两个儿童池，约 6000 座。

二、韧性方法类型

- 流程保证
- 品质保证
- 功能适变

三、韧性设计方法

· 问题驱动

杭州奥体中心体育馆游泳馆的设计构思以发现设计问题为出发点，本项目我们主要将设计问题聚焦在：

1）参数化设计在大型复杂建筑中的应用；

2）大型场馆的赛后韧性；

3）大跨度建筑的结构表现力；

4）几何逻辑；

5）空间完整。

· 混合功能

大型场馆的赛后韧性是工作室持续关注的设计问题。在五棵松体育中心的实践之后，本项目成为工作室在赛后韧性上进行创新的又一个重要工程。本项目在设计之初即将其功能设定为多功能复合体。主要包括三大部分：体育馆、商业综合体、大型车库。体育馆设计在满足高标准国际赛事的前提下，把赛后运营放在设计的首位，其中体育馆设计注重赛后的多功能使用。具体措施包括冰篮转换场地、大型会议、文艺表演的场地、后台和设备设施预留、高标准餐饮设施、多层次现代化的 LED 显示系统等。大型商业综合体、社会停车库和体育建筑深度绑定是本项目的一大特色。未来一个集运动健身、文化表演、商业餐饮为一体的庞大综合体将成为体育建筑的新模式。

· 结构驱动

本项目设计阶段建筑师深度介入结构设计，在结构选型、结构造型、结构构件节点设计中发挥了重要作用。在整体非线性造型的基础上，结构在比赛大厅内为长轴对称，避免了非对称造型对运动员的心理影响。结构杆件和节点形式由建筑师提供方案，和建筑形式照明紧密结合。设计在由逻辑生成的基准面上，根据结构的计算结果生成了屋面的钢结构网壳，一个完整的网壳结构屋盖覆盖了混凝土结构三个单元，自然延伸，支承到 8m 平台。基准面和钢结构呈交互关系，在方案早期两者经过了匹配研究，钢结构的基本逻辑被确定，并反复调试了钢结构的尺度。钢结构反馈给建筑的基本要求——结构形式、分格数、分格大小、网架高度等也成为造型的参数之一，在下一步中成为造型的决定因素之一。其中游泳馆和体育馆区域的屋盖采用斜交斜放的变厚度双层网壳结构。

· 绿色驱动

两馆上方共设置了 210 个导光管，通过顶部采光罩，可将室外的自然光漫射至室内，相对日光灯有无频闪、节能的优势，使用寿命长达 25 年。不仅如此，能源管理系统采用算法模型，可以分析计算各个环节最佳照明亮度、能耗等，从而挖掘节能空间，每年照明节能 30% 以上。游泳馆凭借 24 小时水循环系统，可以在池水常年不换的情况下依然干净清澈。真正
现“绿色、智能、节俭、文明”的目标。

· 几何逻辑

在设计中注重建筑体型的几何逻辑关系是我们
计实践的最基本遵循。作为设计的底层逻辑，本项
的基础几何图形（几何原型）为由体育馆游泳馆功
内核的椭圆形，通过对椭圆弧线和高度的控制以及
馆的角度旋转，通过参数化公式生成了连续的流线
形体。而基于几何图形，配套商业的平面组织以及
众层平台上的景观设计和连通上下空间的天井均以
似形体处理。清晰的几何逻辑也完美地体现了设计
念中的两翼齐飞、翩翩起舞的化蝶主题。

· 空间完整

与其他项目遵循相同的基本准则，空间的完整
一直贯穿在体育馆游泳馆设计过程中。在建筑的主
空间中结构、机电专业的构件和设备被全面控制，
格避免上述构件和设备破坏空间完整性。

· 自动设计

杭州奥体中心体育馆游泳馆造型采用独特的流
造型，结合双层全覆盖银白色金属屋面和两翼张开
平台形式，形成“化蝶”的杭州文化主题。本项目
国内最早采用“参数化设计”手法设计的大型体育
合体之一，也是世界上最大的非线性造型两馆连接
育综合体。

面对复杂的周边环境，将建筑确定为流线型体量
在设计早期对体量大小与座位规模的关系做了基础
究，最终得出了决定流线体型体量大小的关键参数—
正反弧线半径、覆盖角度、椭圆高度等与场馆规模以
环境要求之间存在数学比例关系，它们可以通过参数
公式相关联。通过一系列逻辑关系推导出建筑表面形状
并以此为基准面作为所有建筑系统和部件的出发点，
括外幕墙、钢结构和特殊建筑部位以及机电、灯光等。

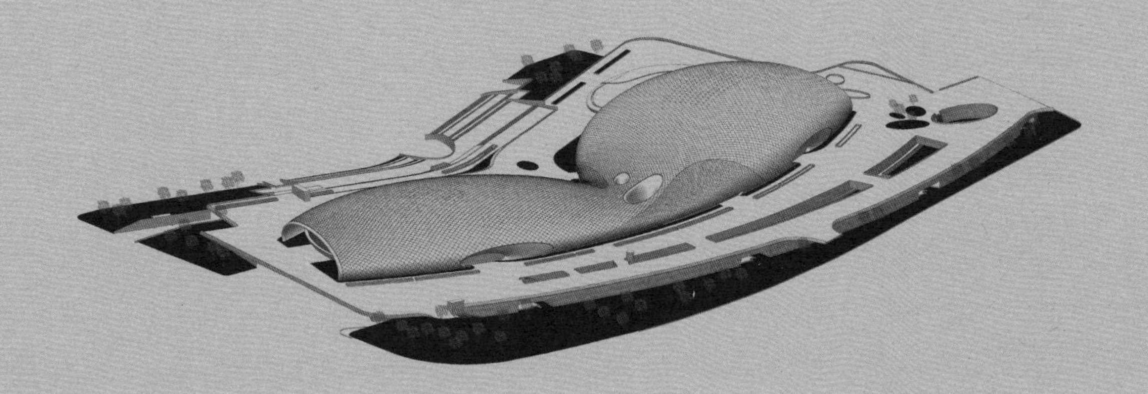

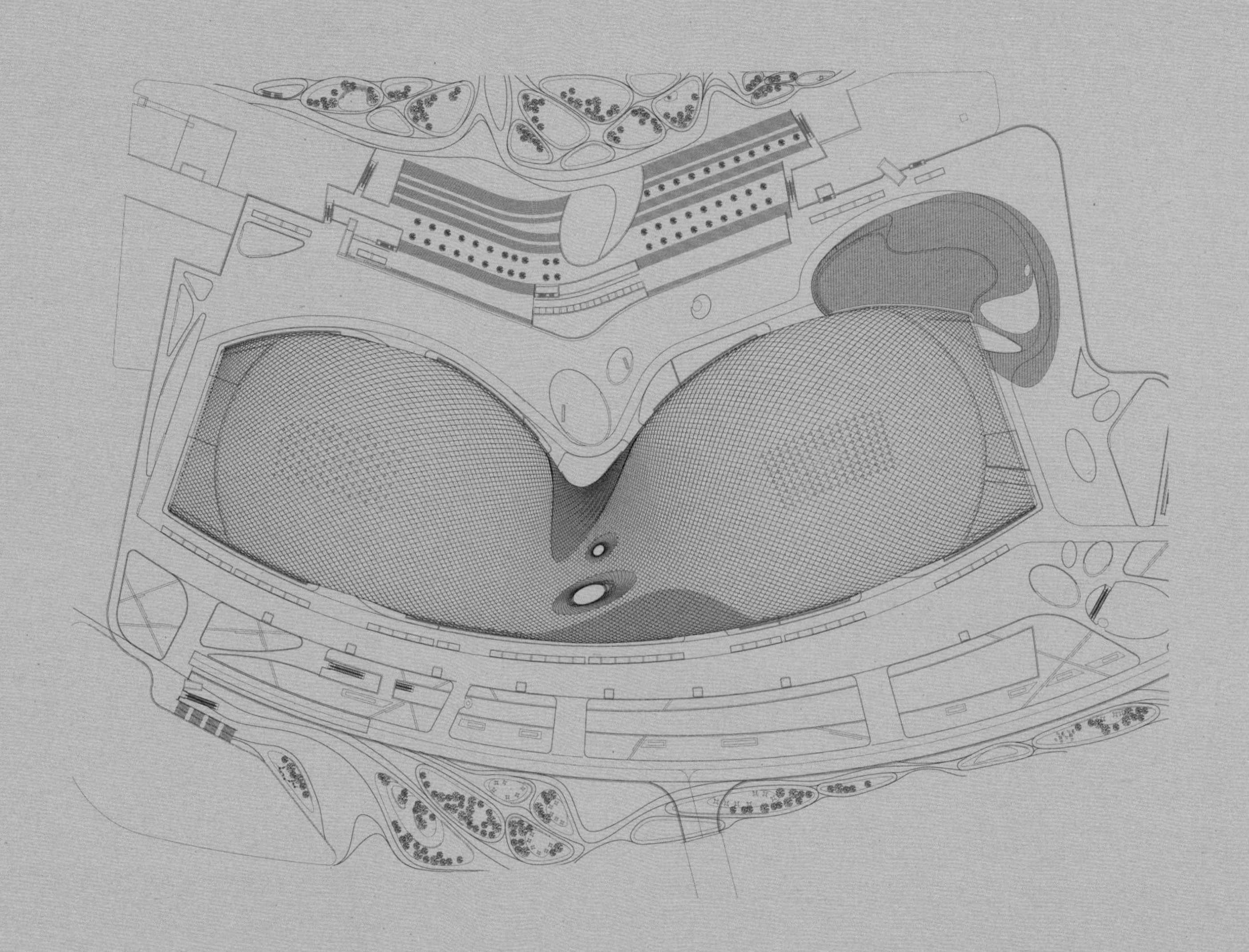

总平面图

0 5 25 50

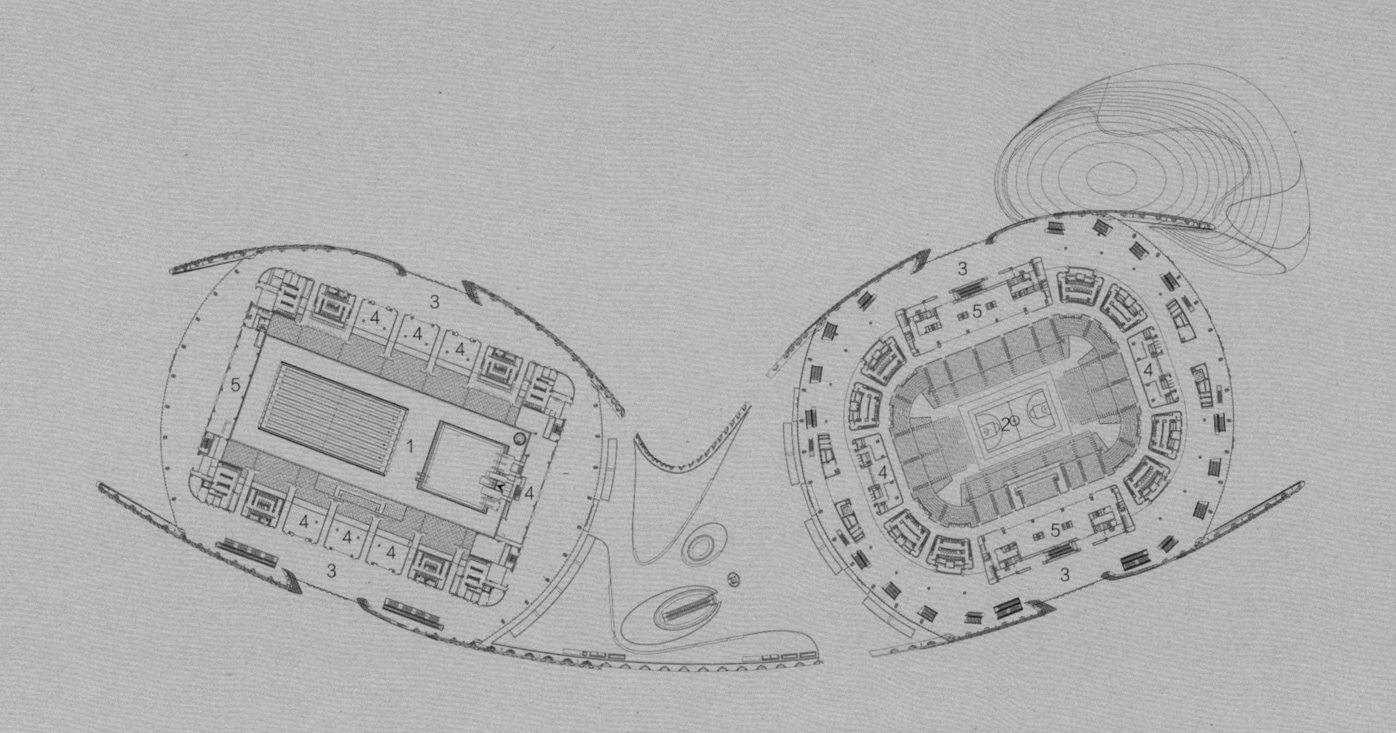

平面图

0 5 25 50

1. 游泳馆　2. 篮球馆　3. 观众休息大厅　4. 商店　5. 酒吧

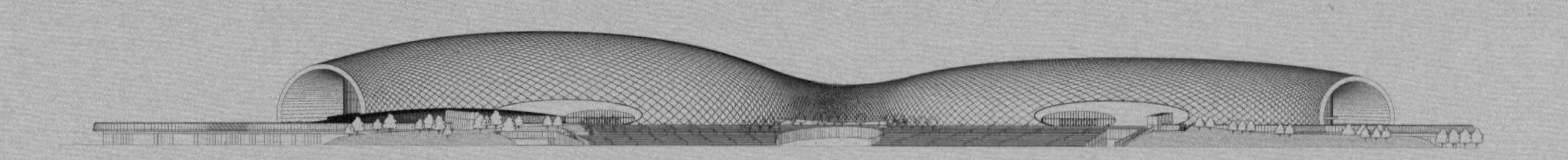

立面图

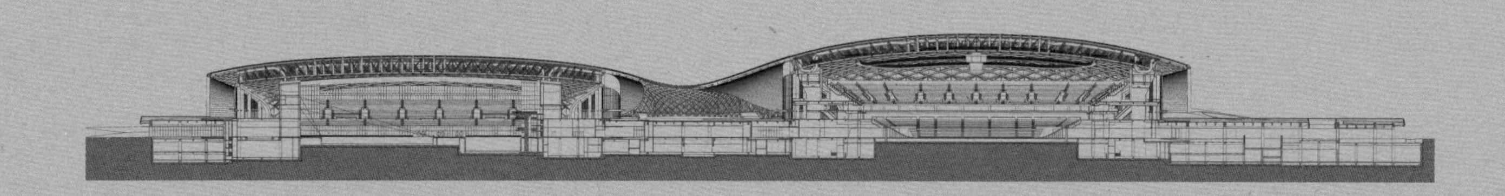

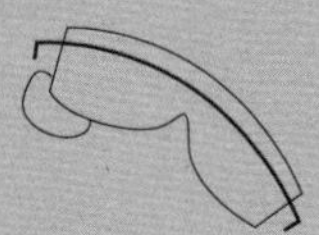

剖面图

B1

心心相融，@未来
Hangzhou 2022

4F

S3-S2

S2-S1
S3-S2

胸怀大局
自信开放
迎难而上
追求卓越
共创未来

ANGZHOU OLYMPIC CENTER

HANGZHOU OLYMPIC CENTER

韵味杭州
Exciting Hangzhou

S116-S133
S101-S110

17 北京国际戏剧中心
Beijing International Theatre Center

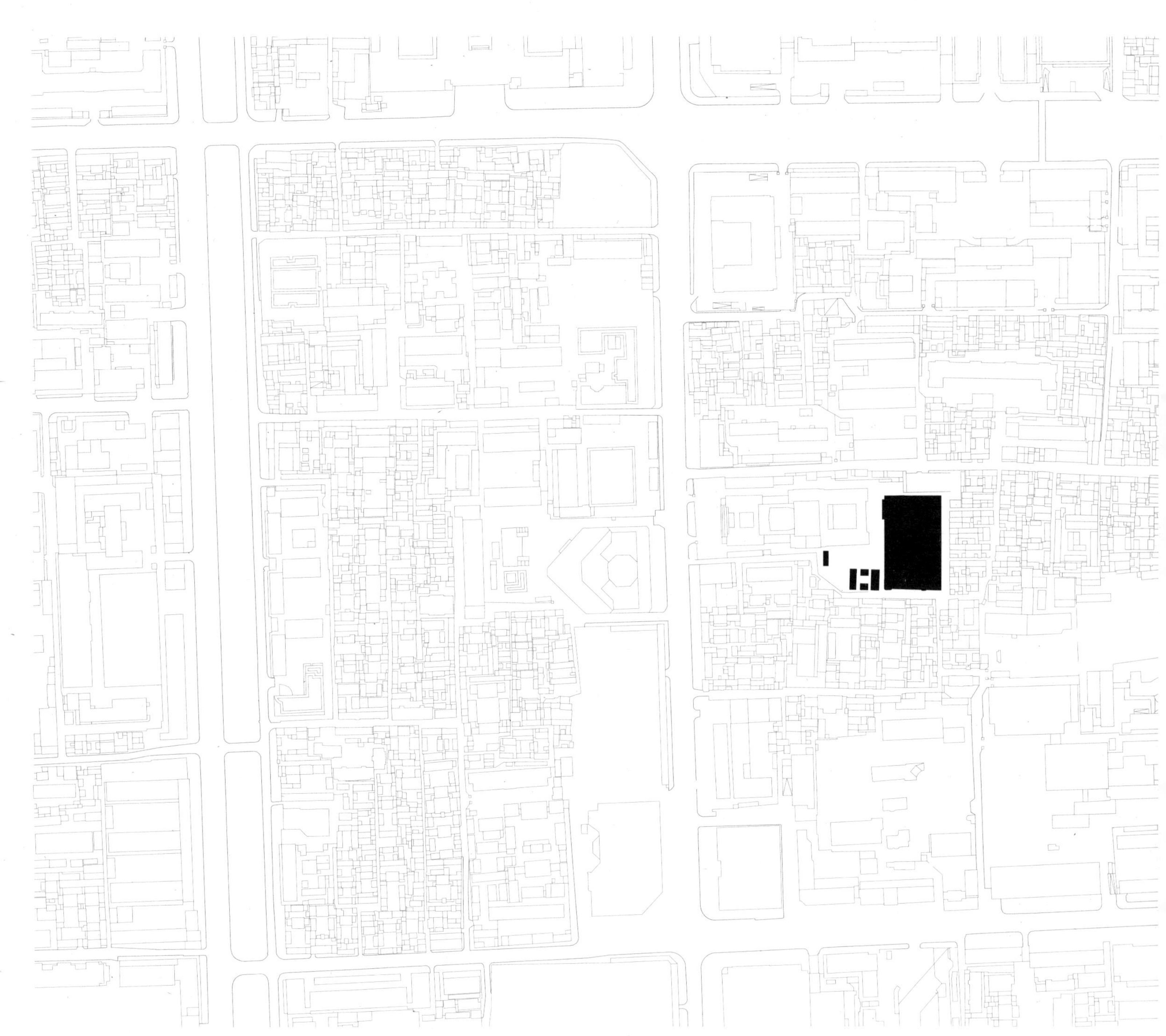

地点：北京市，东城区 | 类型：观演建筑 | 状态：已建成 | 时间：2021 | 用地规模：17755m^2 | 建筑规模：23026m^2 | 摄影：陈向飞

I
VII
XI
XII
北京国际戏剧中心
BEIJING INTERNATIONAL THEATRE CENTER

一、概况

北京国际戏剧中心位于北京市东城区王府井大街北京人民艺术剧院内，首都剧场的东侧，是首都剧场的东扩工程。项目坐落于东城区老城中心的胡同里，东、南和西南三面为传统北京四合院民居，北侧为多层居民楼。

项目是为北京人民艺术剧院建设的一座专业以演出话剧为主的驻团剧院，总建筑面积 2.3 万 m^2，包含“曹禺剧场”和“人艺小剧场”两座专业话剧场，分别可容纳 700 名和 300 名观众，建成后将与首都剧场现有的两个剧场合并运转，两者共同承担起北京人艺的话剧演出、交流和排练，并满足北京人艺日常运转所需的后勤和辅助功能。

建筑地上三层，地下四层，檐口高度 17m，台塔建筑高度 27m，主舞台基坑深度 -17m。建筑共分为观众区、舞台区、后台区、复建四合院、后勤用房、汽车库和机房等几大功能区域。其中舞台区位于平面的核心位置，品字形舞台横贯首层、二层中部，主舞台区为 30m×21m 的矩形，主舞台向下成为台仓，一直延伸到地下四层建筑最基底的 -17m 深度，主舞台上部的台塔则伸展到建筑最高点 27m。顶底空间相通，高差超过 40m，主舞台两侧的功能复杂，建筑使用场景和使用人群多样化，内部空间高大且多变，体型呈现为多个大体量功能块的交叉叠加。

二、韧性方法类型

· 流程保证

· 品质保证

三、韧性设计方法

· 问题驱动

北京国际戏剧中心的设计构思以发现设计问题为出发点，本项目我们主要将设计问题聚焦在：

1）用地紧张下的功能布局；

2）大体量建筑与老城的协调；

3）新老建筑的协调与呼应；

4）多种专业的协同；

5）建筑体型关系。

我们应对的策略包括：

1）将观众休息厅成 L 形布局，在有限的空间中尽量满足观众休息厅的功能需求。

2）将建筑体量尽量分解成若干体块，以便减少剧院对周边老城的视觉上的压迫感。

3）将剧院西南侧保留的四合院和观众休息厅融为一体，风格采用对比的方法，在主入口形成戏剧性的效果。新建筑风格不采用对老人艺进行简单模仿的做法，而是采用现代、稳重的风格，相同的色彩与老建筑取得精神上的和谐。

· 积极立面

剧场西侧为建筑的主要出入口，立面采用类似柱廊的做法，突出主入口的标识性。南立面内侧为观众休息大厅，因此立面将西立面类柱廊的设计手法延续至此，落地玻璃窗使观众休息厅与南侧胡同形成借景关系。东、北两侧布置了建筑的辅助用房和后台设施，功能不需要开大窗。为了减轻巨大体量对东、北两边胡同的压迫感，我们把地下车库坡道设计成两个柱廊，将原本单调乏味的立面变得富有变化并改善了胡同内的景观。

· 几何逻辑

在设计中注重建筑体型的几何逻辑关系是我们设计实践的最基本遵循。作为设计的底层逻辑，本项目的基础几何形体为长方体，通过加法的几何操作手法，根据功能需求进行堆叠。体块之间的关系清晰，体型完整，特别是东南角的各体块交接，错落有致。但由于剧场北侧有住宅，为避免遮挡，台塔采用了南高北低的方法。

· 空间完整

空间的完整性作为我们另一个基本遵循，一直贯穿在剧场的所有设计过程中。在建筑的主要空间中结构、机电专业的构件和设备被全面控制，严格避免上述构件和设备破坏空间完整性。

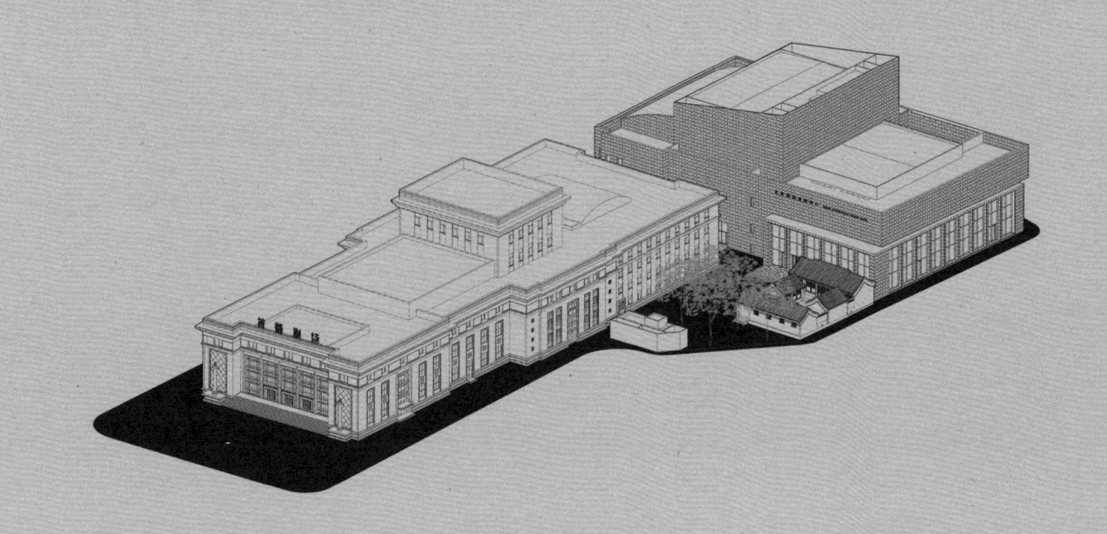

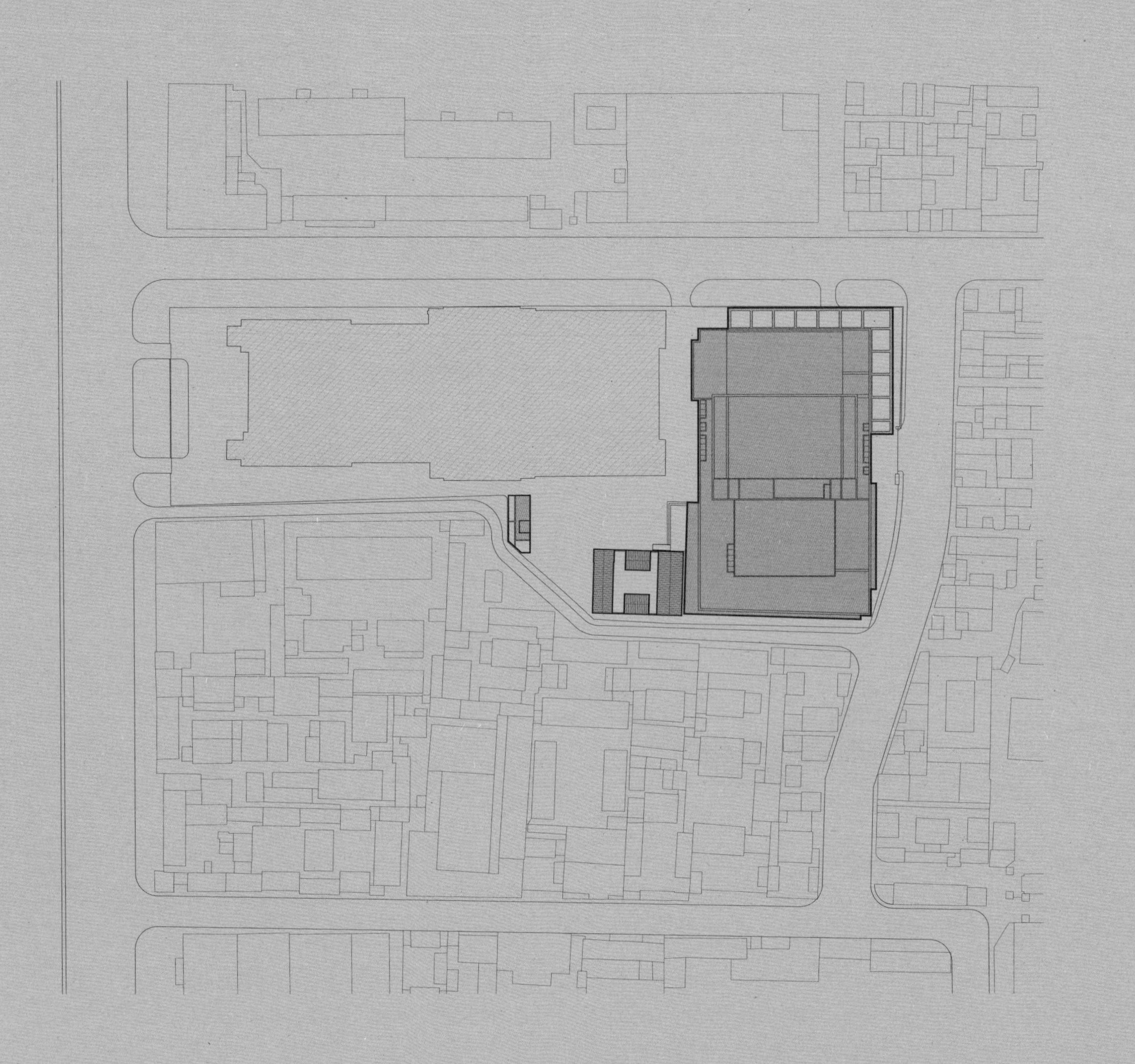

总平面图

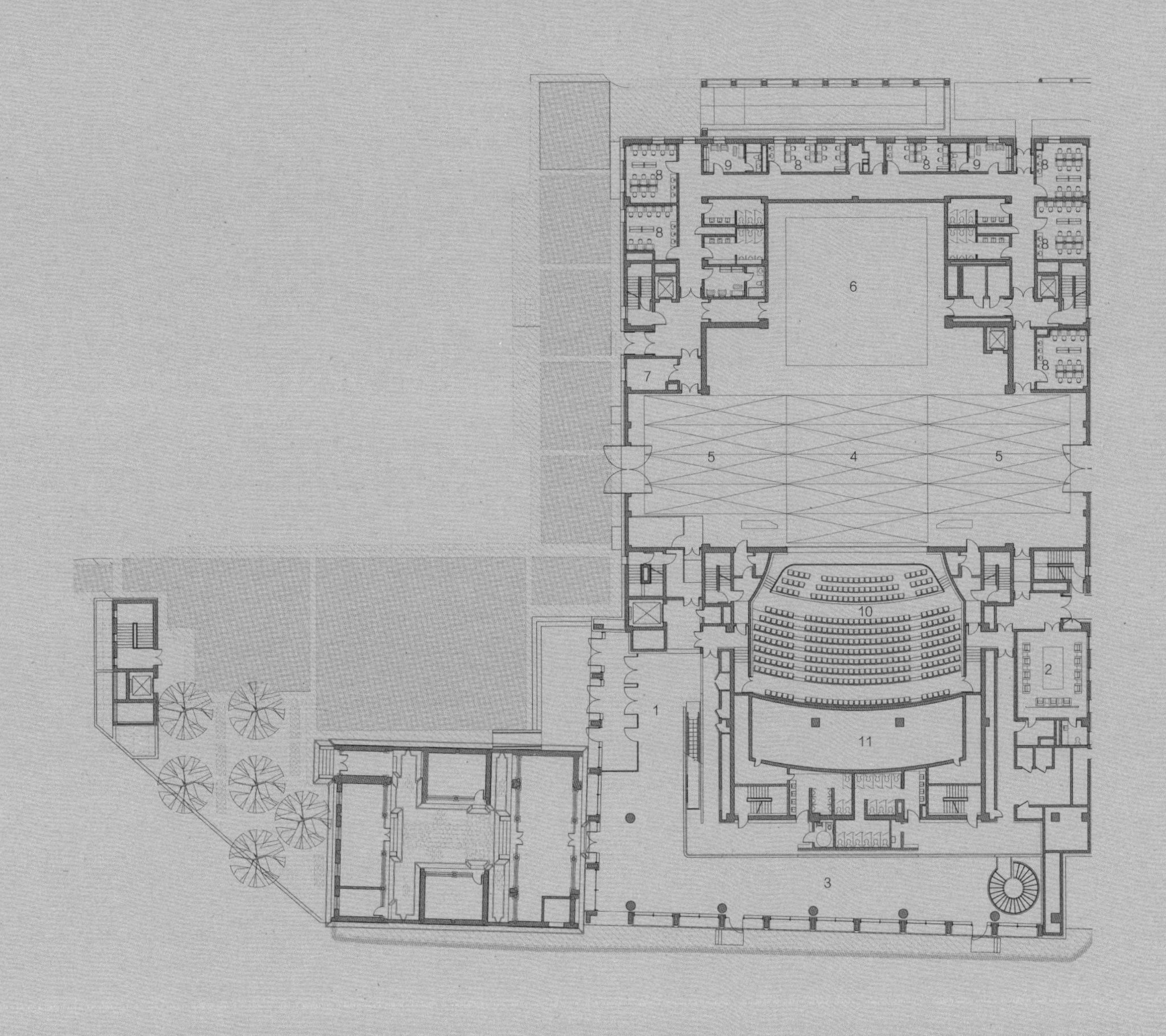

首层平面图

0 2 5 10

1. 门厅　2. 休息厅　3. 贵宾室　4. 主舞台　5. 侧舞台　6. 后舞台　7. 道具间　8. 中化妆间　9. 单人化妆间　10. 大观众厅　11. 静压箱

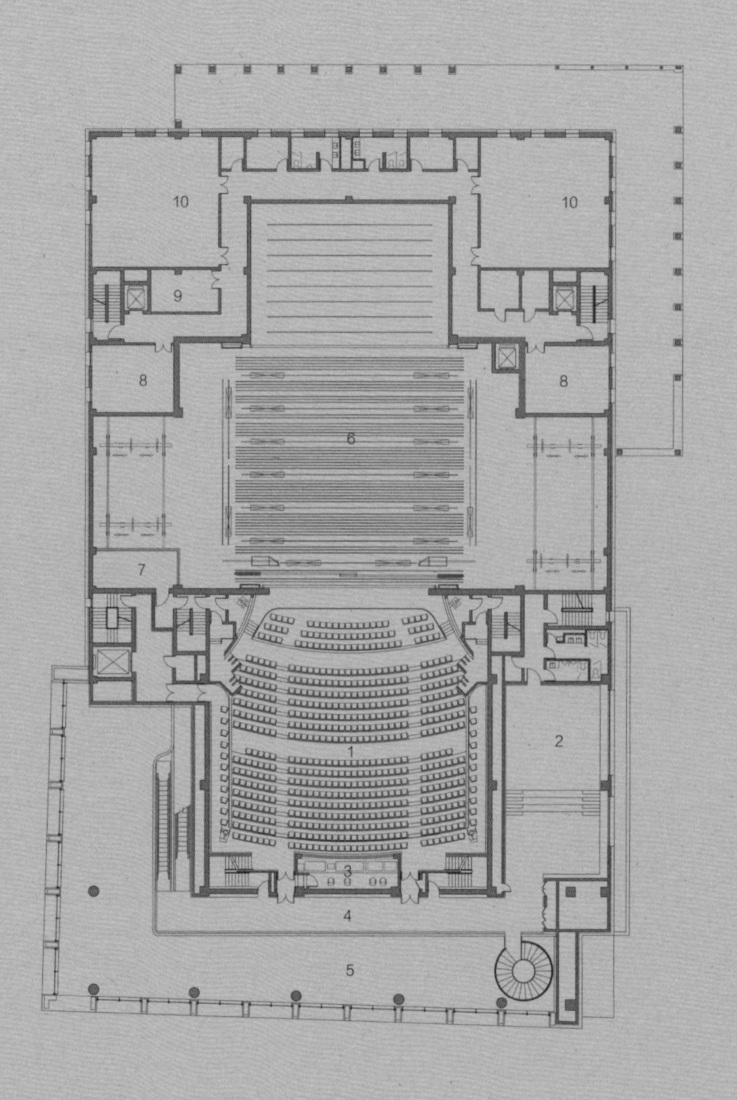

二层平面图

0 2 5 10

1. 大观众厅　2. 戏剧沙龙　3. 声光控制室　4. 休息厅　5. 上空　6. 舞台上空　7. 舞台机械控制室　8. 服装间　9. 道具间　10. 排练厅

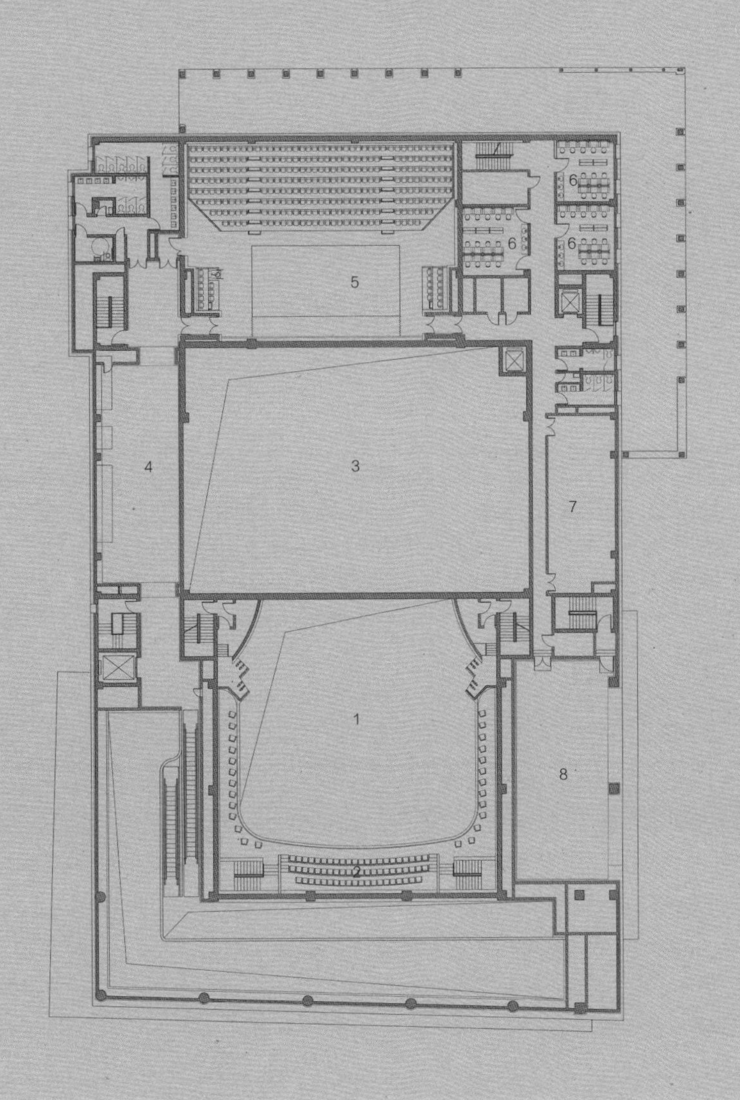

三层平面图

0 2 5 10

1. 大观众厅上空　2. 二层楼座　3. 主舞台上空　4. 展廊　5. 小剧场　6. 化妆间　7. 排练厅　8. 露台

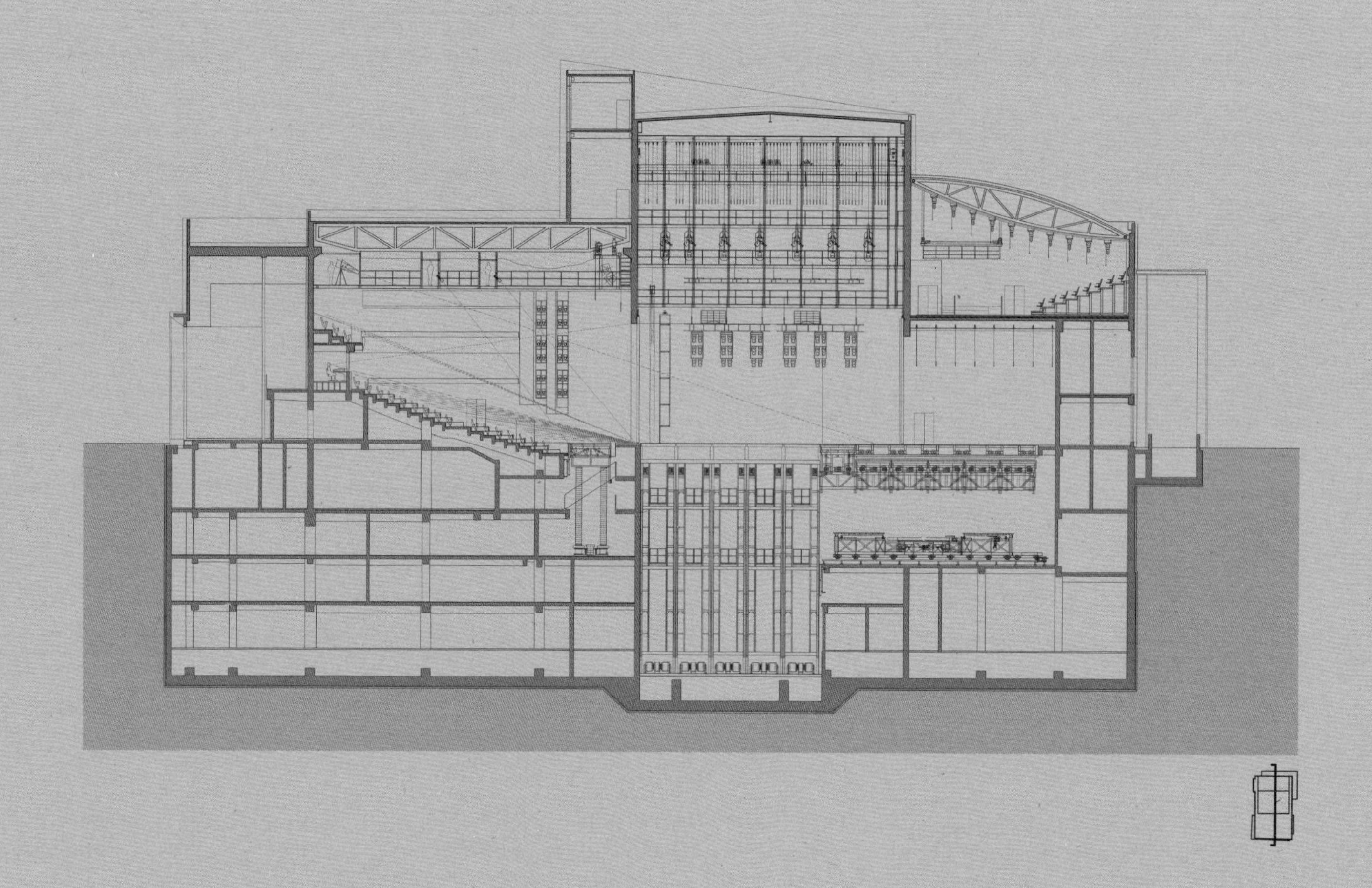

剖面图

0 2 5 10

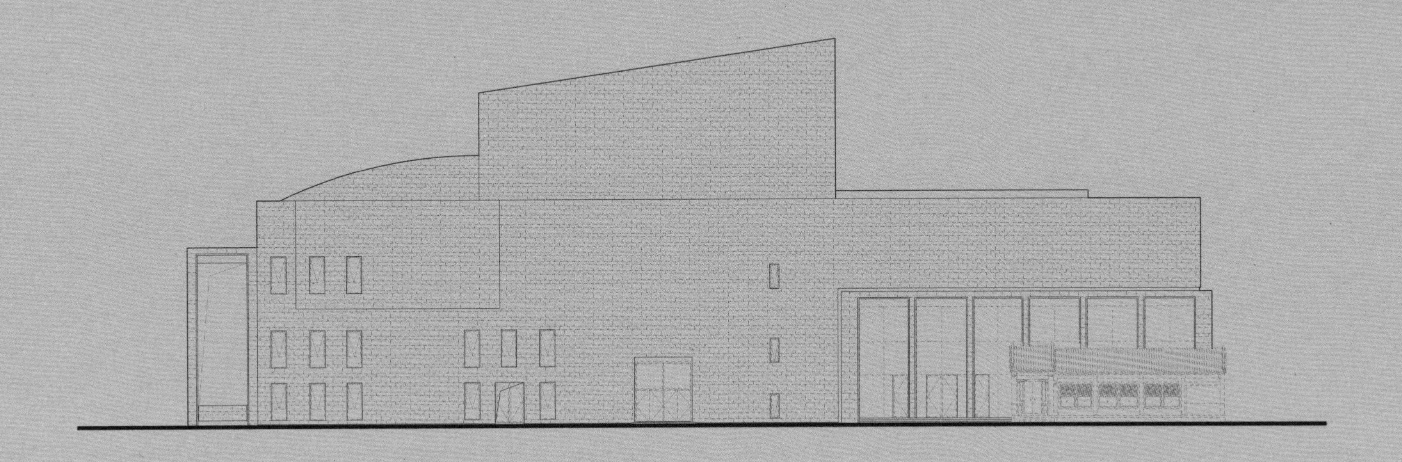

西立面图

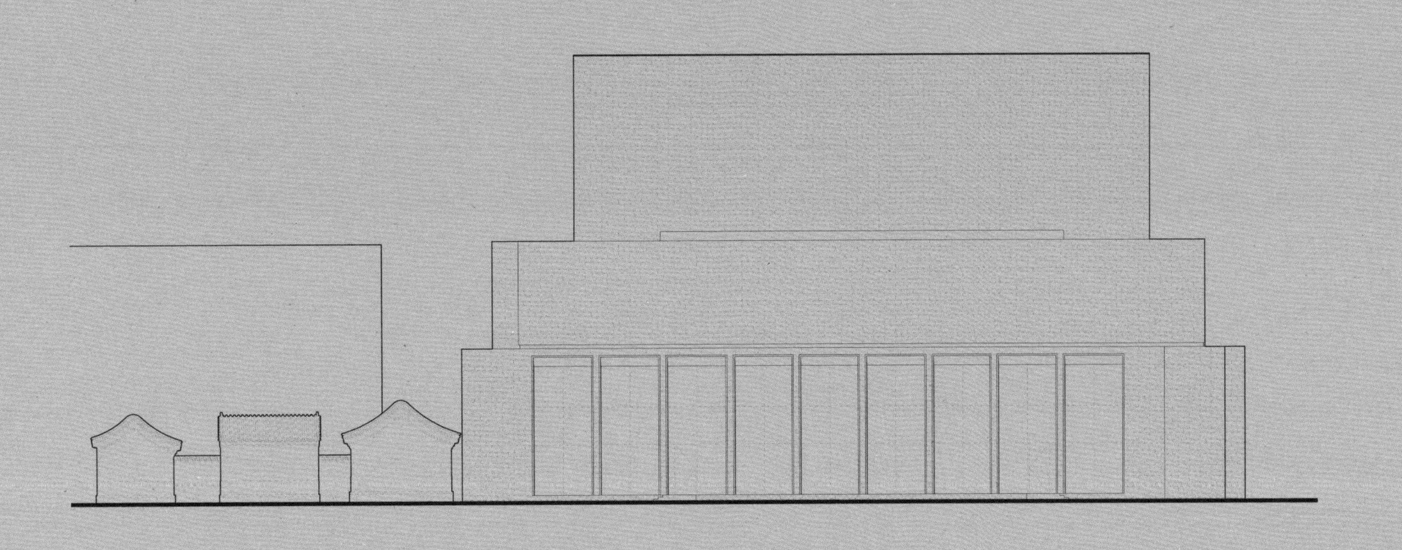

南立面图

0 2 5 10

北京国际戏剧中心
BEIJING INTERNATIONAL THEATRE CENTER

北京国际戏剧中心
BEIJING INTERNATIONAL THEATRE CENTER

国际戏剧中心
BEIJING INTERNATIONAL THEATRE CENTRE

国际戏剧中心
BEIJING INTERNATIONAL TH

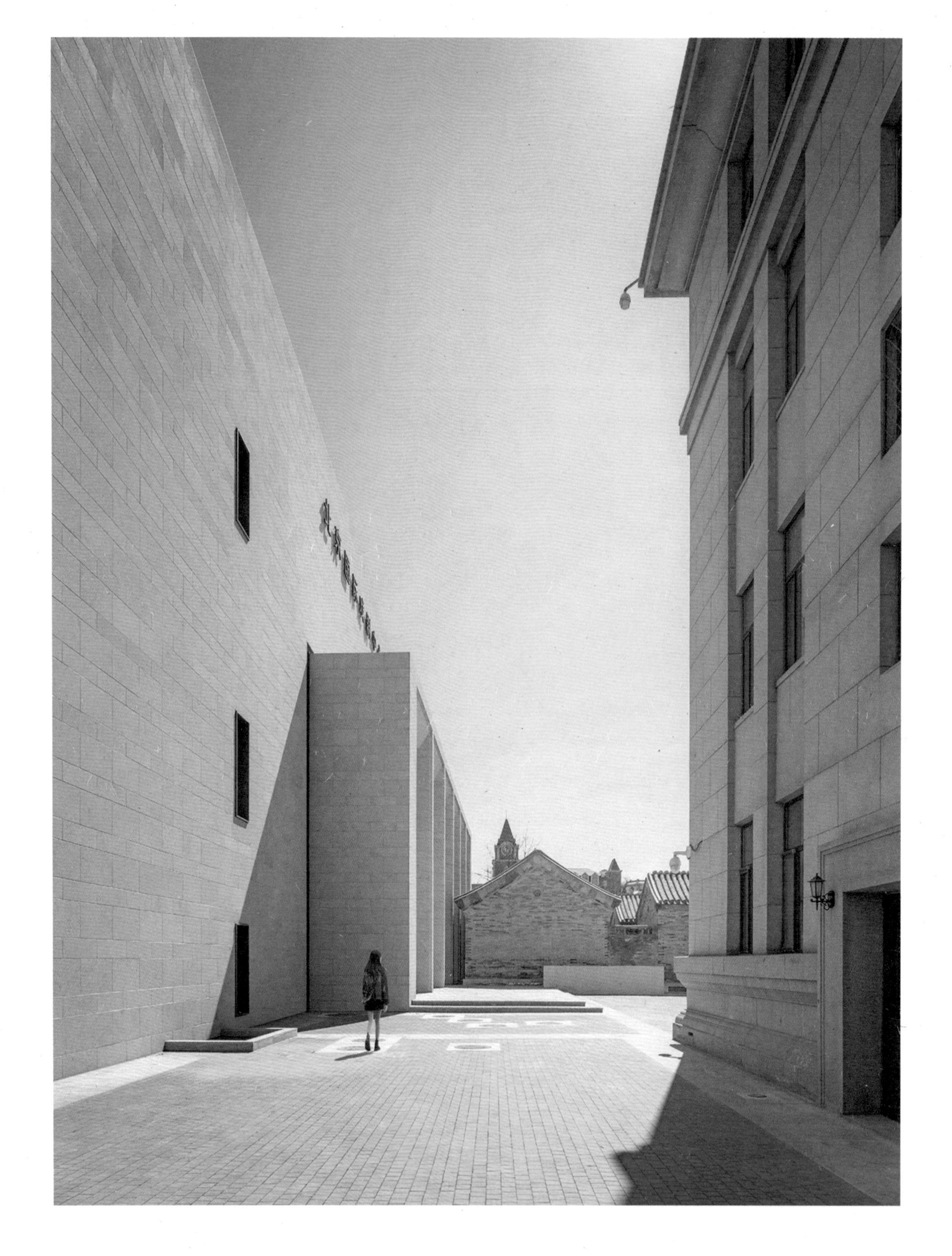

ERNATIONAL THEATRE CENTER

6
防汛沙

北京国际戏剧中心
BEIJING INTERNATIONAL THEATRE CENTER

BEIJING INTERNATIONAL THEATRE CENTER

18 北京未来设计园区－办公楼改造
Beijing Future Design Park-Office Building Renovation

地点：北京市，通州区 | 类型：办公建筑 | 状态：已建成 | 时间：2021 | 用地规模：51700m² | 建筑规模：2989.24m² | 摄影：陈溯、陈向飞

一、概况

项目位于北京市通州区张家湾设计小镇启动区。地块北临广源路，西侧临张凤路，南侧为规划铜牛南街，东侧是规划铜牛东路，形成围绕园区的环路。园区西侧隔张凤路为住宅区，南、北、东侧现状均为工业厂区，风貌较为平淡普通。办公楼位于厂区西侧，南北两侧均为广场，在厂区内位置重要。

办公楼为厂区管理办公用房，改造后作为接待、会议、办公、展示及配套服务用房使用。地上三层，首层设门厅、VIP 接待、会议、展厅、办公配套服务；二层、三层设办公、会议。半室外、室外部分为附属展示空间。

二、韧性方法类型

· 流程保证

· 品质保证

· 功能适变

三、韧性设计方法

· 问题驱动

办公楼改造的设计构思以发现设计问题为出发点，本项目我们主要将设计问题聚焦在：

1）在总图中的地位重要，但功能设定、建筑形象均欠佳。

2）建筑将西侧广场分成两部分。

3）形式缺乏文创产业的气质，缺乏工业遗产的特质。

4）北立面平淡，对其北部的城市广场造成负面影响。

5）韧性能力提升。

针对问题我们提出了改造策略：

1）将原任务书中的功能进行转换。

2）底层部分架空，打通南北广场。

3）增加钢楼梯、栈道，增加工业感，并为使用者提供多义的室外公共空间。

4）在北立面布置一块屏幕，为城市广场提供一个有活力的背景。

· 全面评估

办公楼位于厂区西部，南北两侧均为广场，其位置极其特殊，相当于坐落在广场中央的一栋建筑。改造前，北广场为临时停车场，广场东侧有两排法桐树阵。南广场被园区主入口道路分成南北两部分，南部是绿化，中间有铜牛雕塑一座，北侧是办公楼的前广场。

办公楼在厂区内与厂房相比风格独特，建筑模仿“白色派”风格，南侧有一些廊架。但建筑本身内部空间平淡，层高低，设施较陈旧。

· 功能转换

任务书要求办公楼改造后功能不变，但我们通过踏勘现场、了解区域规划，认为办公楼位置重要，应为其重新定位。因此我们将办公楼的功能转化为集会议、办公、展览、交流为一体的复合型建筑，为将来举办各种文化活动提供多种可能性。

· 混合功能

为了提升建筑韧性能力，建筑的单一功能被转化成复合功能。

· 边界形态

为了让办公楼改造后与周边景观环境充分融合，我们将建筑的所有围护结构拆除，重新设置新的围护结构，加大廊架在建筑中的比例，并通过局部底层架空增设楼梯、电梯、栈道，使建筑与景观环境之间的限复杂多变，模糊了建筑与景观的边界。

· 景观驱动

基于办公楼在厂区内的独特位置和功能设定，们将办公楼定位为一个在景观中的类景观建筑。保原建筑南侧廊架的空间特征，并将其适度扩大，在架中种植落叶乔木，二层、三层增加屋顶平台并植绿植，让绿化和建筑充分融合。同时在建筑南侧增钢楼梯和栈道，增加游戏性。

· 几何逻辑

在原建筑的基础上，我们将建筑的基础几何体改造成正交的方形构架，建筑物采用加法的手法，立方体插入方形构架中。栈道和钢梯被作为第三种何体附加在主体建筑上。

· 空间完整

空间完整性作为我们另一个基本遵循，一直贯在办公楼改造的所有设计过程中。在建筑的主要空中结构、机电专业的构件和设备被全面控制，严格免上述构件和设备破坏空间完整性。

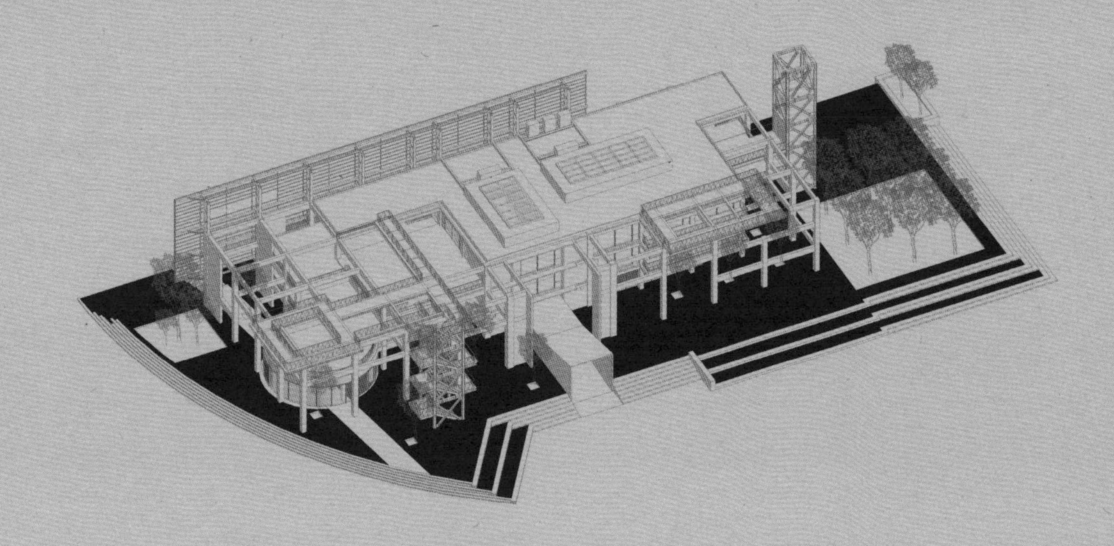

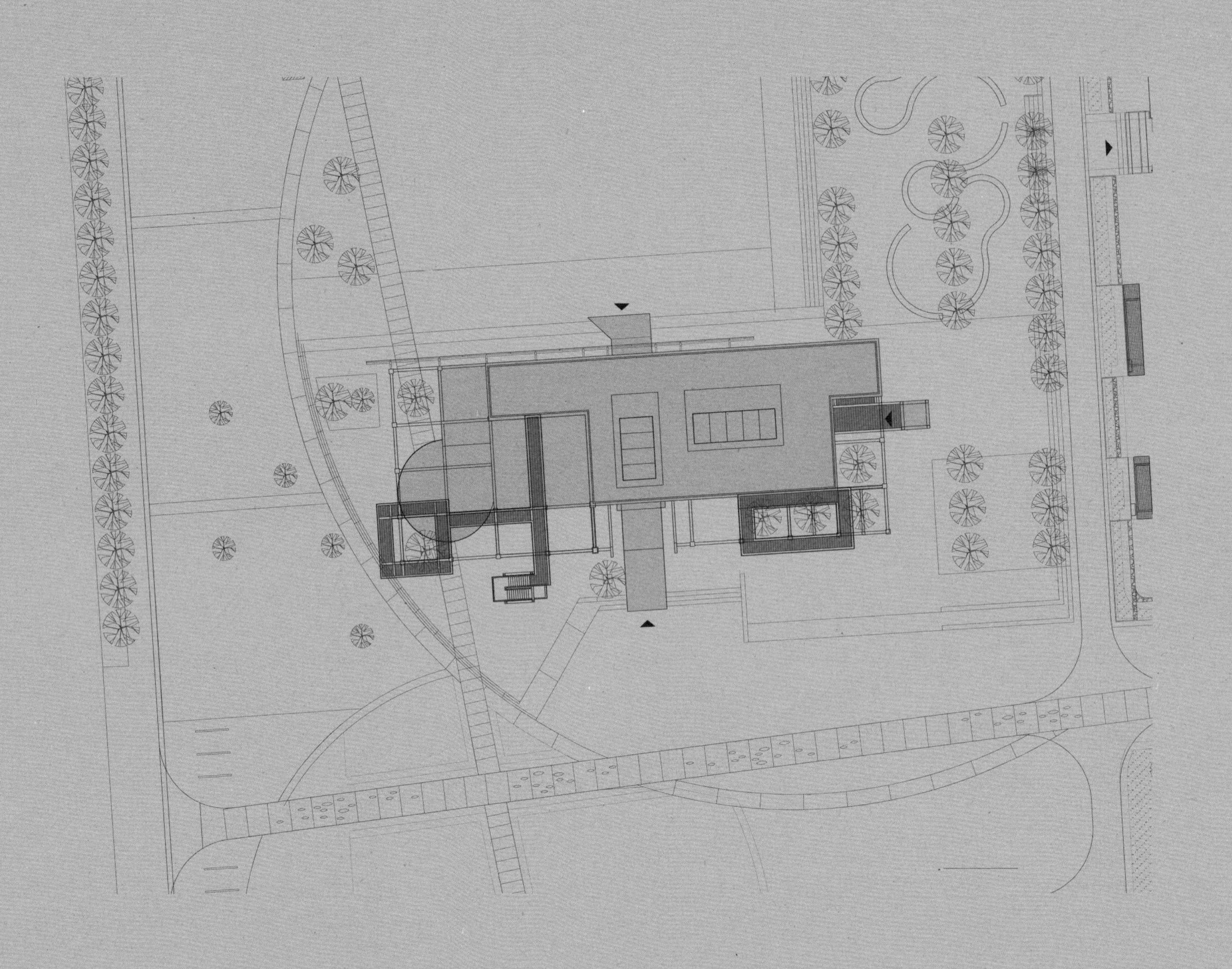

总平面图

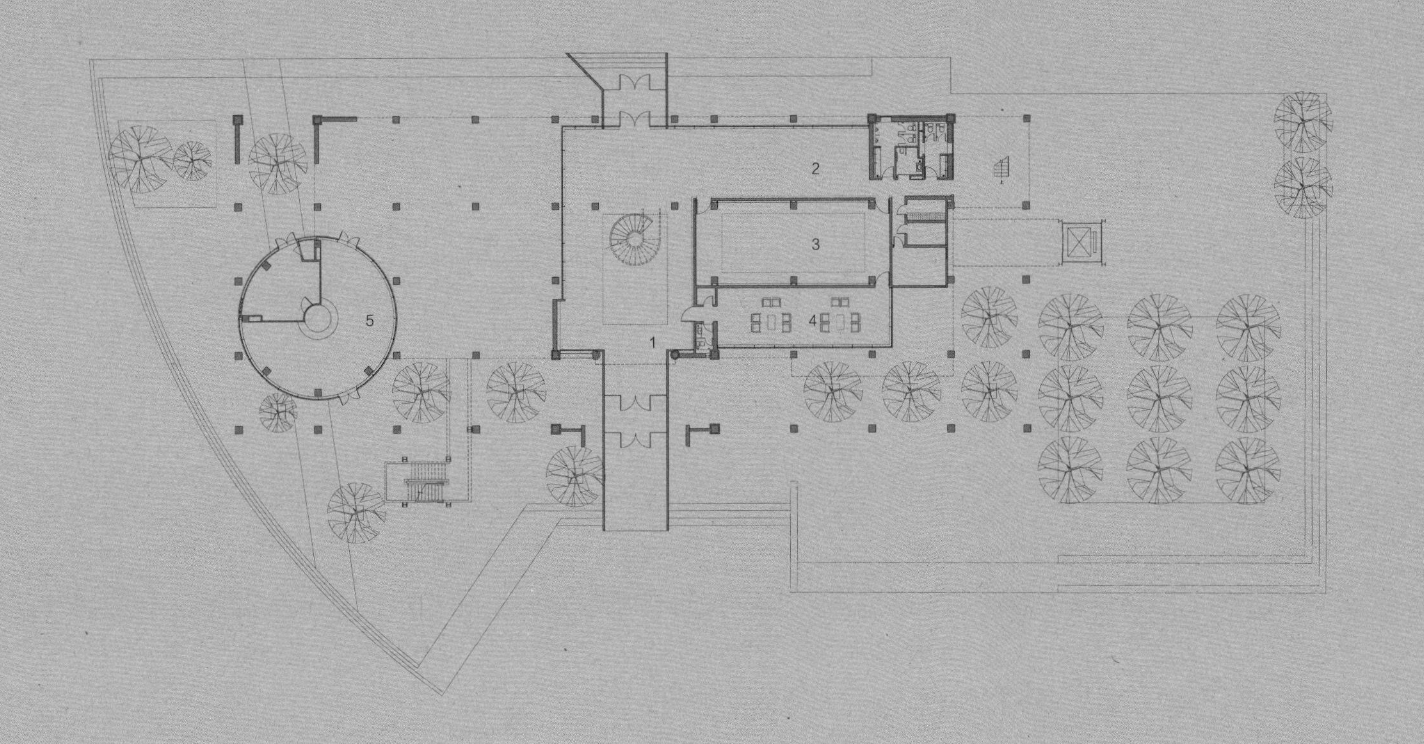

首层平面图

0 2.5 5 10

1. 门厅　2. 展厅　3. 会议　4. 接待　5. 配套服务

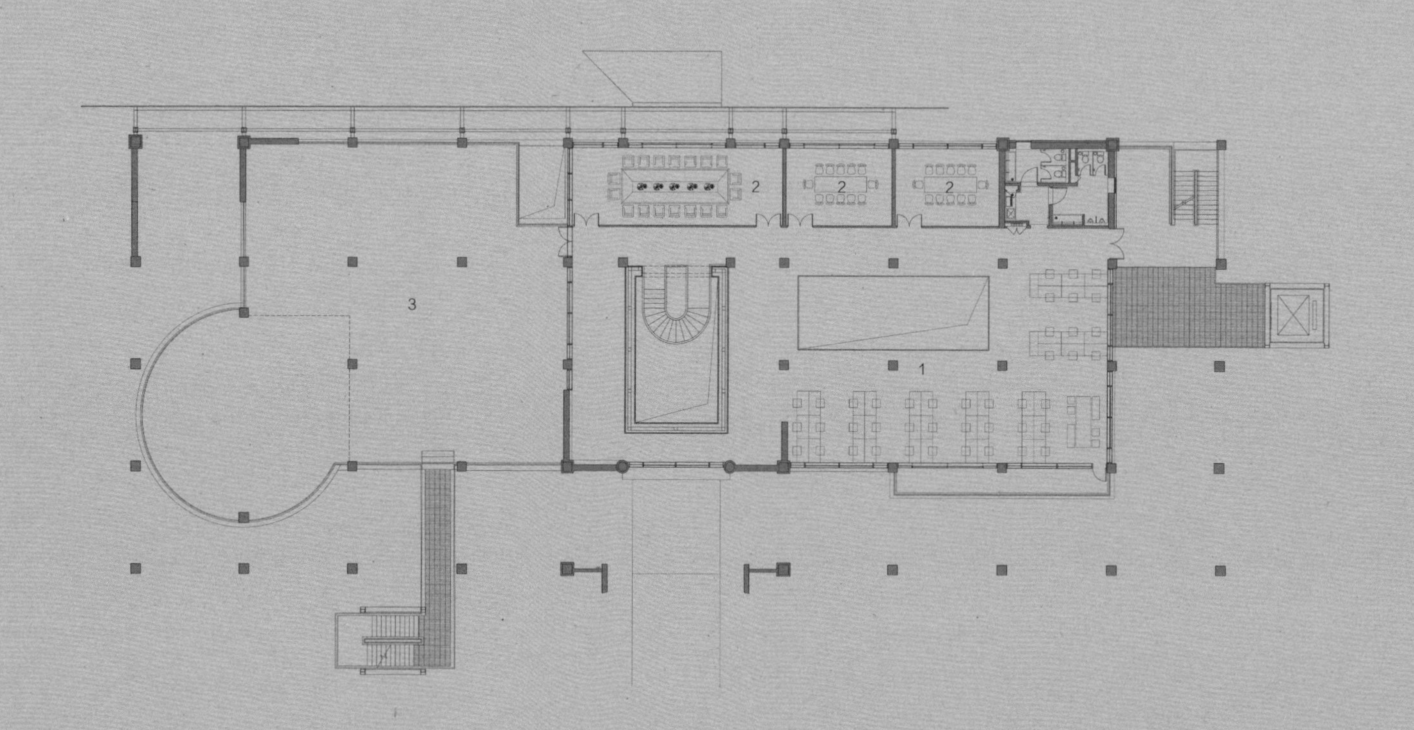

二层平面图

0 2.5 5 10

1. 办公 2. 会议 3. 露台

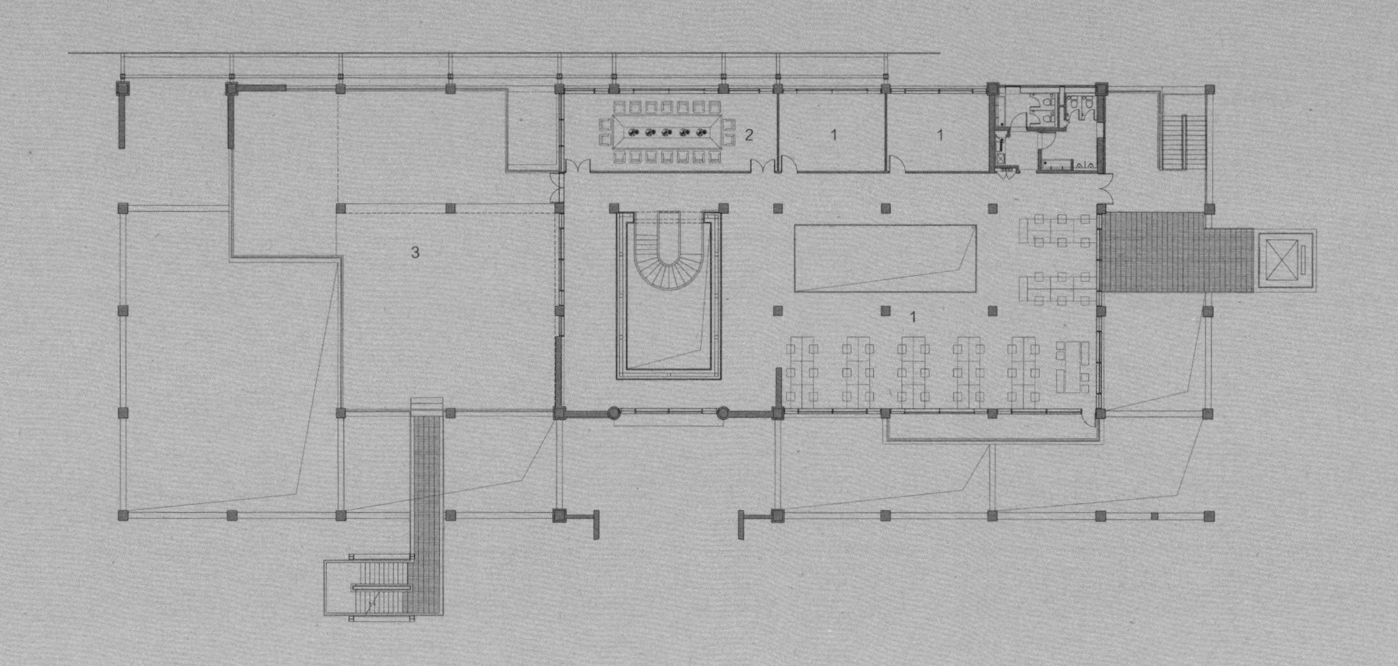

三层平面图

1. 办公　2. 会议　3. 露台

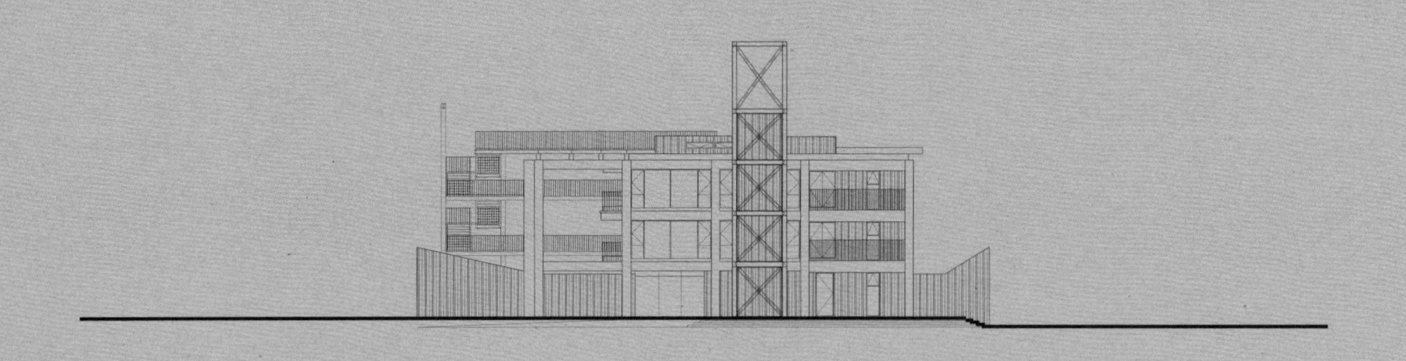

西立面图

0 2.5 5 10

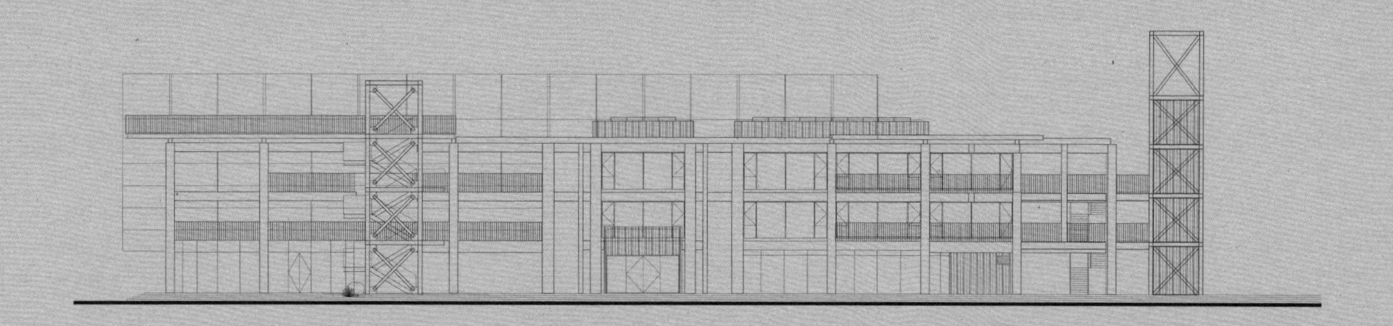

南立面图

0 2.5 5 10

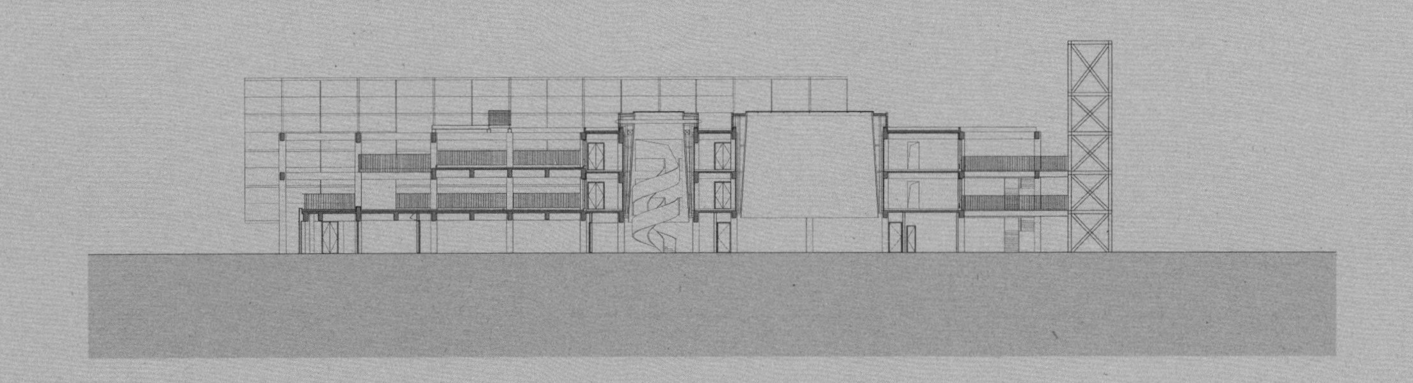

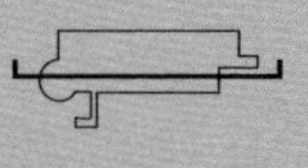

剖面图

0 2.5 5 10

改造前

改造前

19 北京未来设计园区－成衣车间改造
Beijing Future Design Park-Garment Workshop Renovation

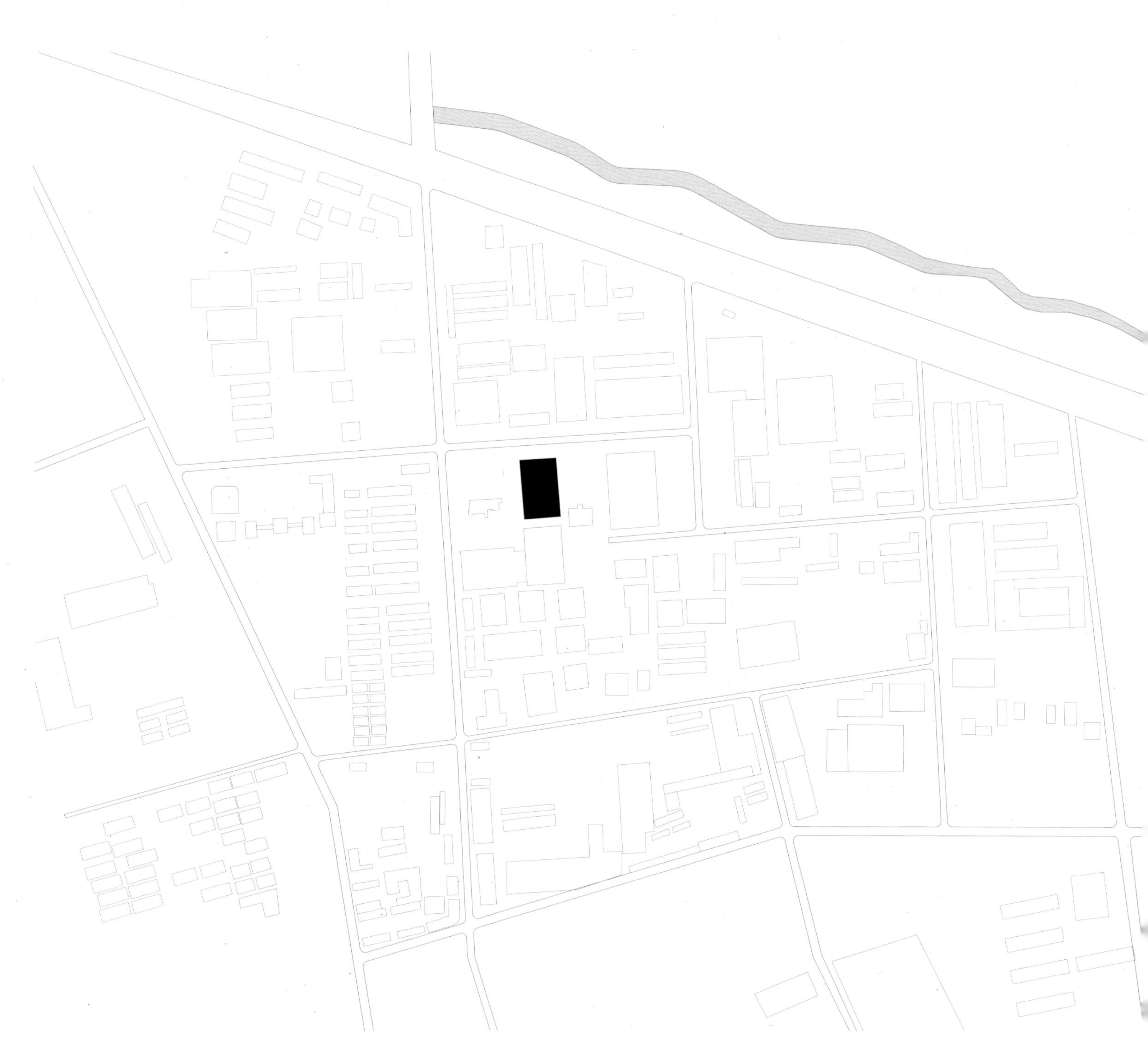

地点：北京市，通州区 | 类型：建筑改造 | 状态：已建成 | 时间：2021 | 用地规模：51700m² | 建筑规模：8312.70m² | 摄影：陈溯、陈向飞

一、概况

北京未来设计园区（铜牛地块老旧厂房改造项目一期）位于北京市通州区张家湾设计小镇。园区西侧隔张凤路为住宅区，南、北、东侧现状均为工业厂区，风貌较为平淡普通。成衣车间位于厂区北侧中部，西侧为广场和办公楼，南侧为染印车间厂房，东侧为宿舍楼、停车场以及食堂。

园区西侧为上位规划城市绿脉，东侧为城市创新活力轴。厂区现状结构比较清晰，由建筑围合出数个大小不一的空场，存在不错的设计基础。但厂区现状建筑形式平淡，体型比例不佳，形象无现代感和工业感，结构安全性一般，现状地基差。

园区原为北京铜牛集团有限公司生产厂区，厂区内的建筑多数竣工于 2003 年，主要功能为生产厂房。改造后聚焦设计产业前段研发与创新，融入集合创研工作室、大师工作室、设计交流与展示功能，并增加园区的宿舍配套功能，塑造全新的设计企业生态圈。一期改造范围包括办公楼、成衣车间及食堂三栋建筑。

改造后成衣车间的功能为办公、会议、展示等。

二、韧性方法类型

· 流程保证

· 品质保证

· 功能适变

三、韧性设计方法

· 问题驱动

设计构思以发现问题为出发点，本项目我们主要将设计问题聚焦如下：

1）保留单一大空间和消防、功能用房布置之间的矛盾；

2）简易工业建筑立面与体现工业风的要求之间的矛盾；

3）大空间与空间分隔；

4）设计、施工时限对设计的不利影响。

根据上述问题我们提出了应对的设计策略：

1）将新增加的辅助功能用房、空调室外机、空调主管布置在主厂房的东西外墙外侧，从而保证厂房大空间的完整。把厂房中间的一跨打开，形成两个花园并借此实现了防火分区。

2）将南侧原两层办公楼拆除，在南北山墙上形成两个入口门廊，让被遮挡的双坡排架结构显露出来，突出厂房的建筑特征。在屋脊上增加天窗，为室内提供充足的采光，同时强化了工业风。位于东西两侧的新加建的辅助用房和空调室外机、管线采用工业设施的设计手法。

3）利用防火分区和中央街的设置，将单一大空间分成四个象限，在四个象限的核心布置四个中心区，从而形成大空间中的空间划分。

4）简化设计，尽量不进行结构整体加固，节省造价和时间。

5）韧性能力提升。

· 全面评估

在改造前我们对成衣车间的建筑和周边的环境进行了全面评估。成衣车间建于 2003 年，主厂房为单层排架厂房，南侧为两层钢结构办公楼。车间屋顶有条型天窗。主体结构经鉴定为 B_{su} 级，地基极差，结构需要局部加固。屋顶和外墙为彩钢板，需要彻底更新。

成衣车间为厂区内占地最大的建筑，西侧临城市广场，北侧临市政路和园区车行入口，东侧临内部路，南侧临车间。厂区内有较多空地，建筑低矮，环境改造有较大潜力。

建筑本体除单一大空间外，无特色。

· 混合功能

为了提升建筑的韧性能力，建筑从单一的办公功能转化为集办公、会议、展示、智能建造、节目录制为一体的综合体。

· 景观驱动

花园办公是成衣车间设计的主要设想之一。由于厂房本身空间大，所以实现花园办公的方法主要集中在室内。首先我们把厂房空间最高的屋脊下方打造成中央街，在中央街种植各种绿植，同时利用入口、办公区隔断布置垂直绿化。在集装箱办公室屋顶布置绿化。通过一系列的绿化手法，为室内营造一个绿色盎然的办公空间。

· 积极立面

厂区内部虽然有较多的空地，但大多不适于人员聚集。在园区中打造积极的公共空间是设计的重要内容。为了形成积极的公共空间，我们首先必须处理好公共空间周边建筑的立面。为此我们尽量将原来厂房封闭的立面打开，在临近公共空间的建筑内部多布置公共服务设施，并通过露台、建筑构件在公共空间和建筑之间形成一个宜人的过渡空间，吸引办公室内的人使用这个空间，增加公共空间的活力。

· 绿色驱动

利用新技术、新材料，打造绿色可持续的示范项目结合园区现状场地记忆及海绵雨水调蓄设施，营造一个健康、功能齐全、便利、生态的景观化海绵城市设计园区，利用城市公共信息发布、城市公共数据共享、智慧喷雾、交互显示等打造智慧共享的城市建筑。

· 几何逻辑

本项目在体型处理上突出各几合体块之间的和谐关系。首先我们在南北主入口设计上采用与厂房主体相同的两坡排架，延续了主空间的几何形式，另外通过屋脊上增设的双坡玻璃天窗强化了厂房主体型的优势。东西两侧增加的附属设施，采用多个长方体相似型嵌入钢桁架的设计手法，取得了整体和谐又富有变化的效果。

· 空间完整

空间的完整性是我们设计过程中始终遵循的原则在建筑主要空间中结构、机电专业的构件和设备被全面控制，严格避免上述构件和设备破坏空间完整性。

成衣车间将设备用房和卫生间等设置在厂房东西两侧的集装箱里，室内空间完整，可以自由划分，具有通用性、灵活性；通过设置室外设备廊架、地下土建管沟、采用天窗自然排烟等方式减少空间中露明的设备管线；对于必须外露的管线桥架和设备末端通过BIM 技术进行分区综合排布，呈现整齐有序的视觉效果；在中央街两侧设置圆柱形空调送风柱，外表面采用锈蚀钢板，既满足功能，又营造出工业感。

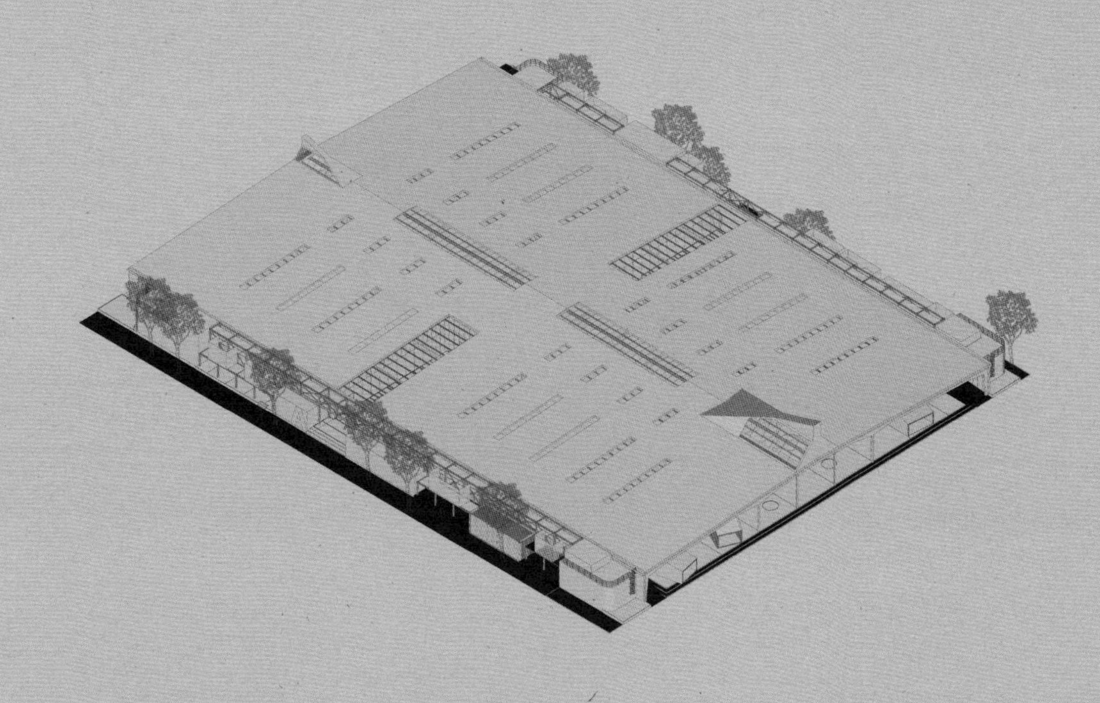

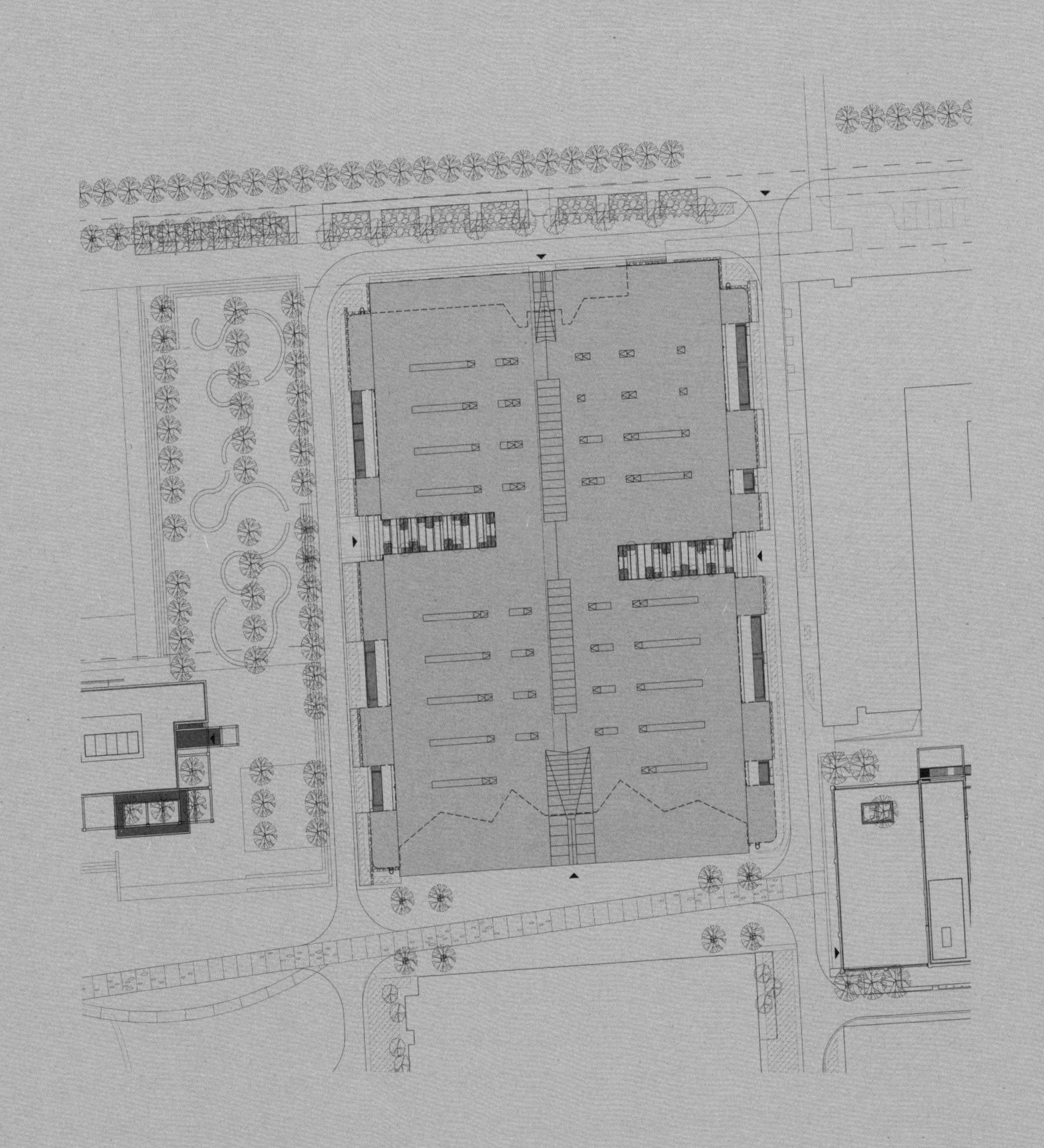

总平面图

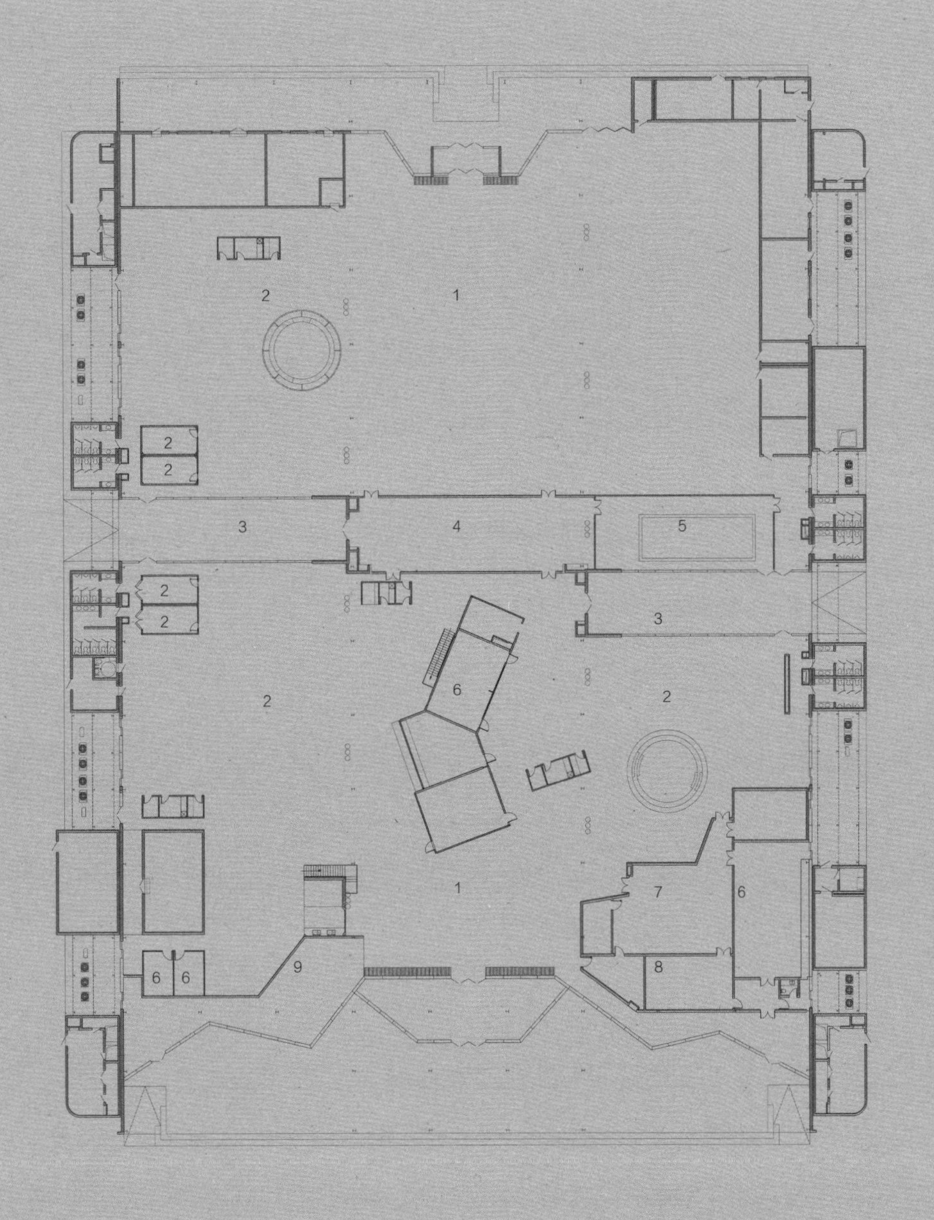

首层平面图

0 2.5 5 10

1. 中央街　2. 办公区　3. 室外庭院　4. 休息区　5. 健身区　6. 会议　7. 展示区　8.VIP　9. 咖啡

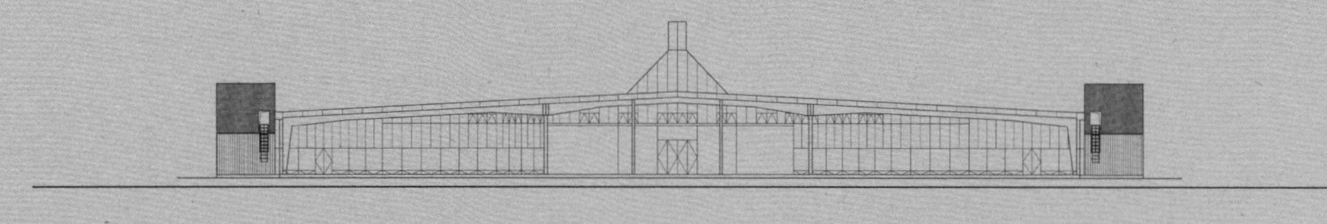

南立面图

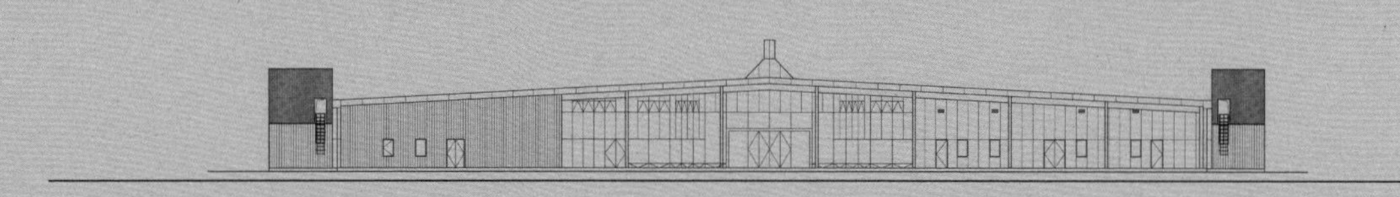

北立面图

西立面图

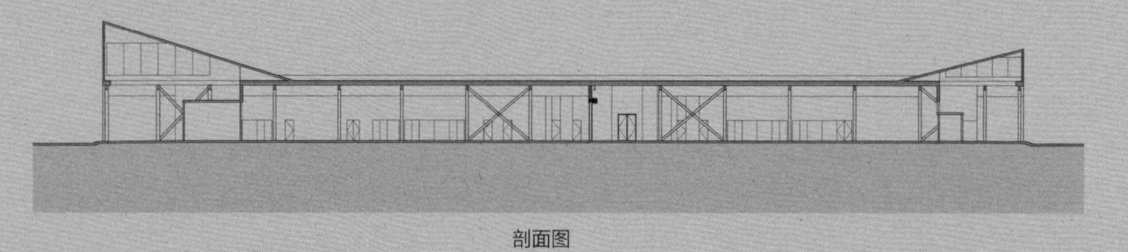

剖面图

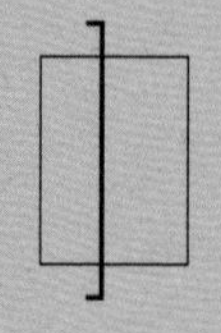

0 2.5 5 10

改造前

改造前

K-01 登机口

改造前

设计要面向未来，用抱科技，融入

20 北京未来设计园区 – 食堂改造

Beijing Future Design Park–Canteen Renovation

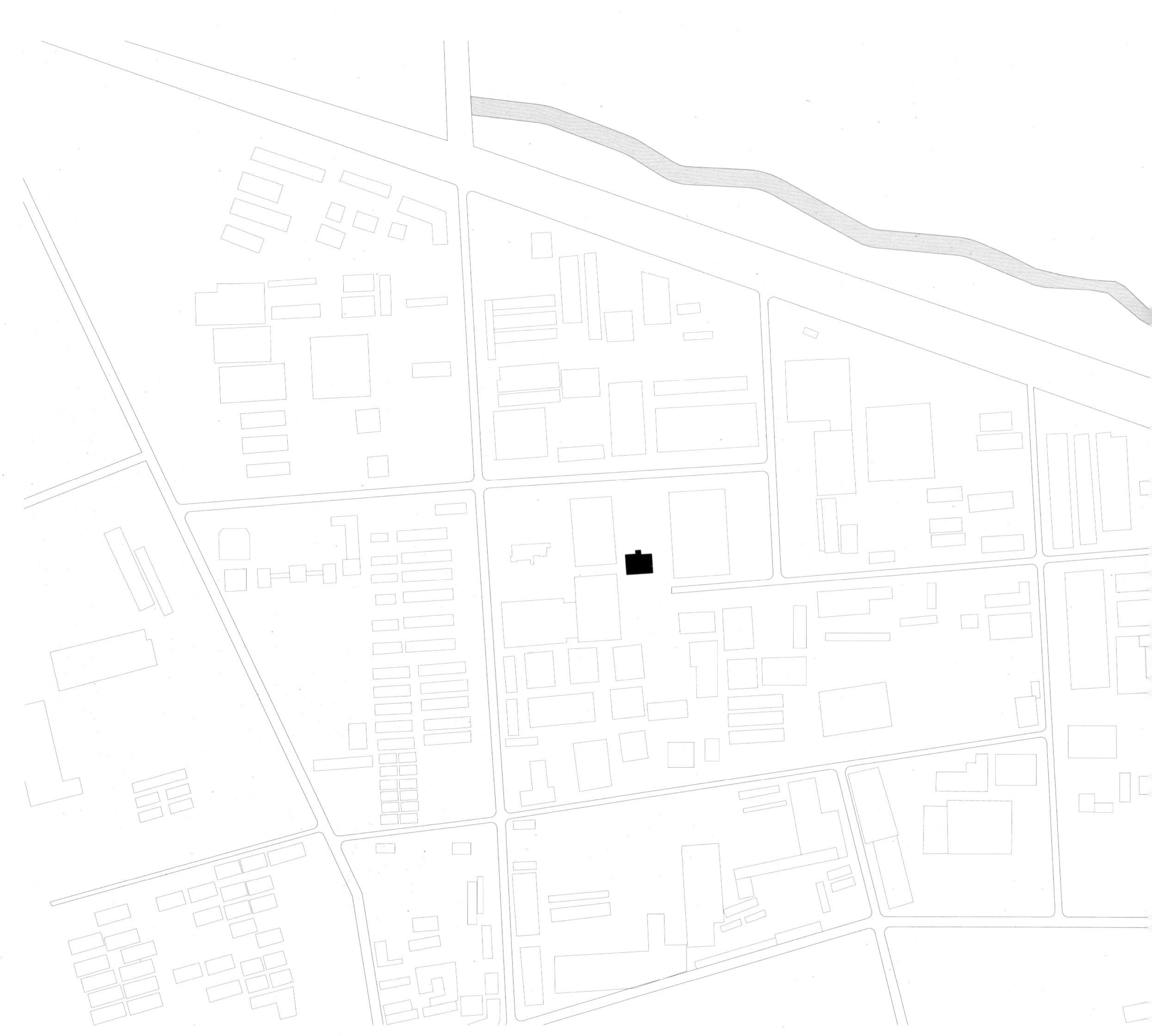

地点：北京市，通州区 | 类型：办公建筑 | 状态：已建成 | 时间：2021 | 用地规模：51700m^2 | 建筑规模：1659.57m^2 | 摄影：陈溯、陈向飞

一、概况

项目位于北京市通州区张家湾设计小镇启动区。地块北临广源路，西侧临张凤路，南侧为规划铜牛南街，东侧是规划铜牛东路，形成围绕园区的环路。园区西侧隔张凤路为住宅区，南、北、东侧现状均为工业厂区，风貌较为平淡普通。园区占地 7 公顷，平面近似正方形，用地平整。现状园区内空地多，空间结构相对完整，含有部分工业遗存，如烟囱；建筑形式平淡，单体建筑较低矮，结构安全性一般，地基差。

食堂原建筑为北京铜牛集团有限公司生产厂区的食堂和职工浴室及部分后勤用房。改造后食堂仍作为食堂使用。地上两层，首层南侧为餐厅及厨房，北侧拆除原建筑转变为半室外空间，沟通东西广场群；二层设包间。

二、韧性方法类型

· 流程保证

· 品质保证

· 功能适变

三、韧性设计方法

· 问题驱动

食堂改造的设计构思以发现设计问题为出发点，本项目我们主要将设计问题聚焦在：

1）未来规划对建筑的要求和现实之间的矛盾；

2）造型平淡；

3）东侧功能消极；

4）缺乏工业感；

5）韧性能力提升。

针对问题我们提出了改造策略：

1）将餐厅改造成园区东侧的门户空间。

将北侧的部分建筑拆除，部分屋顶取消，形成园区东侧的入口空间，在此空间中布置绿植和艺术品。

2）增加上屋顶的楼梯和栈道，增加游戏性和登高观望的功能。

3）保留拆改后结构的原始状态，增加工业感。

· 全面评估

食堂位于园区东侧，建筑东面是园区围墙，外面紧邻其他厂区，左侧临公寓前广场，目前为停车场，南侧和西侧临车间。根据上位规划，园区东墙外将设置小镇的主要人行公共空间。

食堂建筑本体平面方正，造型和立面平淡，无特色。

· 功能转换

食堂在总图中位置重要，位于西侧城市绿脉和东侧创新活力轴之间，我们希望通过对食堂改造，打通东西两轴，在满足基本的食堂功能基础上，将其打造成立体共享广场，实现景观上的交互互动。因此我们将建筑原来单一的功能进行了转换，把功能定位为食堂和园区门户公共空间。

· 景观驱动

食堂位于整个园区东侧，坐落在西侧城市绿脉和东侧创新活力轴之间，我们在设计之初采用了和办公楼改造相同的策略，以景观设计带动建筑改造，通过对食堂底层架空，并设置立体广场和立体绿化，本项目实现了东西方向的视线通廊和共享交互。

· 积极立面

为了将园区打造成富有活力的社区，我们根据园区内已有空间的特征，将园区的公共空间定义为广场群，紧邻公共空间的建筑要求立面开放、功能互动。食堂在建筑的东、西、北三面均采用落地玻璃立面，内部功能全部是室内公共空间。

· 几何逻辑

在食堂的改造设计中，我们采取了与办公楼相同的几何操作手法。首先将原围护结构拆除，同时植入新的立方体，临北侧灰空间的建筑外墙转变为折线。新建钢梯和屋顶栈道、外挑钢梁作为第三种几何语言被附加到建筑主体上。

· 空间完整

空间的完整性作为我们另一个基本遵循，一直贯穿在食堂改造的所有设计过程中。在建筑的主要空间中结构、机电专业的构件和设备被全面控制，严格避免上述构件和设备破坏空间完整性。

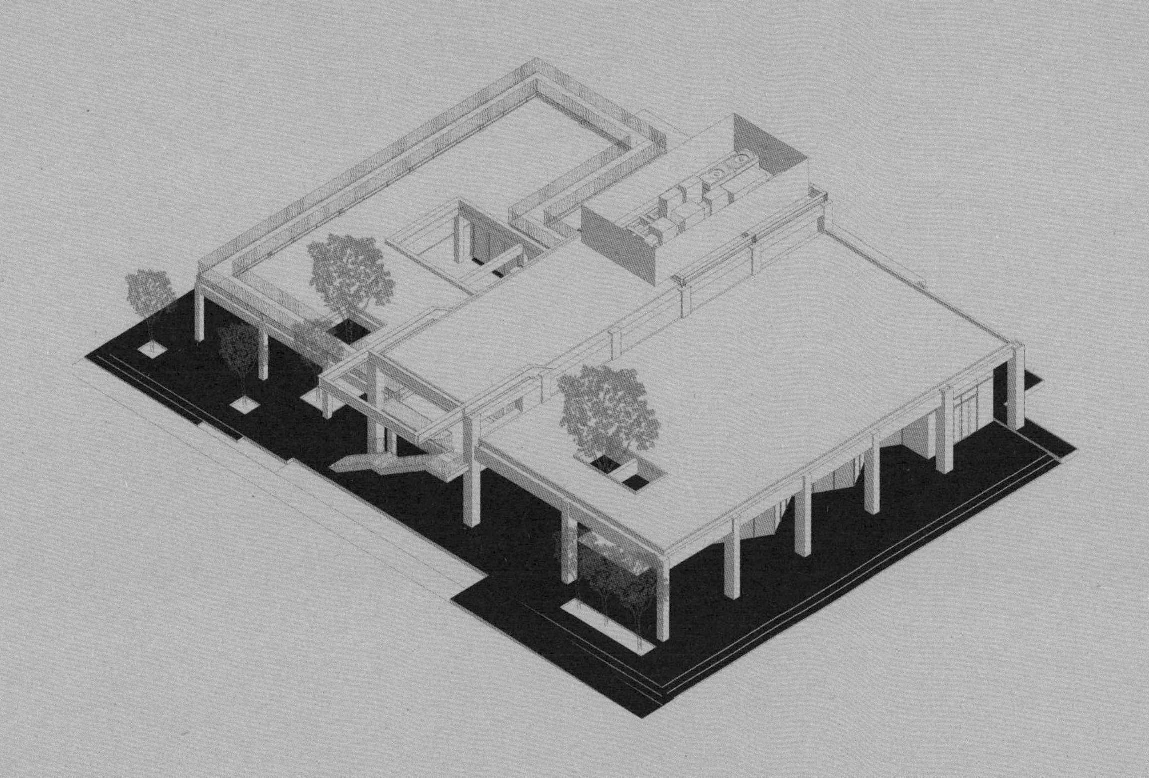

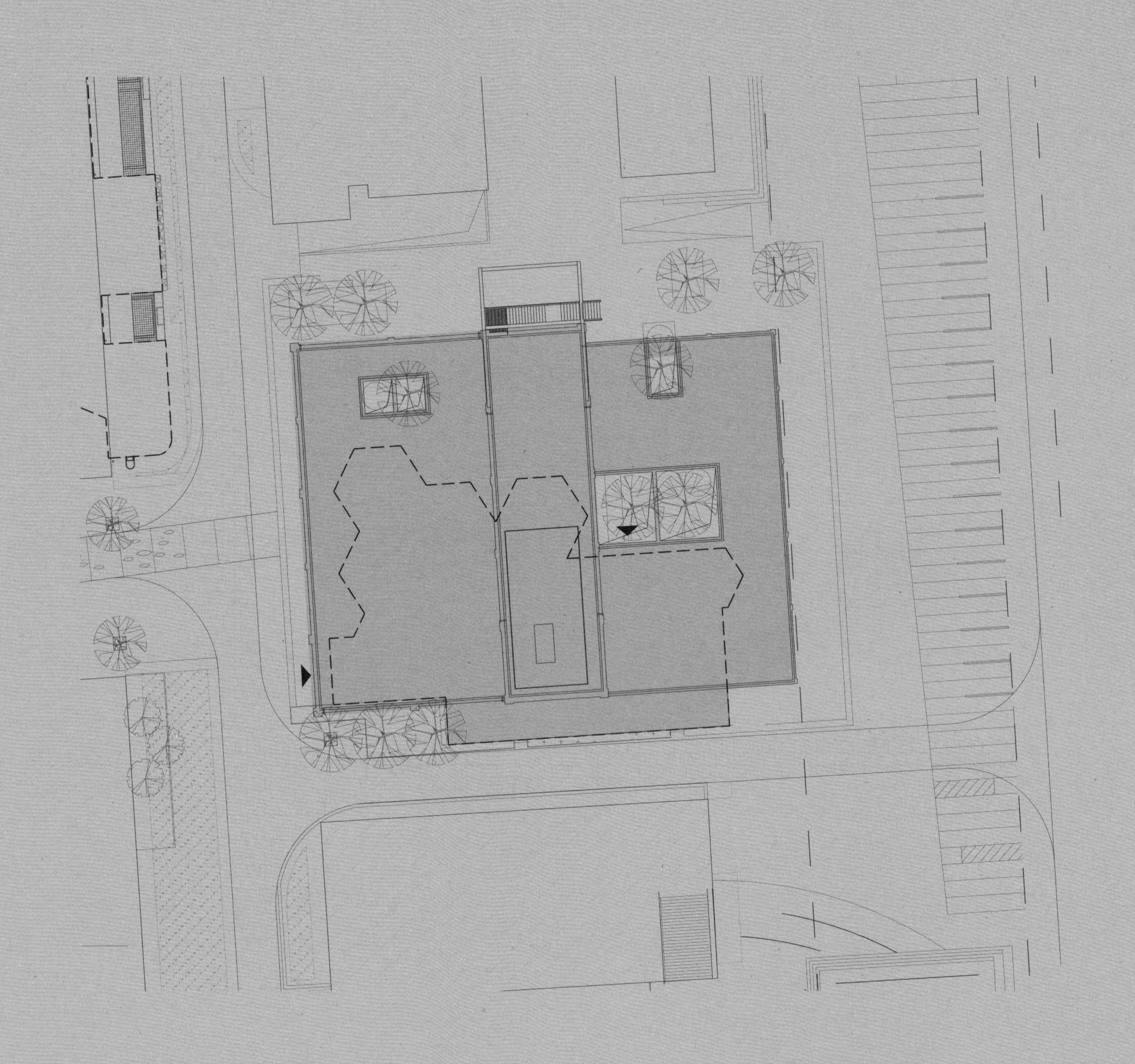

总平面图

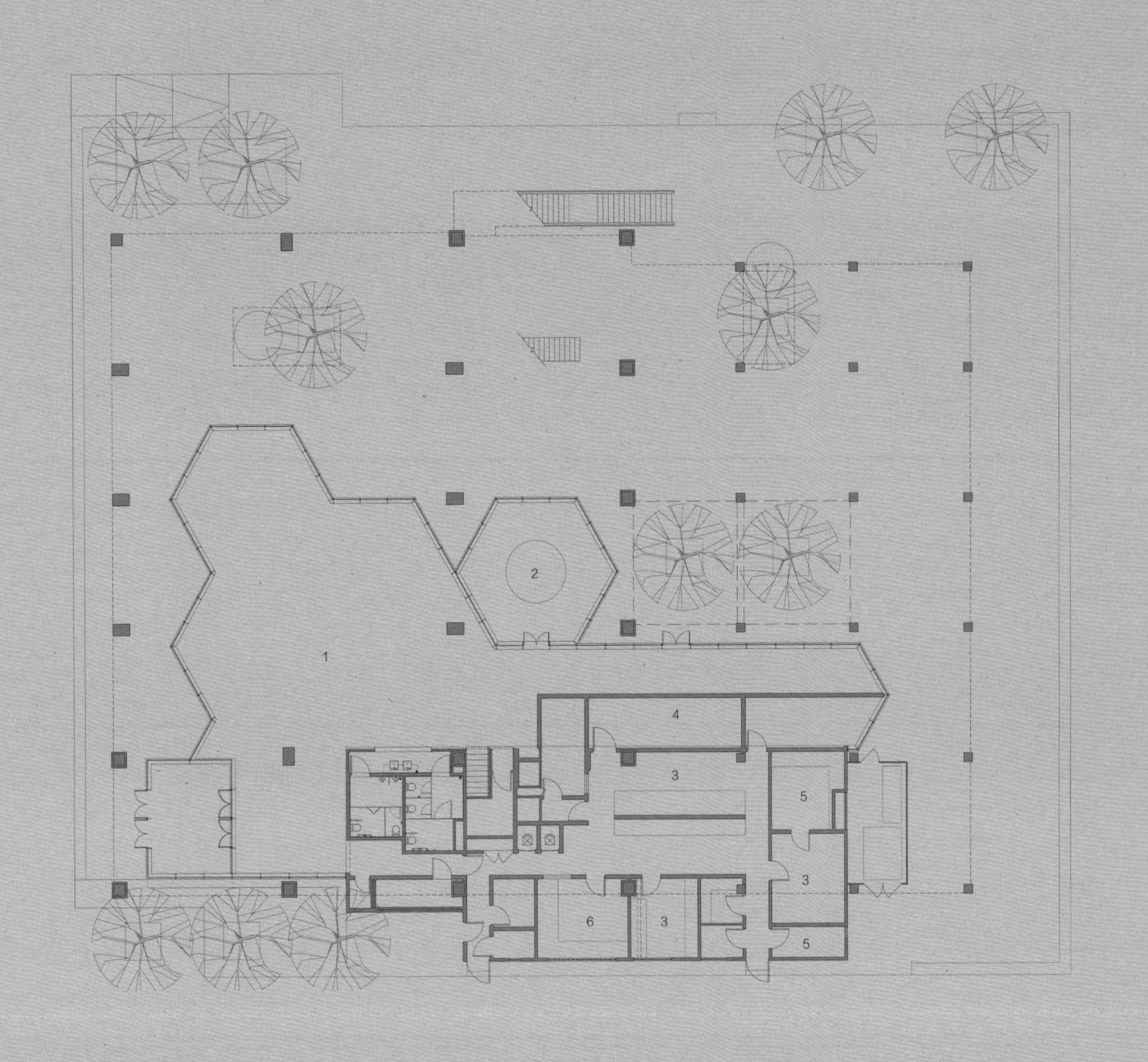

首层平面图

1. 餐厅　2. 包间　3. 加工间　4. 售卖　5. 库房　6. 洗碗间

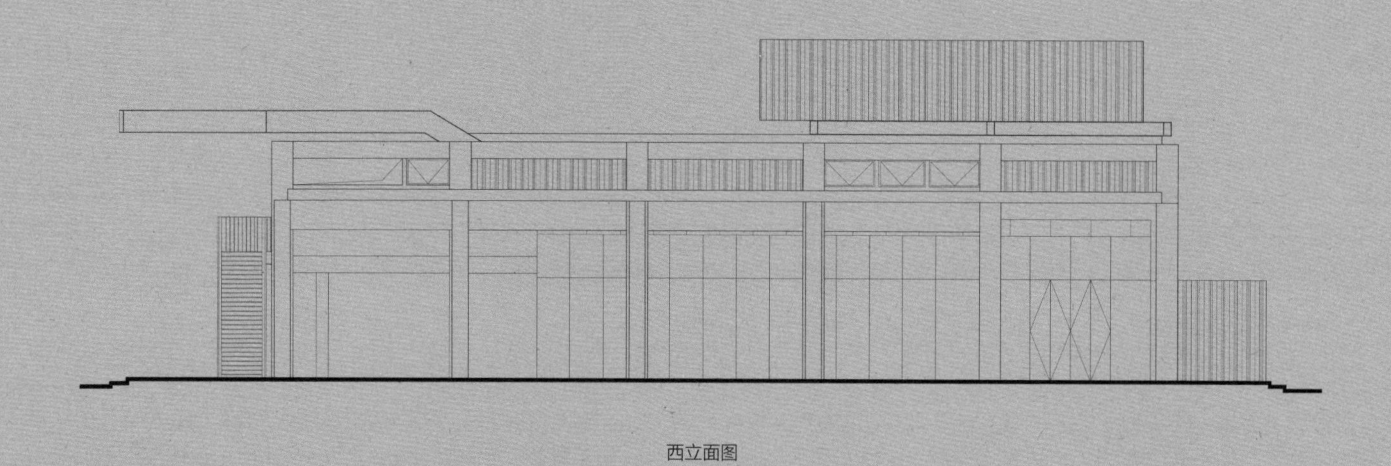

西立面图

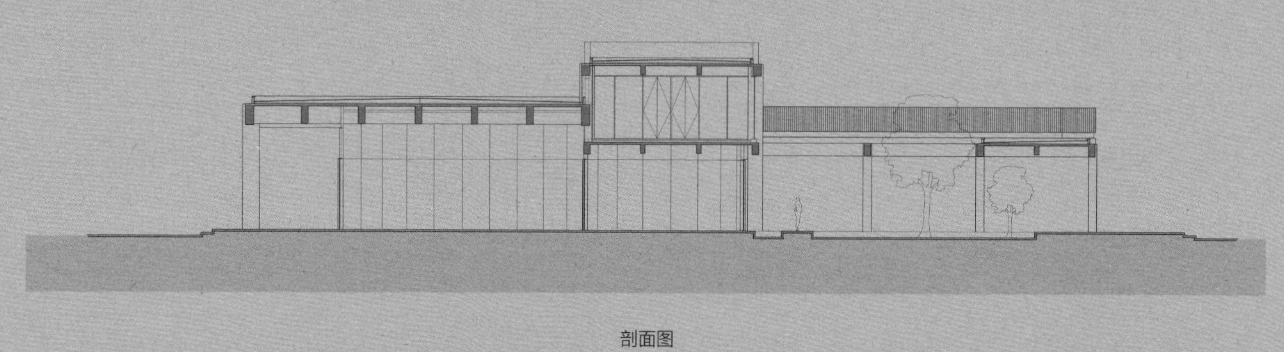

剖面图

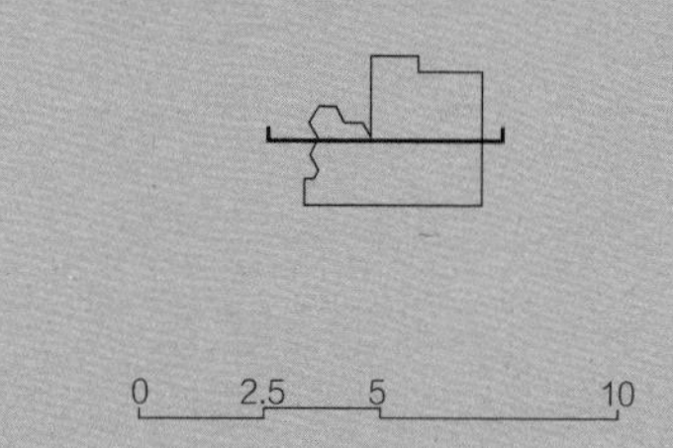

DINER

医疗器械研

改造前

改造前

21 城市绿心旧厂房改造项目（东亚铝业）– 活力汇
Central Green Forest Park–Old Factory Renovation (East Asia Aluminum preserved)

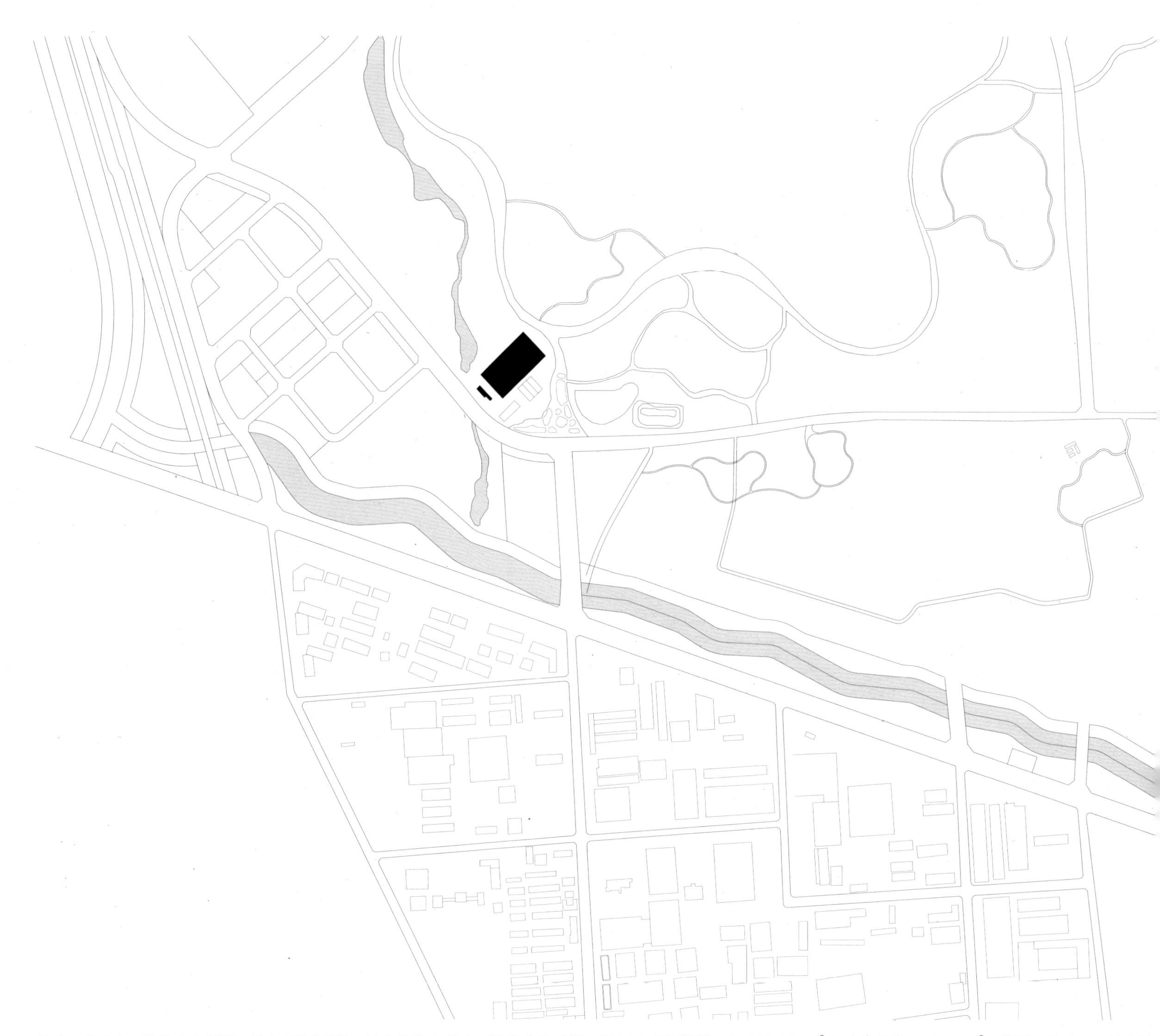

地点：北京市，通州区 | 类型：体育 / 酒店建筑、饮食建筑 | 状态：已建成 | 时间：2021 | 用地规模：25798.687m² | 建筑规模：19140m² | 摄影：陈向飞、韩金波

一、概况

东亚铝业 - 活力汇，位于北京城市副中心城市绿心公园南门，潞河湾街北侧。

建筑用地南侧为潞河湾街和东亚铝业红砖设备机房，东侧为红砖餐厅及三联排红砖厂房，东侧为城市绿心公园南门区及园区停车场。

园区占地 25798m^2，场地平整。南北长约 210m，东西长约 150m，整个场地低于周围环境约 1~3m。园区内均为工业建筑，包括保留建筑 3 栋、烟囱 2 座。保留建筑包括 1 座钢结构厂房、2 座红砖厂房。地块内北侧为应急指挥部及主体钢结构厂房（改造后为东亚铝业 - 活力汇），南侧为东亚铝业红砖设备机房（改造后为设备机房），东侧为三联排红砖厂房（改造后绿心公园游客接待中心）及红砖厂房（改造后为红砖餐厅）。

厂区内的建筑多数竣工于 20 世纪 80~90 年代，主要功能为生产厂房。改造后为周边居住、工作人群提供休闲体育锻炼、运动表演、教学培训及配套休息交流的综合性空间场所。

活力汇原主体结构南段为单层通高门式钢结构厂房，北段为三层框架结构办公楼。改造后变为全民健身中心及配套住宿，南段改造为健身中心，增设局部两层配套餐饮空间。于南侧外部增设室外平台，为人们提供丰富的室内外活动空间。北段改造为配套住宿。

二、韧性方法类型

· 流程保证

· 品质保证

· 功能适变

三、韧性设计方法

· 问题驱动

活力汇改造的设计构思以发现设计问题为出发点，本项目我们主要将设计问题聚焦在：

1）设计、施工周期短，造价限制大；

2）单一高大空间与功能分隔的矛盾；

3）建筑造型平淡，缺乏工业感；

4）园区内室外空间消极；

5）建筑的韧性能力提升。

针对上述问题，我们提出了设计策略：

1）尽量保留建筑结构主体，进行适当加固。

2）保留原有建筑风貌，通过立面、主入口门廊的改造，突出建筑的空间和结构特质，形成工业风的活力中心。

3）积极营造外部公共空间，形成具有活力的多样化公共空间。

· 全面评估

厂房为钢排架结构工业厂房，内部设施不适于作为民用建筑。建筑结构基本安全，需局部加固。建筑外墙、窗户不符合节能要求。

厂房位于铝业厂区内，厂区环境有社区感，具有较好的改造潜质。

建筑内部空间宏伟，特色鲜明，外立面平庸无特色，结构特色在室外没有被展现。

· 混合功能

为了提升建筑的韧性能力，建筑尽量保留了大空间，并避免出现单一功能的建筑。本建筑改造后的功能包括体育、展览、大型会议、培训、住宿及配套服务等功能。

· 积极立面

保持原厂地建筑风格和空间的多样性，提升室外空间的品质，打造具有活力的室外公共空间是本设计的重点。建筑西立面设建筑的主要出入口，为了在出入口突出排架结构的特点，我们将建筑南墙向北移动一跨，形成灰空间。同时结合功能在这个灰空间中布置了两层错落的盒子，使这个空间富有变化。建筑的南北立面较长，结合工业风，外墙采用铝型材波纹板，在地面和半高处布置两列窗户，其中地面的外窗为落地玻璃窗，让室内的运动场和室外的公共空间充分进行视线沟通。建筑东立面结合酒店功能设计成深灰色铝板幕墙。中黄色的局部处理使立面充满活力。

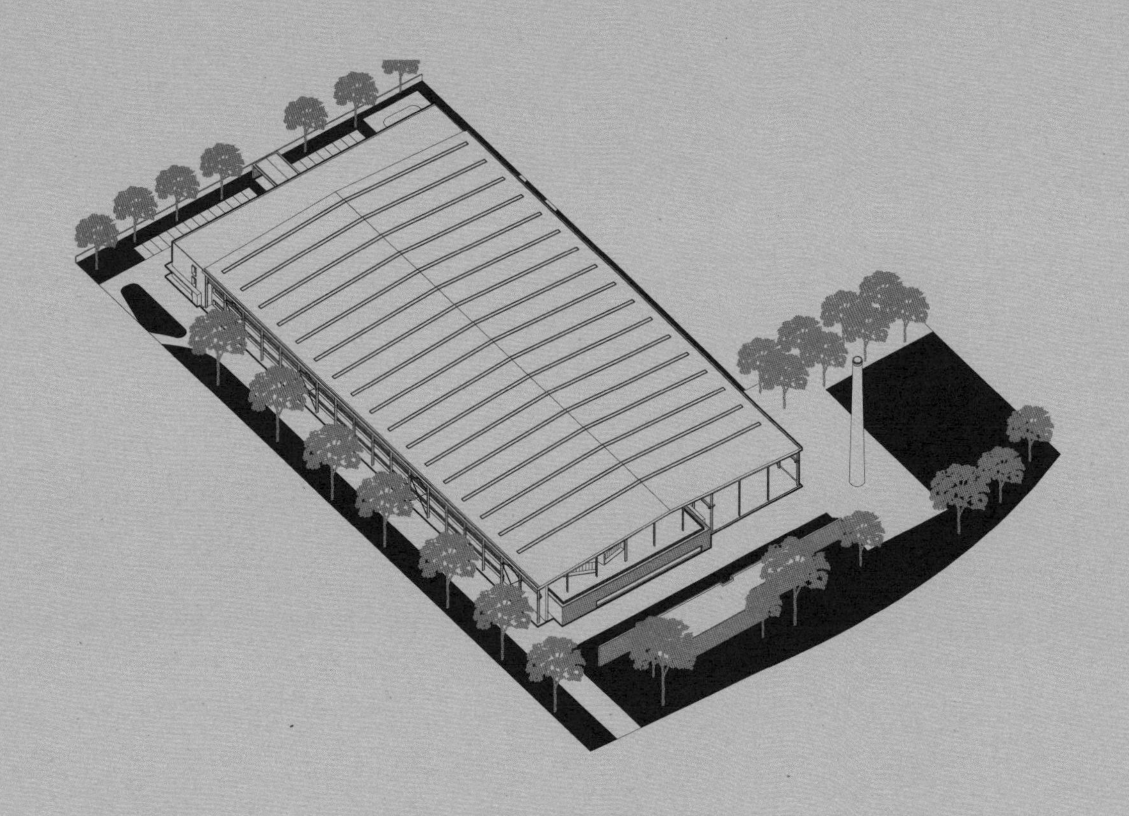

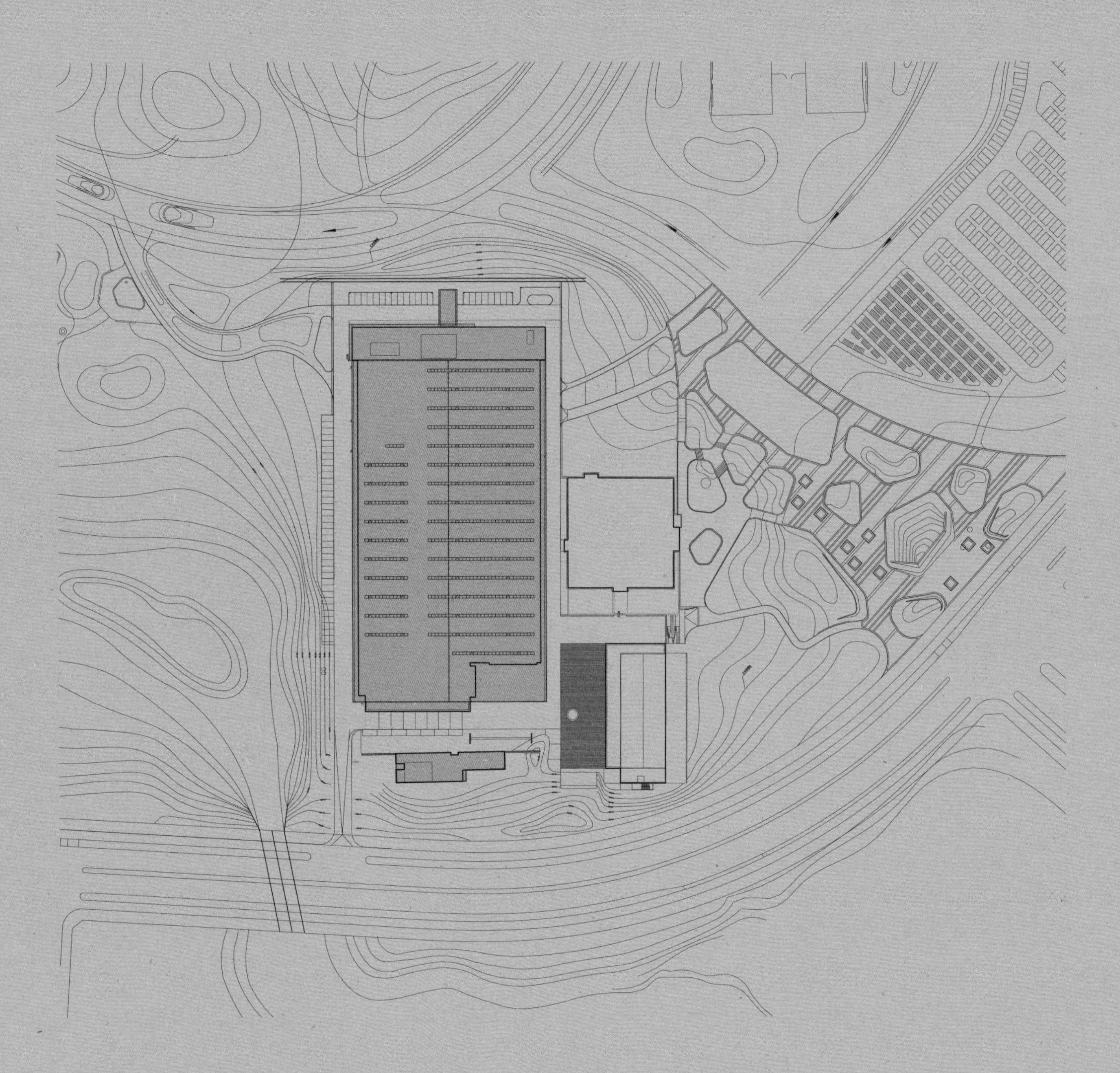

总平面图

0 10 20 40

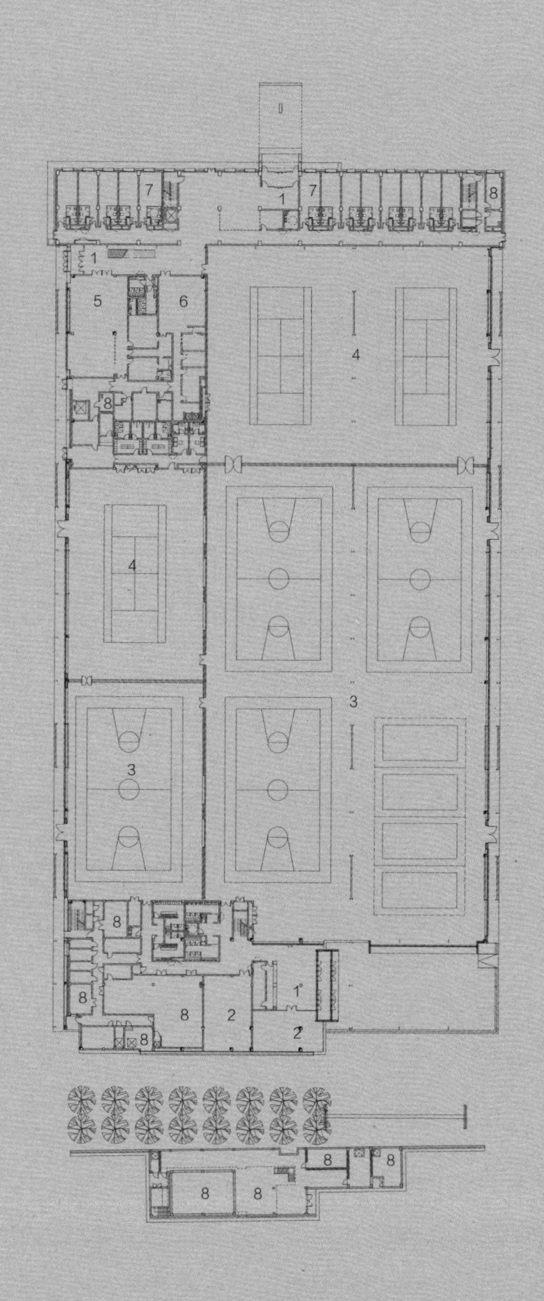

首层平面图

0 5 10 20

1. 门厅　2. 培训室　3. 篮球场　4. 网球场　5. 餐厅　6. 厨房　7. 客房　8. 设备间

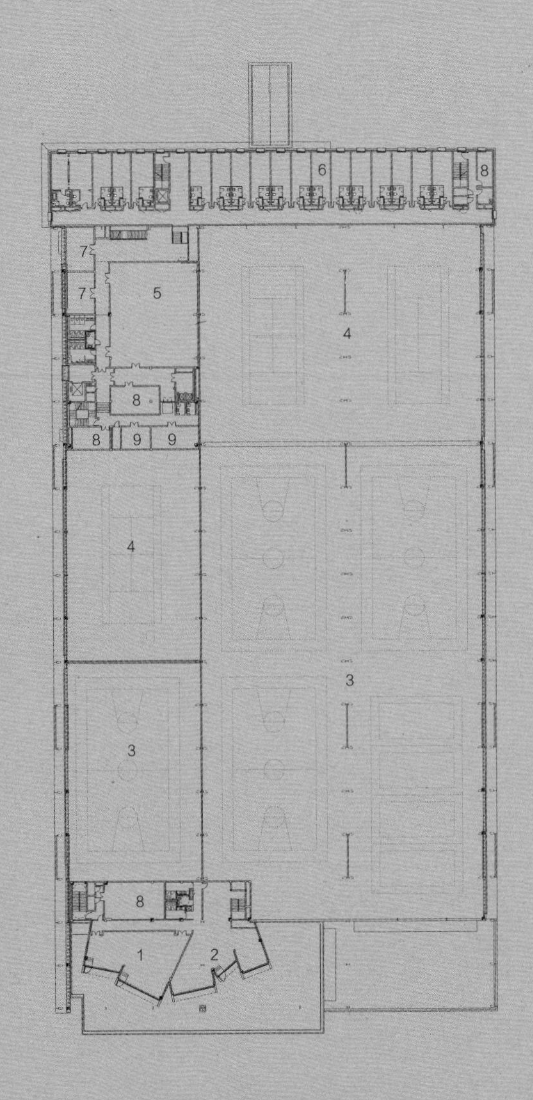

二层平面图

0 5 10 20

1. 培训室　2. 前厅　3. 篮球场上空　4. 网球场上空　5. 宴会厅　6. 客房　7. 会议室　8. 设备间　9. 库房

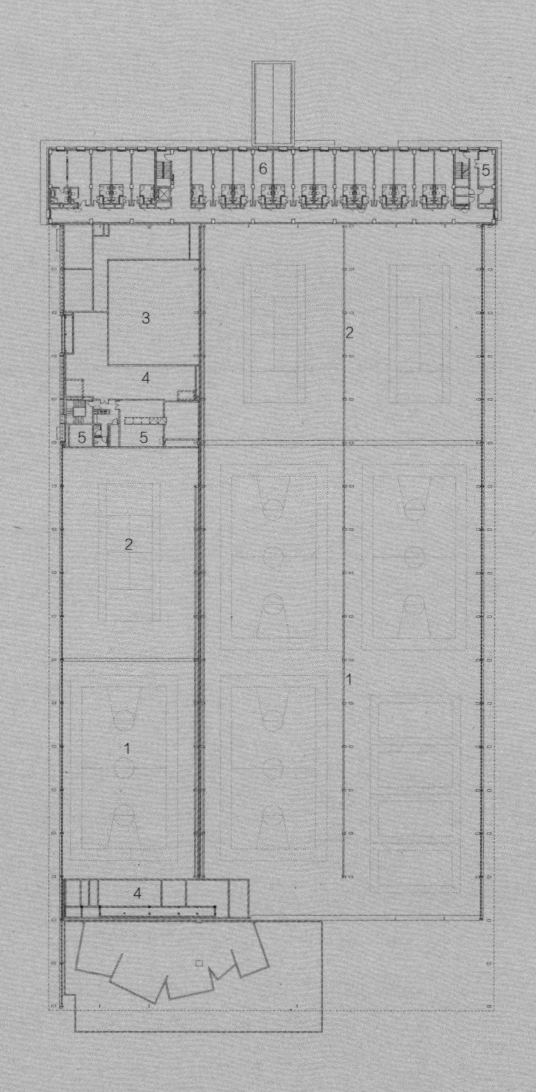

三层平面图

0 5 10 20

1. 篮球场上空　2. 网球场上空　3. 宴会厅上空　4. 设备夹层　5. 设备间　6. 客房

北立面图

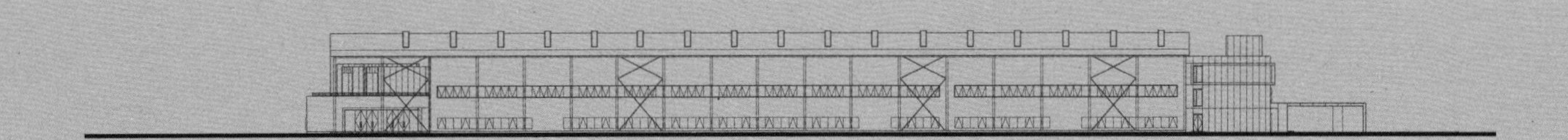

东立面图

0 5 10 20

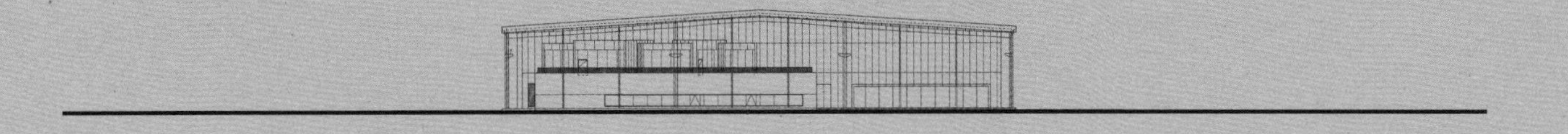

南立面图

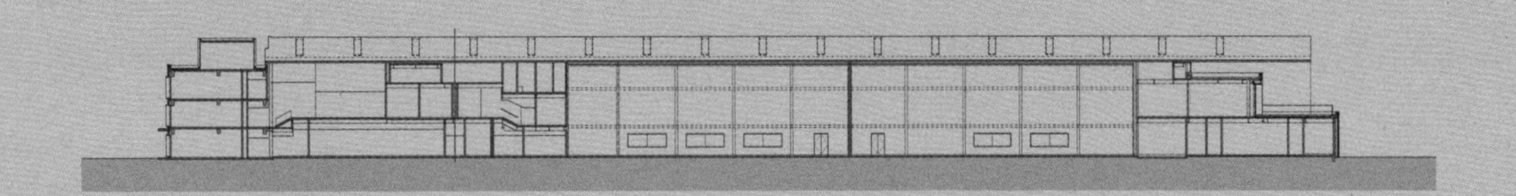

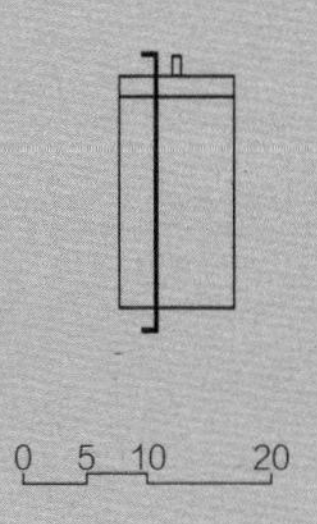

剖面图

0 5 10 20

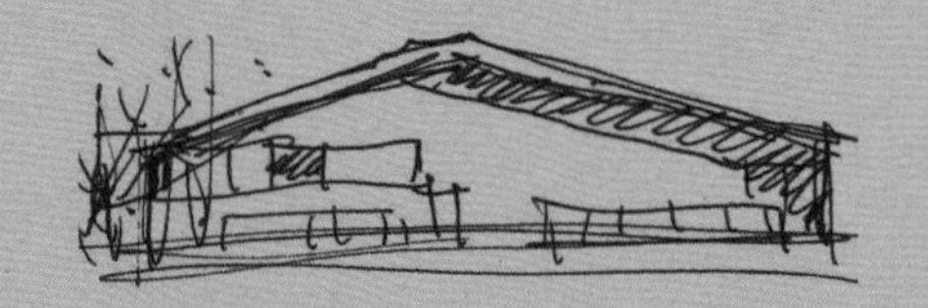

改造前

改造前

运动馆

22 城市绿心旧厂房改造项目（东亚铝业）– 红砖餐厅
Central Green Forest Park-Old Factory Renovation (East Asia Aluminum Preserved)

地点：北京市，通州区 | 类型：体育 / 酒店建筑、饮食建筑 | 状态：已建成 | 时间：2021 | 用地规模：25798.687m² | 建筑规模：19140m² | 摄影：陈向飞

一、概况

东亚铝业红砖餐厅位于北京城市副中心城市绿心公园南门，潞河湾街北侧。建筑用地南侧为潞河湾街，西侧为东亚铝业红砖设备机房、主体钢结构厂房及绿心公园，北侧为三联排红砖厂房，东侧为城市绿心公园南门区。

项目为改造工程。用地范围内包括保留建筑3栋、烟囱2座。地块内北侧为应急指挥部及主体钢结构厂房（改造后为体育运动中心及酒店），南侧为东亚铝业红砖设备机房（改造后为设备机房），东侧为三联排红砖厂房（改造后绿心公园游客接待中心）及红砖厂房（改造后为红砖餐厅）。

东亚铝业场地南北长约210m，东西长约150m，整个场地低于周围环境约1~3m。

东亚铝业规划总用地面积：25798.687m^2。

总建筑面积：19320m^2，包括地上19140m^2，地下180m^2。

其中，红砖餐厅原主体结构为单层通高工业厂房，改造后为地上三层，建筑高度13.8m，建筑面积2750m^2，主要为全民健身中心及绿心公园提供配套餐饮服务。

红砖餐厅改造后在内部采用房中房方式，在通高空间中增设三层餐饮空间，这种丰富的建筑空间组合为游客提供独特的就餐体验及良好的室外观景视野。在外部增设一层入口门廊及饮品店，为进入绿心公园的游客提供便捷的购物需求，同时在其屋顶及建筑东侧设置室外就餐区平台，为游客提供丰富的室内外就餐空间。

二、韧性方法类型

· 流程保证

· 品质保证

三、韧性设计方法

· 问题驱动

红砖餐厅的设计构思以发现设计问题为出发点，本项目我们主要将设计问题聚焦在：

1）原工业建筑风貌与新功能、面积需求的矛盾；

2）原建筑单一大空间，与餐饮空间需求的矛盾；

3）原厂区功能性室外空间与新的公共空间需求之间的差距；

4）韧性能力提升。

· 全面评估

红砖餐厅原主体结构为钢筋混凝土预制屋顶板与红砖砌体组合单层通高坡屋顶工业厂房，现状红砖外墙檐口标高9.7m。现状外立面陈旧并有局部外墙结构破损，结构安全性评估为C级，需进行加固处理。

建筑位于厂区内，现仍保留3栋建筑和2个烟囱。城区环境有社区感，具有较好的改造潜质。

原建筑主要功能为工业生产制造厂房。红砖厂房建造年代久远，与周边两栋建筑及烟囱共同构成完整红砖材质的建筑组团风貌，建筑学价值较高。

· 积极立面

保持原厂地建筑风格和空间的多样性，提升室外空间的品质，打造具有活力的室外公共空间是本设计的重点。因此红砖餐厅改造的立面特别注意让建筑功能和室内空间与室外公共空间产生互动。在建筑东侧布置了非常有魅力的通高就餐空间，配合功能排布立面设计成落地玻璃，并于室外露台结合，营造充满活力的商业氛围。建筑的西、北两侧外接两个小体型，功能为商业。结合功能在室外设置了外摆区，立面为落地玻璃。

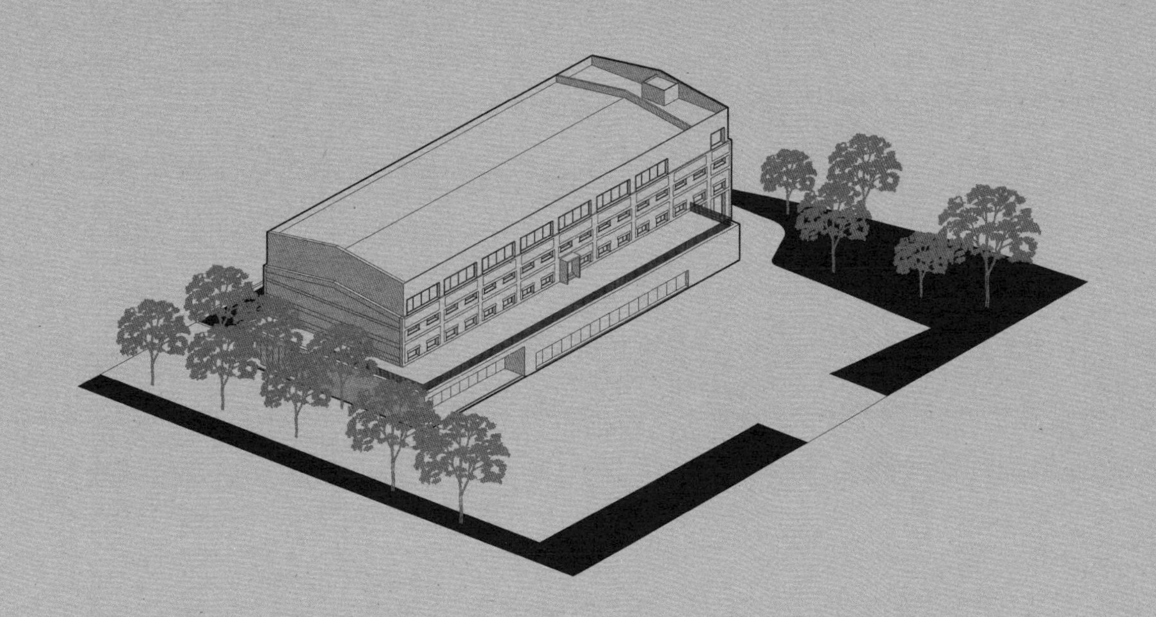

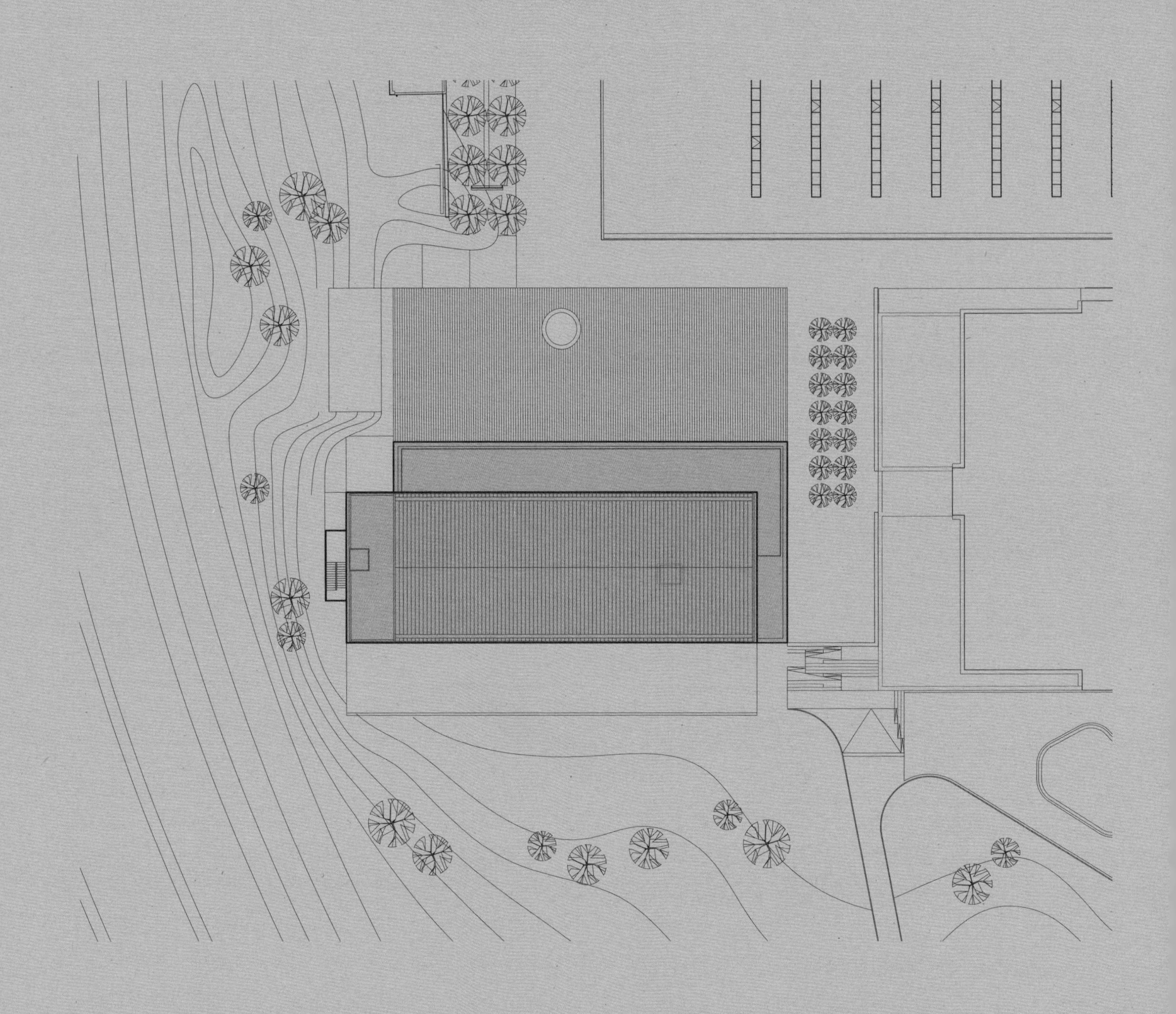

总平面图

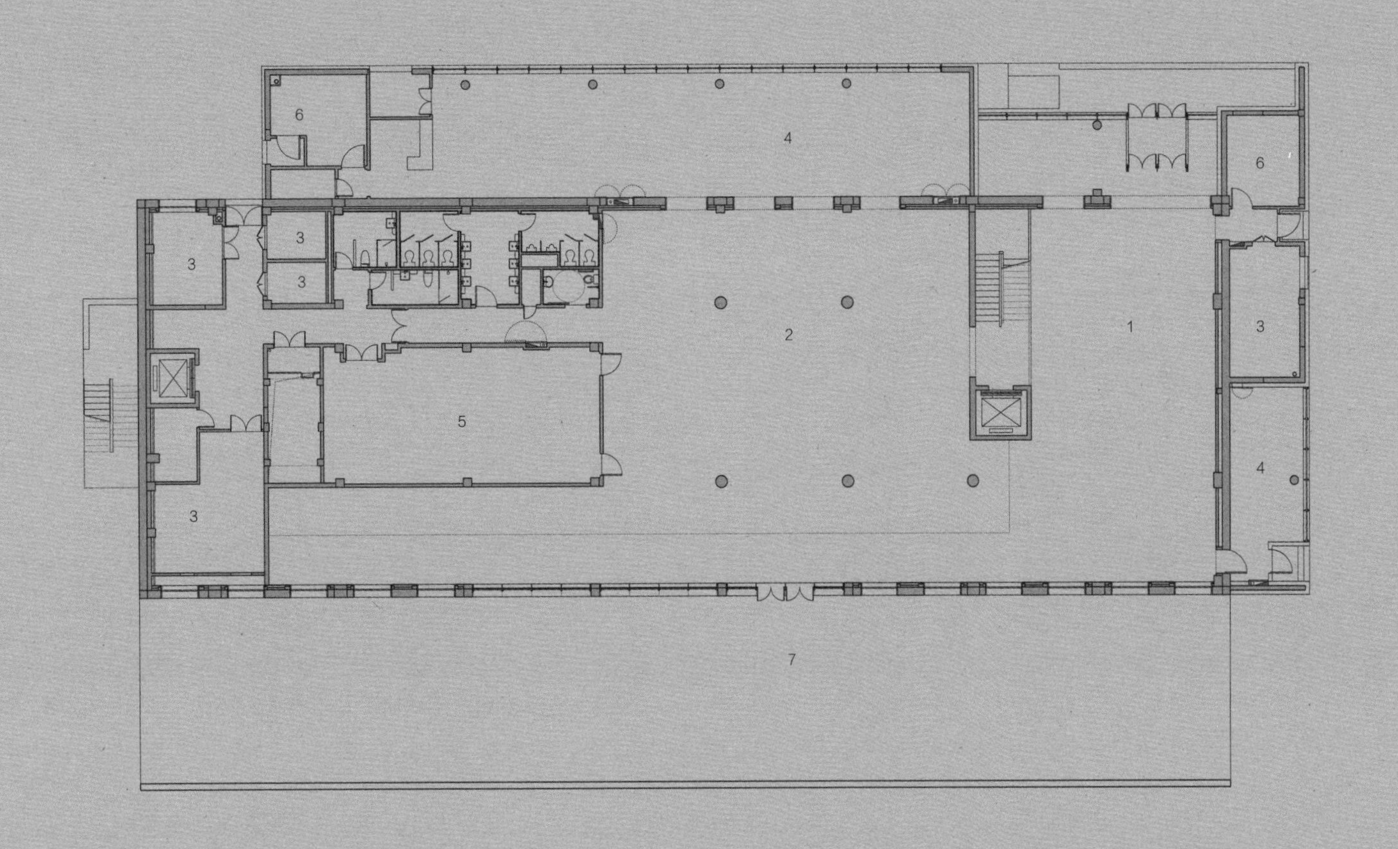

首层平面图

1. 门厅 2. 餐厅 3. 设备间 4. 商业 5. 厨房 6. 管理用房 7. 室外平台

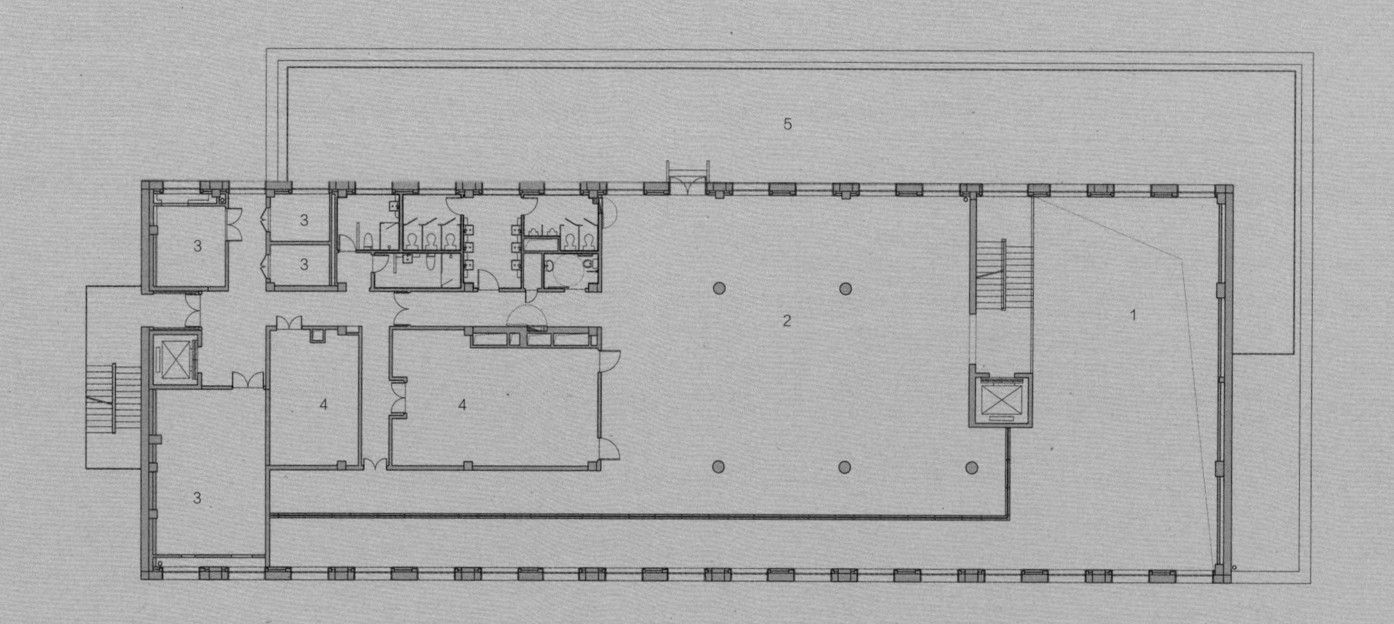

首层平面图

0 2.5 5 10

1. 门厅上空　2. 餐厅　3. 设备间　4. 厨房　5. 室外平台

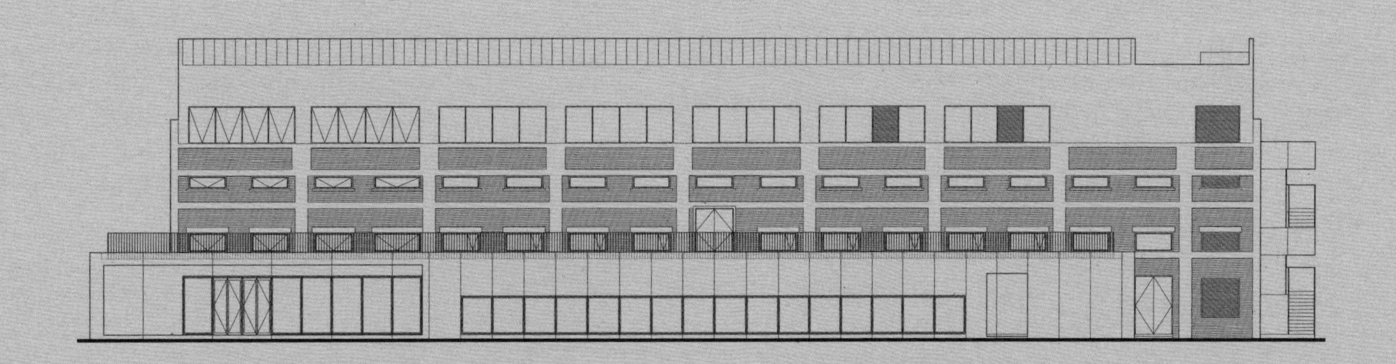

西立面图

0 2.5 5 10

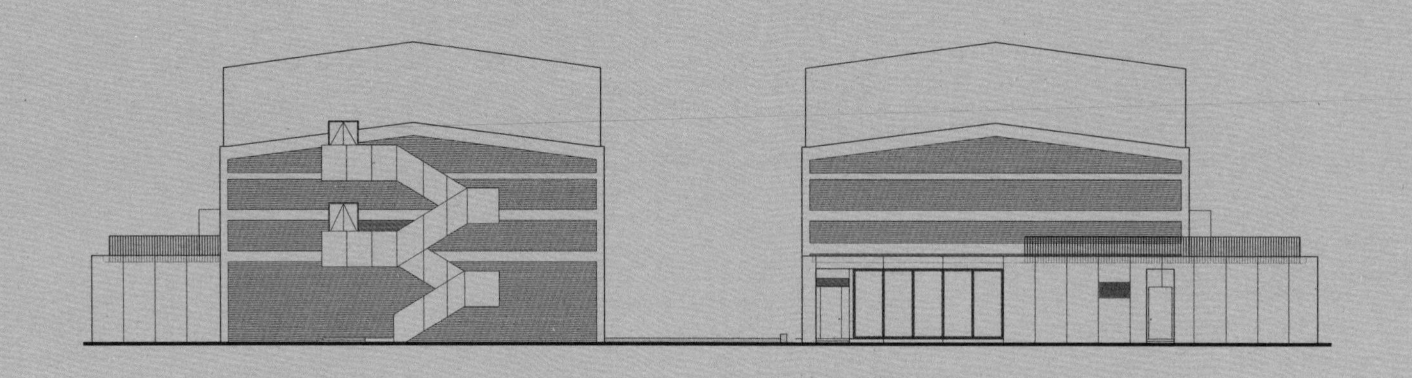

南立面图

北立面图

剖面图

0 2.5 5 10

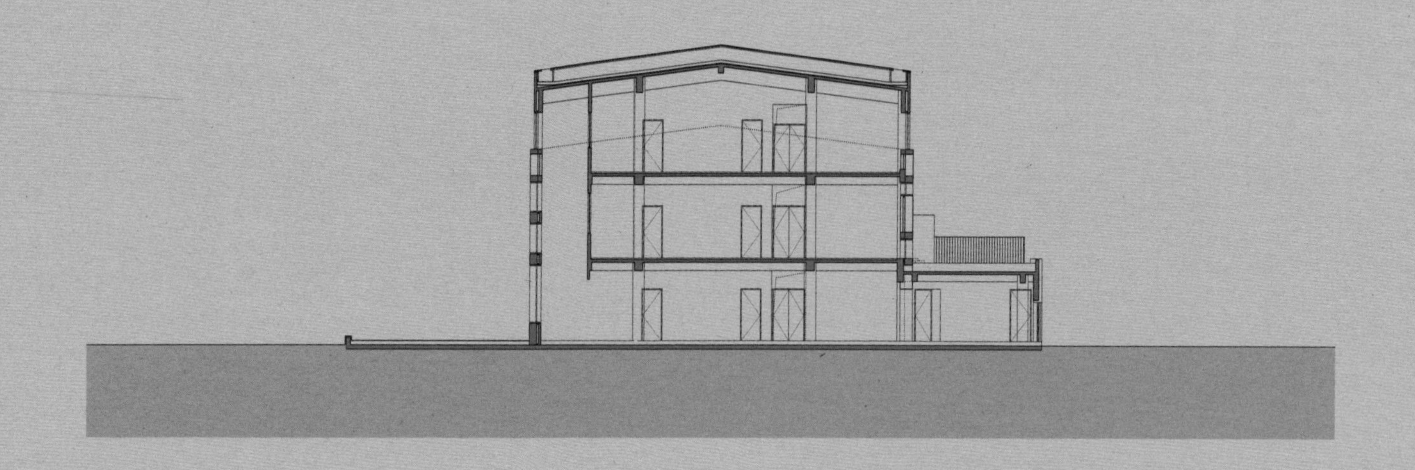

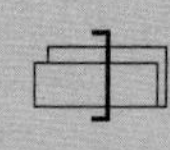

剖面图

0 2.5 5 10

新店开业
88

改造前

23 京津合作示范区示范性办公基地
Demonstration Office Base of Beijing – Tianjin Cooperation Demonstration Zone

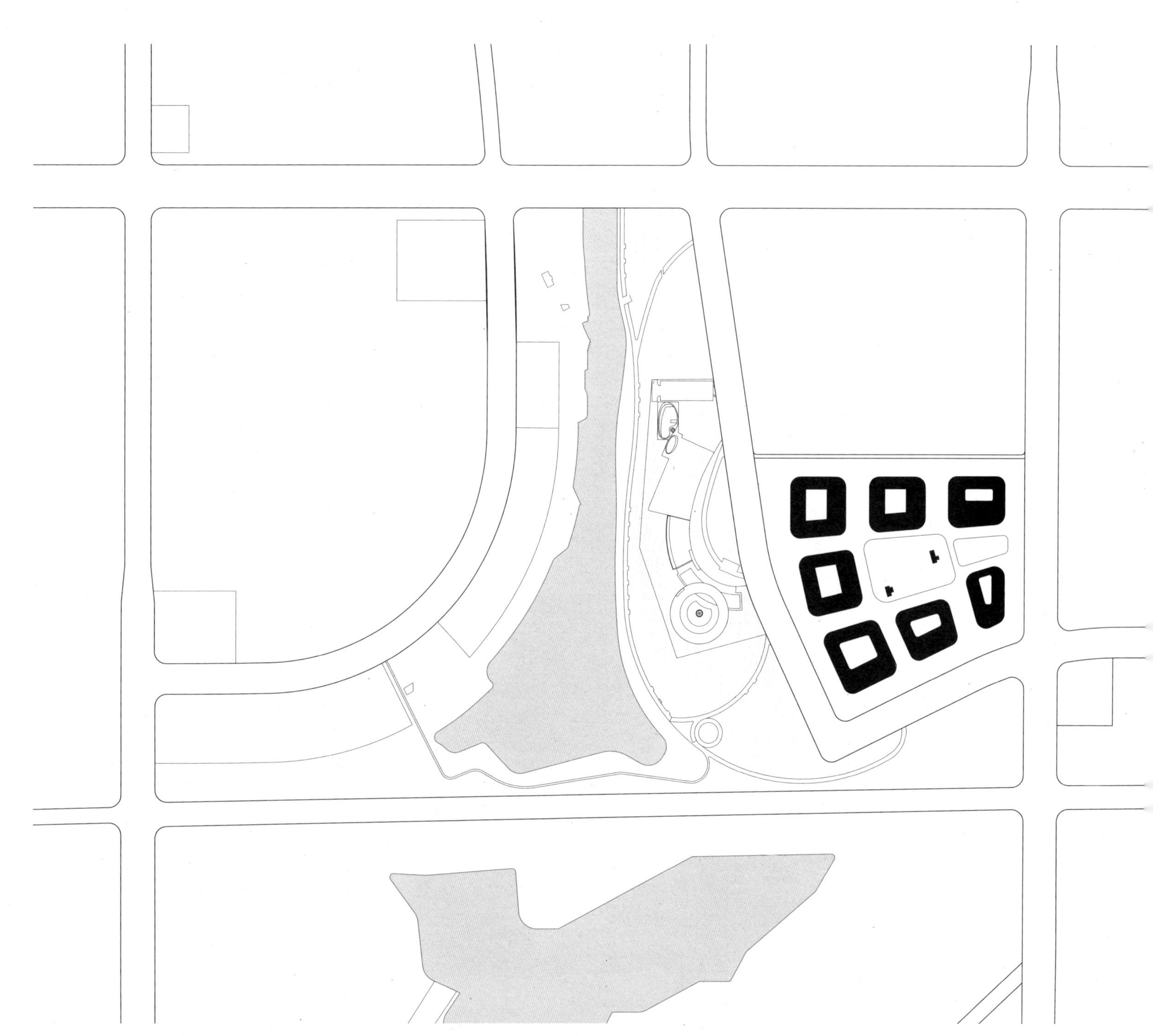

地点：天津市，宁河区 ｜类型：办公酒店｜状态：已建成｜时间：2023｜用地规模：38411.7m²｜建筑规模：49751.85m²｜摄影师：陈向飞

一、概况

本项目位于天津市宁河区清河农场京津合作示范区 01-17 地块，地块用地北侧紧邻其他地块；西侧为规划东北五支路，东侧为规划一号岛支路八，南侧为规划东北二支路。

场地西侧为京津合作示范区展厅项目，北侧、西侧及南侧为京津合作示范区建设用地。

场地地处华北平原，属冲积、海积低平原。场地原为耕地，现为荒地，地势较平坦。用地约 3.8 公顷。

项目用地主要设置 4 个出入口。其中一期项目车行入口设于用地西北角和南侧，并与园区规划道路相连接，场地内设置环形车行线。二期在用地东侧中间增加一个车行出入口。用地西侧中部设置一人行主入口，与展馆隔路相对。整体布局采用小街区的方式，分成 1~7 号共 7 个单体，围绕中心绿地广场布置。除东北角的 6 号楼单体 11 层、高度 49m 之外，其余单体均为 4~5 层，建筑高度在 24m 以下。建筑分期建设，用地西侧的 1 号、2 号、3 号、5 号楼为一期，4 号、6 号、7 号楼为二期。其中 3 号、5 号楼为酒店，其余楼栋功能均为办公，首层设置为零售、餐厅等商业服务功能。

二、韧性方法类型

· 流程保证

· 品质保证

三、韧性设计方法

· 问题驱动

该项目的设计构思以发现问题为出发点，本项目我们主要将设计问题聚焦在：

1）作为首发项目如何为新区定调；

2）如何实现街区活力；

3）如何确定智能化、绿色可持续策略等方面。

· 混合功能

为了应对外部环境的不确定性，提高建筑的韧性能力，建筑功能在原办公的基础上增加了商业、酒店、展示等功能，形成了一个混合功能街区。

· 积极立面

本项目为示范区首发项目，为了将来在示范区中形成积极的公共空间，本项目规划采用了街区式布局。首层沿街的功能除入口空间外，均设置展示、商业空间。结合功能设置，外立面在首层设计了通高的玻璃幕墙。景观和绿化设计保证在街道上的人可以接近建筑，形成积极的可互动的立面。

· 绿色驱动

办公楼幕墙采用双层内循环玻璃幕墙系统和中间遮阳系统，提高幕墙的热工性能和遮阳效率。每个建筑均设有围合的天井内庭院，使建筑内部获得良好的采光和通风。地面和地下设置了完善的雨水收集和调蓄设施，增加雨水回用，减少向市政管道的排放。酒店屋顶设太阳能机房，采用太阳能集中制供生活热水，备用热源为空气源热泵，且建筑屋顶设置了大面积光伏板提供绿色电能。地下车库设置充电桩。

· 几何逻辑

项目以一个依据场地边界变形的九宫格将场地划分为 9 个区域，中间两块形成中心绿地，外围包裹 7 个建筑单体。建筑单体以倒角的矩形为基础几何形，顺应场地边界而变形，形成统一中有变化的建筑群。

· 空间完整

该项目也遵循着保持空间完整的设计逻辑，在办公楼的设计中，将所需的机房、交通、辅助用房等集中于沿建筑内院布置，充分解放建筑立面，释放更多的开敞办公空间，在朝向好的方向采用更大的进深柱网，为空间使用提供了更多的可塑性。在建筑的主要空间中结构、机电专业的构件和设备被全面控制，严格避免上述构件和设备破坏空间的完整性。

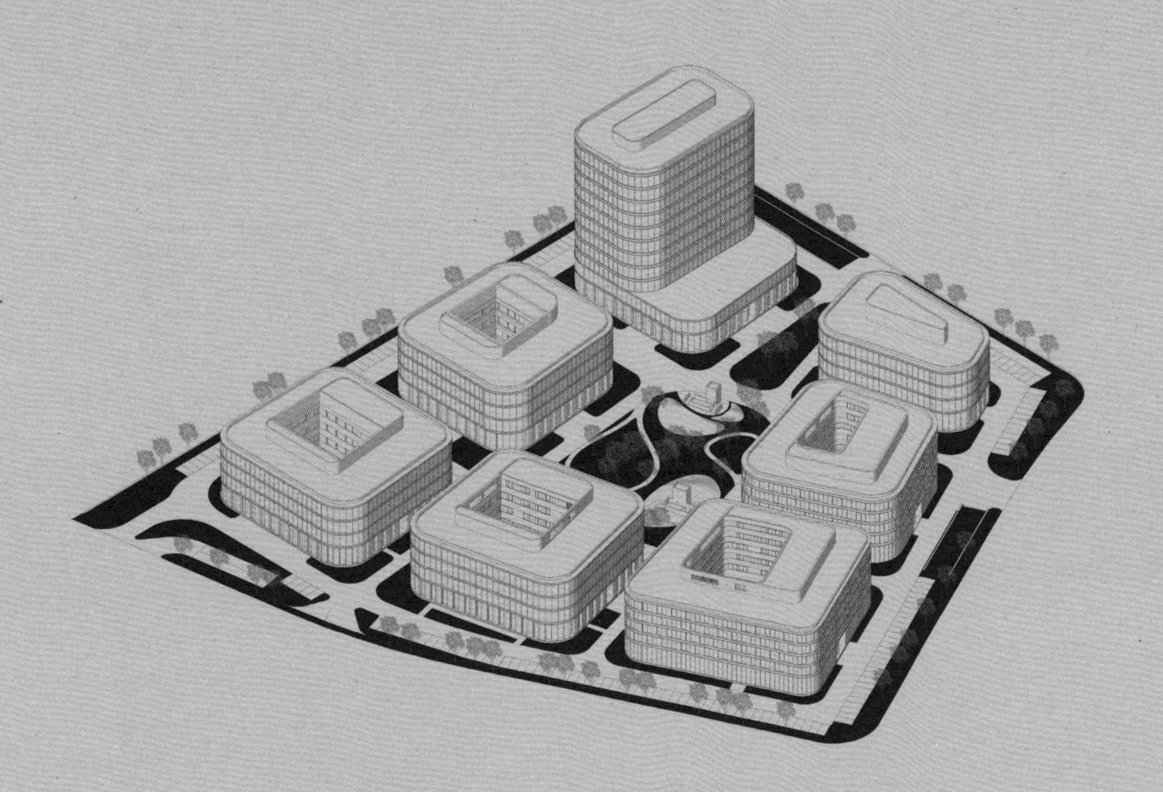

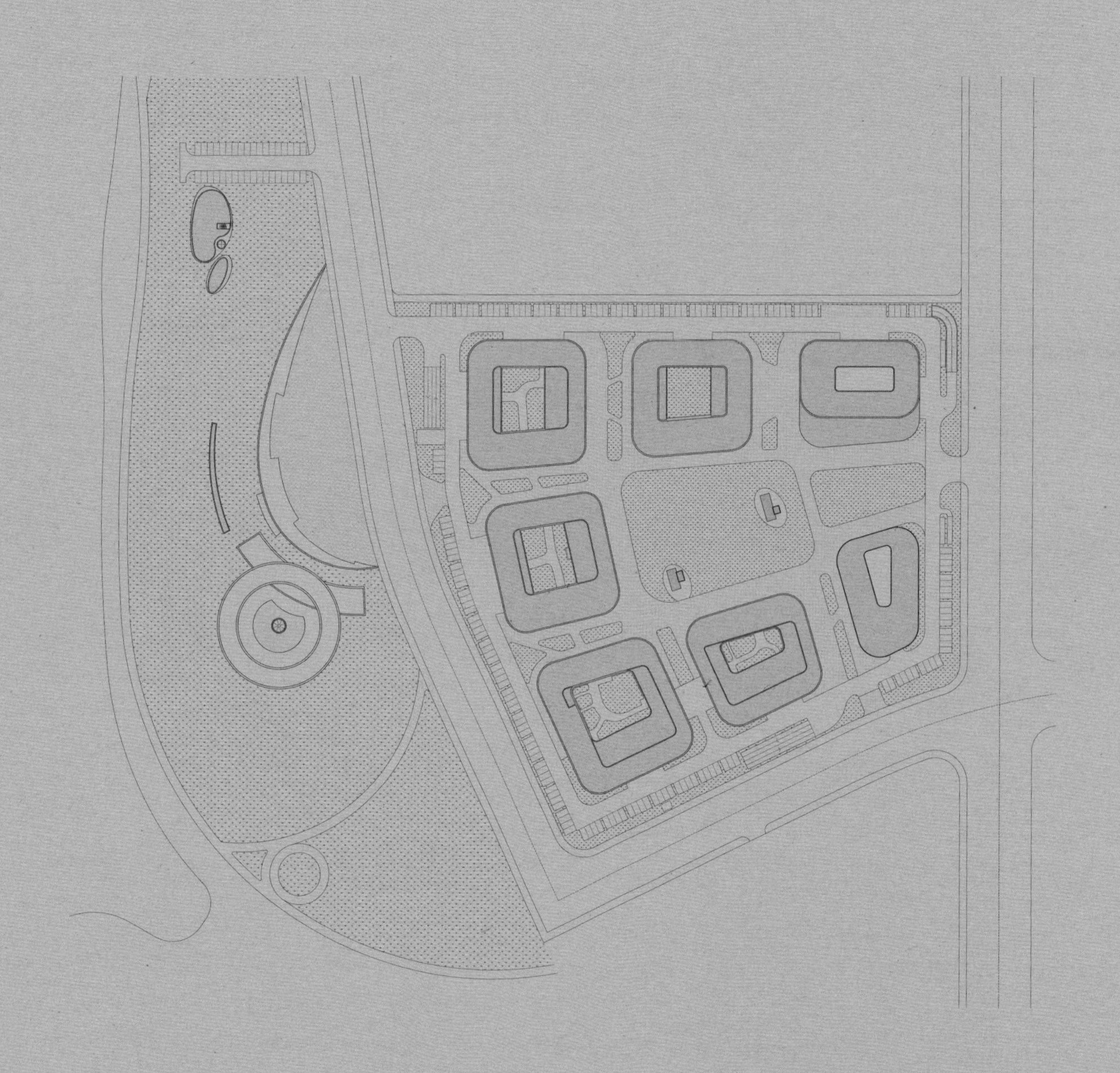

总平面图

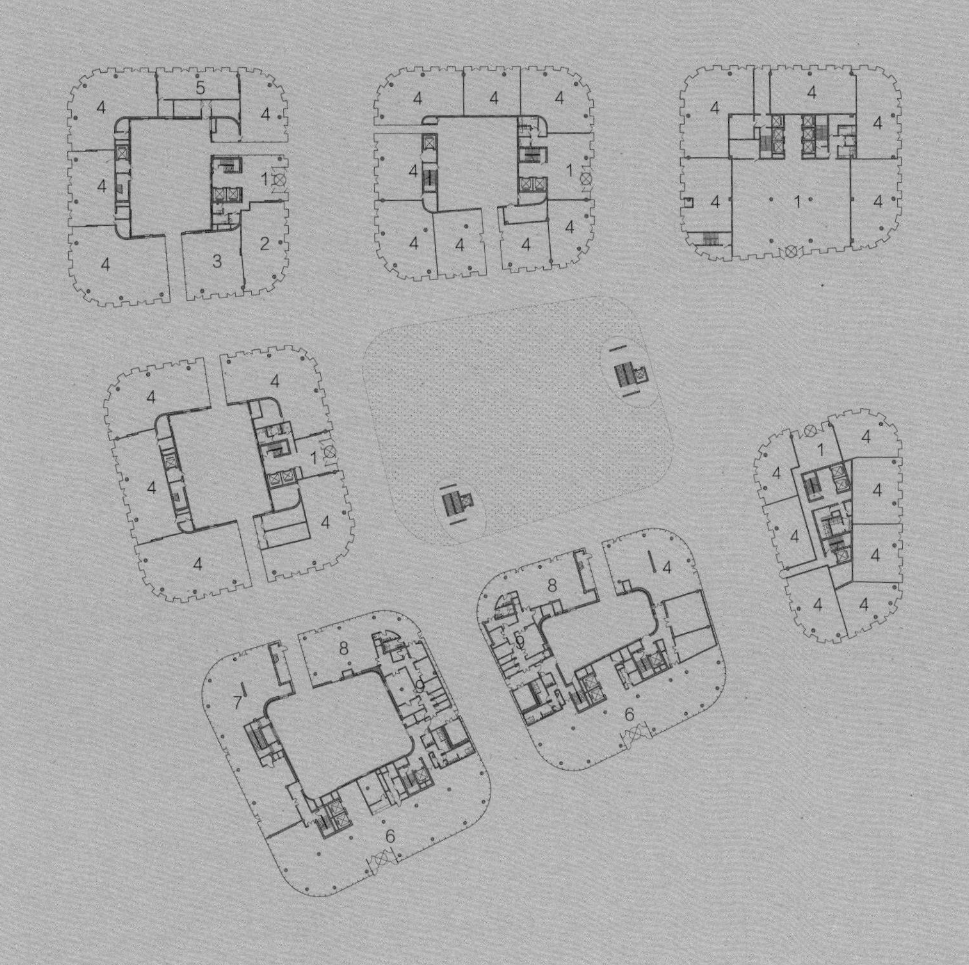

首层平面图

0 2 10 20

1. 办公门厅　2. 理发店　3. 花店　4. 商业　5. 便利店　6. 酒店大堂　7. 智慧展厅　8. 餐厅　9. 厨房

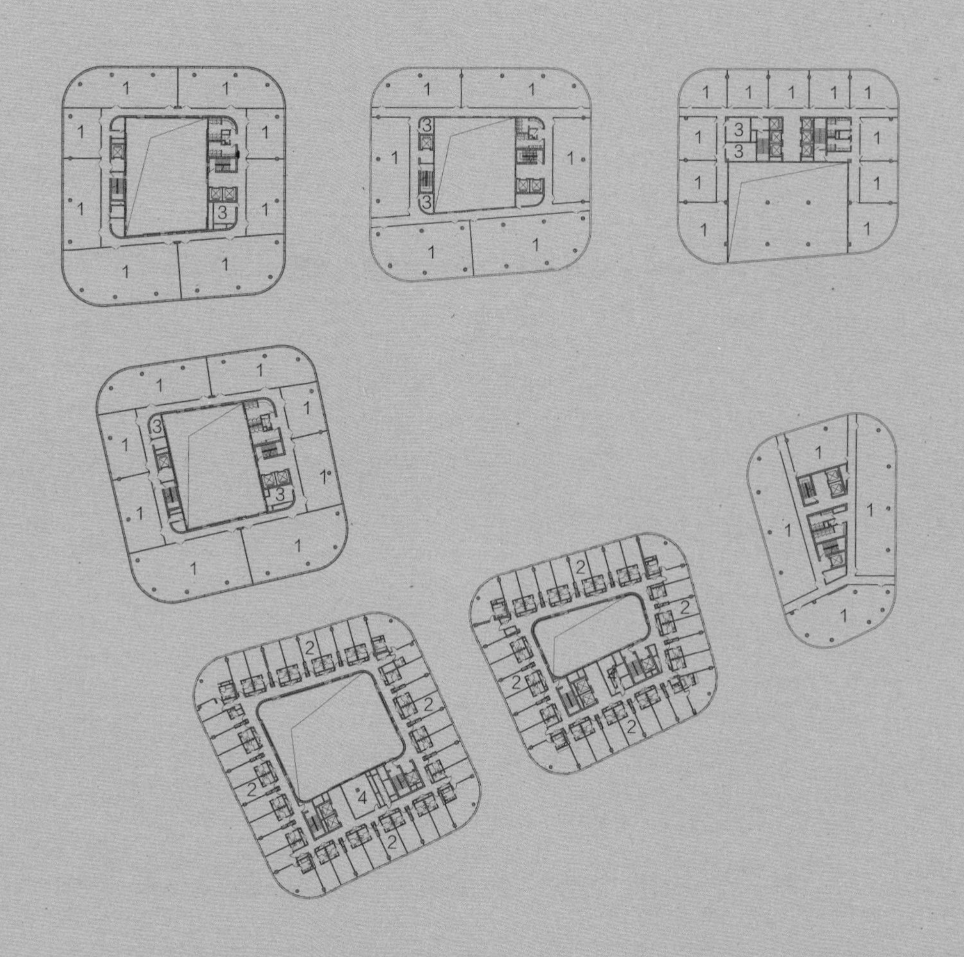

标准层平面图

0 2 10 20

1. 办公　2. 客房　3. 机房　4. 洗衣房

办公东立面图

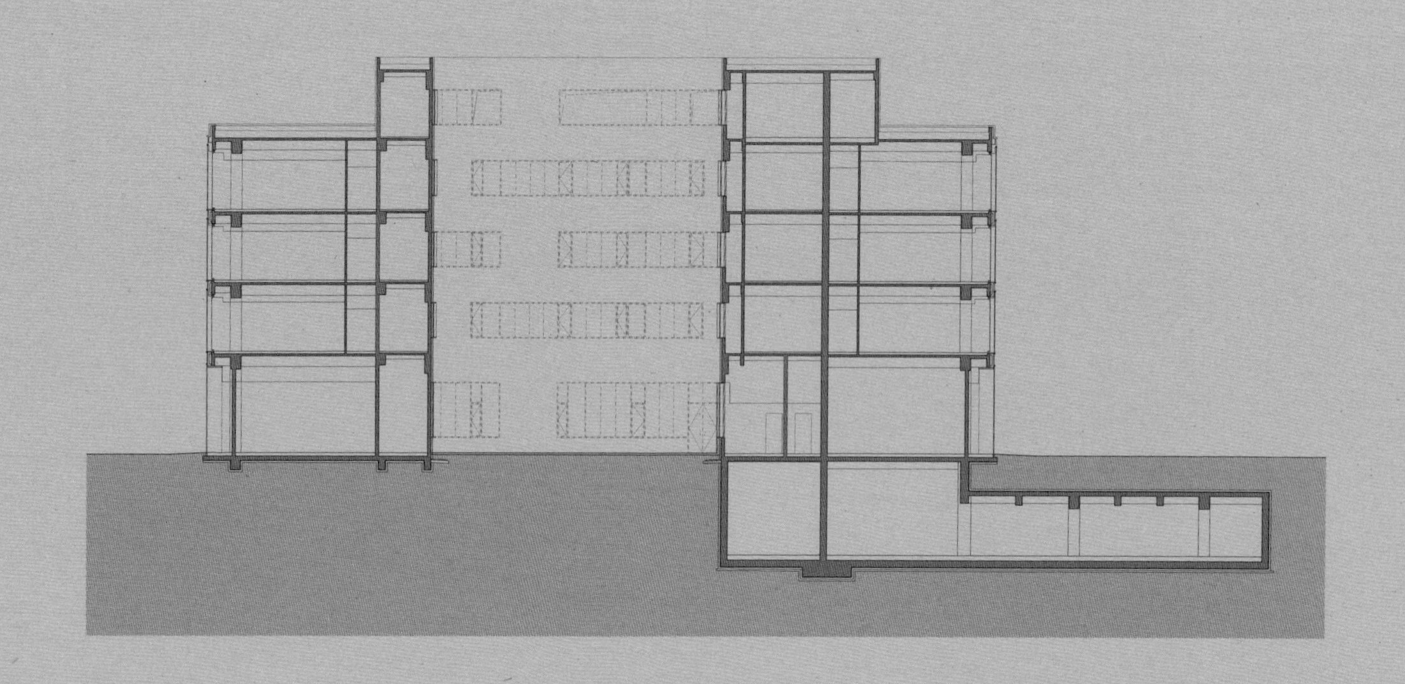

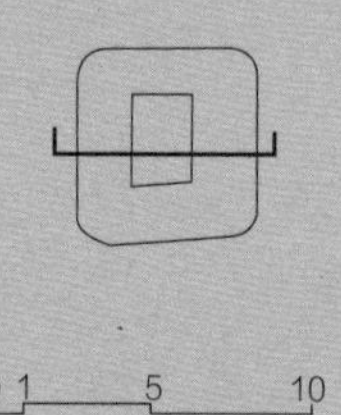

办公剖面图

0 1 5 10

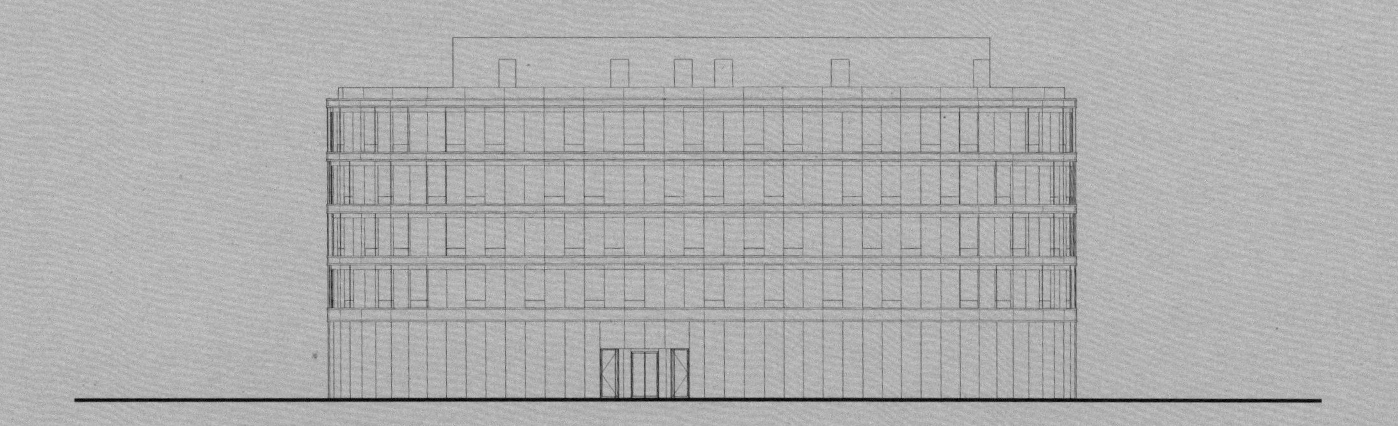

酒店南立面图

0 1 5 10

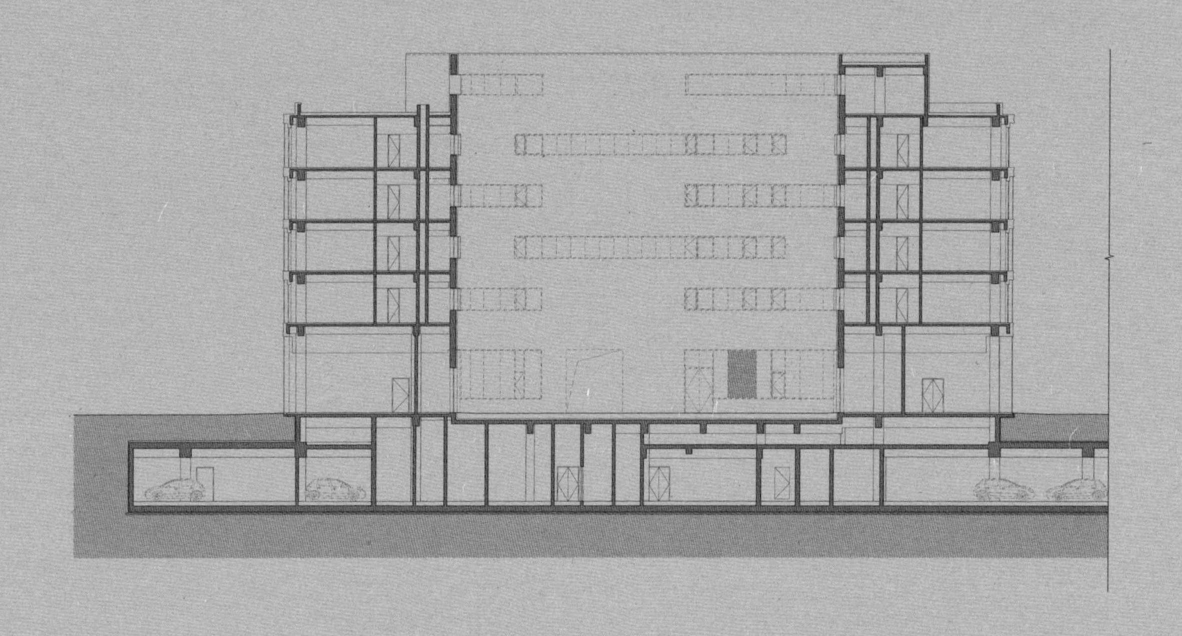

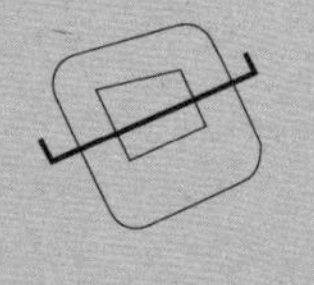

酒店剖面图

0 1 5 10

P
地下停车场
地上停车场
LIGH

YEARCITY

T3

24 京津合作示范区城市展馆

City Exhibition Hall of Beijing-Tianjin Cooperation Demonstration Zone

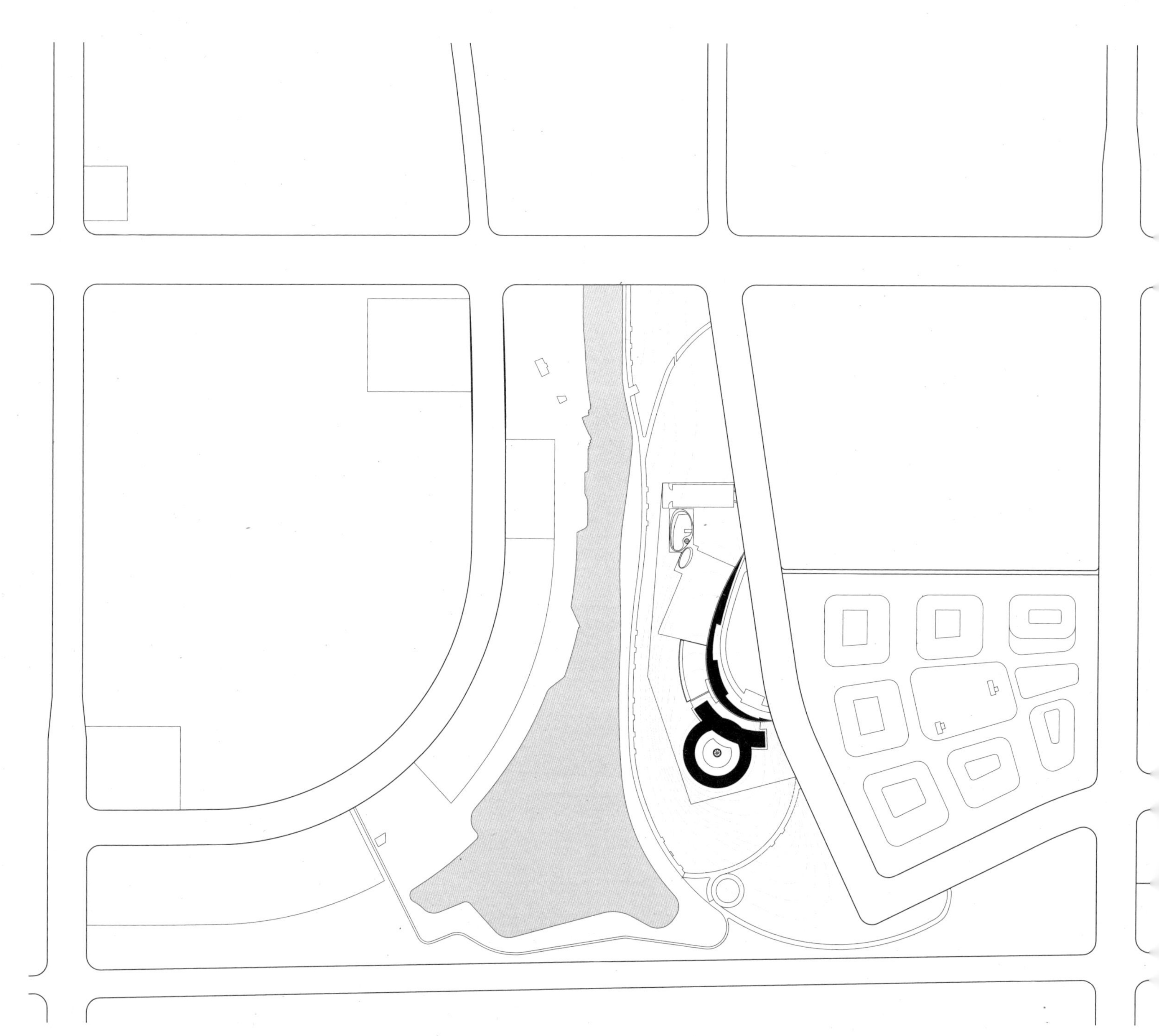

项目地点：天津市，宁河区 | 类型：展览建筑 | 状态：已建成 | 时间：2023 | 用地规模：15985m^2 | 建筑规模：9705m^2 | 摄影师：陈向飞

Ⅰ
Ⅴ
Ⅵ
Ⅷ
Ⅹ
Ⅺ
Ⅻ

一、概况

项目用地周围以自然景观为主，湿地、水系、植被丰富，环境优美。城市展馆项目的主要功能是为示范区提供一个对外展示的空间。地上三层，主要为门厅、展厅、报告厅、贵宾接待用房。地下一层设有沙盘模型展厅和设备用房。

整个展馆为一个半覆土建筑，展馆首层以及自行车库和能源中心被草坡覆盖，展馆二层、三层露出草坡。其中三层环形展廊为一个悬浮于空中的圆环，悬挑距离达 40m，极具视觉冲击力。

二、韧性方法类型

· 流程保证

· 品质保证

三、韧性设计方法

· 问题驱动

城市展馆的设计构思以发现设计问题为出发点，本项目我们主要将设计问题聚焦在：

1）城市展馆与示范性办公基地组成的建筑群与周边环境的关系；

2）城市展馆与示范性办公基地的对话关系；

3）城市展馆的参观流线设计；

4）通过新颖的造型塑造区域兴奋点；

5）塑造各具特色的展示空间；

6）大跨度建筑的结构与空间一体化设计；

7）绿色生态建筑的设计策略等方面。

· 边界形态

展厅位于示范区的建设区和中央公园交界处，地理位置独特。为了让建筑和周边环境充分融合，在建筑体型设计时我们采用在传统内院的形态原型上进行变化的方法，先将内院转化成圆环，然后再将圆环升起，从而增加了建筑边界与周边环境的维度，让建筑和环境更加融合，使参观者在建筑和环境中不断变换场景，获得独特的空间体验。

· 景观驱动

本项目建筑紧邻示范区中央公园，为了让建筑和景观成为和谐的整体，我们在设计时尽量减小建筑的体量，将主展厅设计成覆土建筑，利用办公区地下室下开挖的土，将主展厅埋在景观地形的下面。同时将展厅的悬挑圆环与景观坡地、圆环下的圆形广场结合成为一个整体。在这里建筑已经成为景观的一部分。在景观坡地上依据场地亲水的程度和地势的高度变化种植适应环境的本地植物，既满足绿地的生态效益，同时注重植物观赏性的要求，营造出具有地域特色的景观环境。

· 结构驱动

本项目设计之初，建筑师即和结构工程师进行了紧密协作，建筑师深度参与了结构的选型。建筑主体采用钢筋混凝土剪力墙结构体系，三层圆环为大跨度钢桁架结构悬挑环，悬挑距离达 40m。环形钢桁架为箱型变截面空间结构，沿着圆环的内圈布置。在靠近核心筒的范围结构空间较大，布置走道和设备间；远离核心筒的结构空间逐渐缩小，仅供设备管线穿行，而结构空间以外的展示空间随之增大。结构变化的规律与建筑空间划分和使用规律高度契合。在剖面上，主结构空间向外侧出挑钢梁，支撑主要展示空间和圆环外侧的玻璃幕墙。由于没有任何外露的结构杆件的影响，三层圆环外圈玻璃幕墙可以实现最为简洁和通透的效果。

展馆首层入口门厅在面向入口广场一侧采用全玻璃幕墙，我们在门厅幕墙上方设置一根长 35m、高 3.6m 的巨型混凝土梁，实现了无柱空间的要求。同时站在门厅内部也完全感受不到巨大结构构件的存在，实现了结构与空间一体化设计。

· 绿色驱动

城市展馆本身作为智慧城市的集中展示区，应用绿色技术是设计构思的基本要素。从总体设计策略上将展馆的主要展厅置于人工景观之下，既降低了大尺度建筑对周边自然环境的影响，同时覆土建筑又有利于优化建筑自身的节能保温性能，为室内营造更为舒适的环境。展馆设置了智能化采光设备——中心导光筒，外部自然光线通过空中环廊内壁的反光镜片反射到中心导光筒，一方面可以为覆土下的模型展示空间提供自然照明，诠释绿色节能技术在建筑中的应用；另一方面，引入光线的中心导光筒成为自然发光体，其本身就是展馆中最炫目的展品。展馆北侧三联供机房够满足示范区起步区 8 万 m^2 的工程项目的用电、用热、用冷需求，采用清洁能源，具有综合能源利用率高的特点。

· 几何逻辑

圆形是本项目最核心的几何元素。整体布局上，城市展馆、自行车库、能源中心围绕椭圆形前广场依次向北旋转布置。城市展馆的各层展厅空间和功能用房均为圆形体量，规划模型展厅为圆柱形高大空间，主展厅为环绕在模型展厅周围的环形空间，空中展廊为悬浮在空中的圆环造型，三个各具特色的展示空间为不同标高和半径大小的同心圆。其他空间如门厅、报告厅、二层贵宾室也以圆环为基础几何图形进行设计，与展厅的圆环呈相反方向。这些圆形和圆环空间经过精心组合，呈现出变化丰富的体型和空间效果，强化了建筑自身应当具有的区域标志性特征。

· 空间完整

展览建筑的空间完整性是我们设计过程中始终遵循的原则。在建筑主要空间中结构、机电专业的构件和设备被全面控制，严格避免上述构件和设备破坏空间的完整性。结构墙体与房间划分完全一致，除此以外没有任何多余的结构构件。设备间、井道也都与建筑空间高度整合，利用各种手段隐藏设备管线和末端。

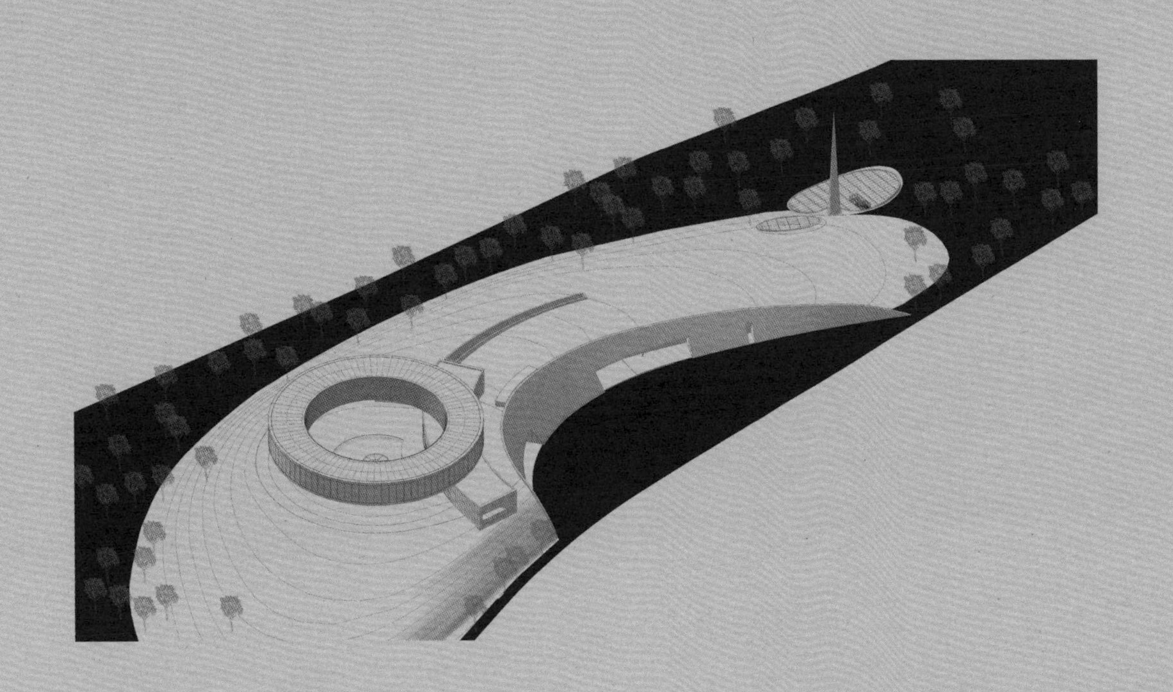

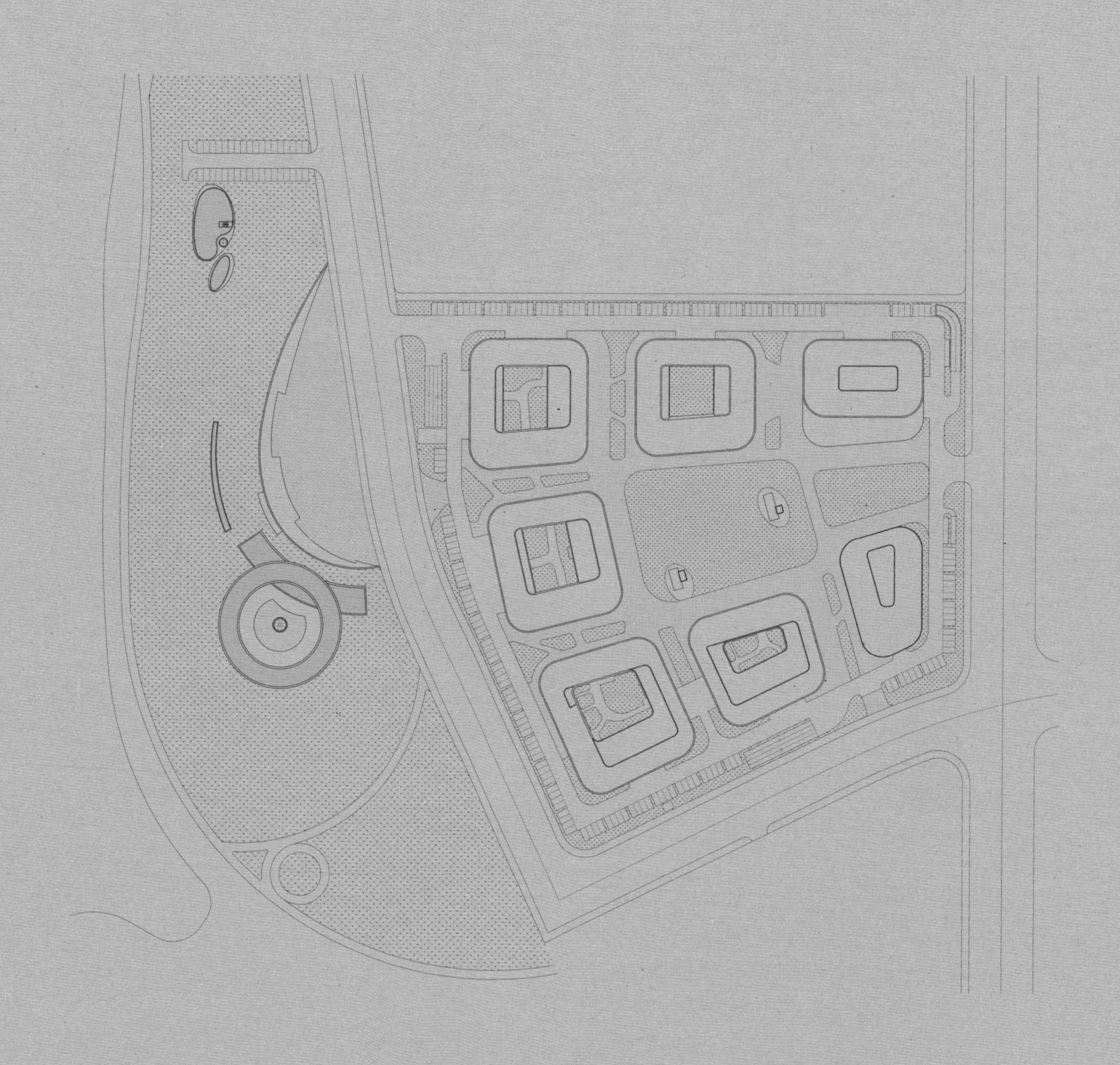

总平面图

0 4 20 40

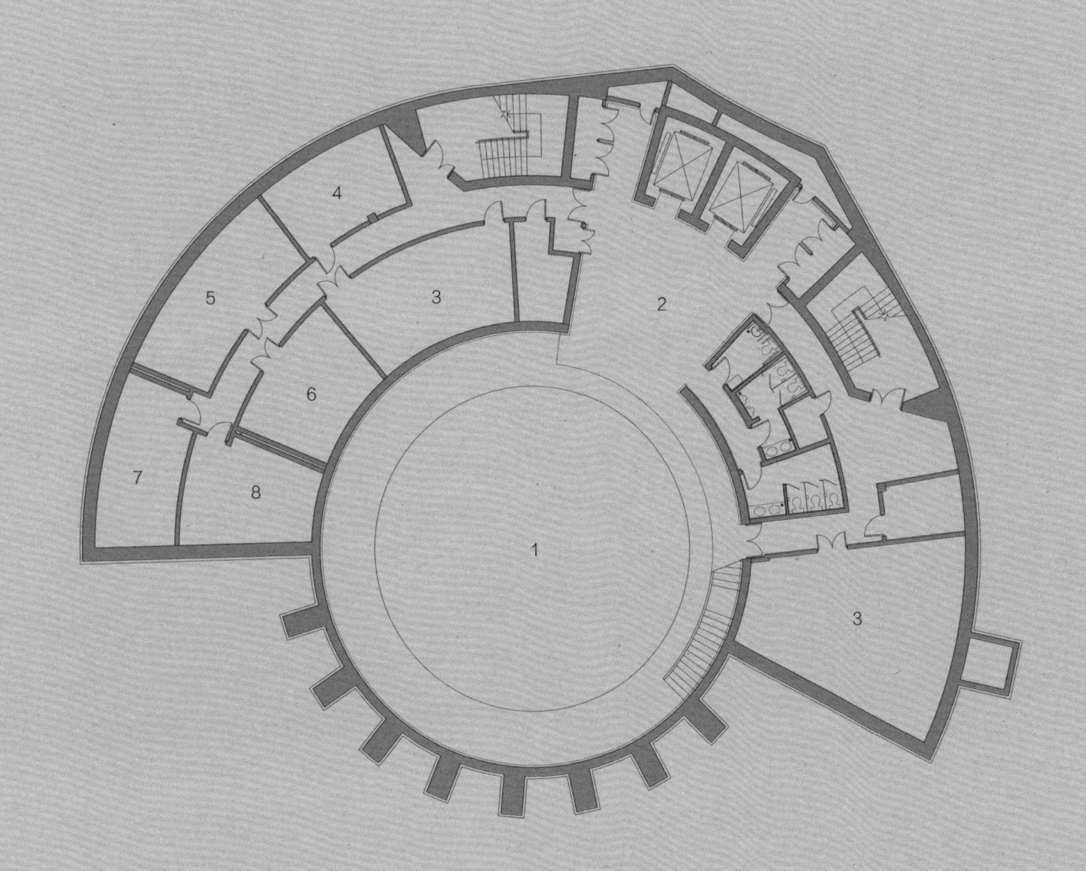

地下一层平面图

0 2 10 20

1. 沙盘模型展厅 2. 电梯厅 3. 空调机房 4. 进风机房 5. 中水泵房 6. 给水泵房 7. 弱电间 8. 配电间

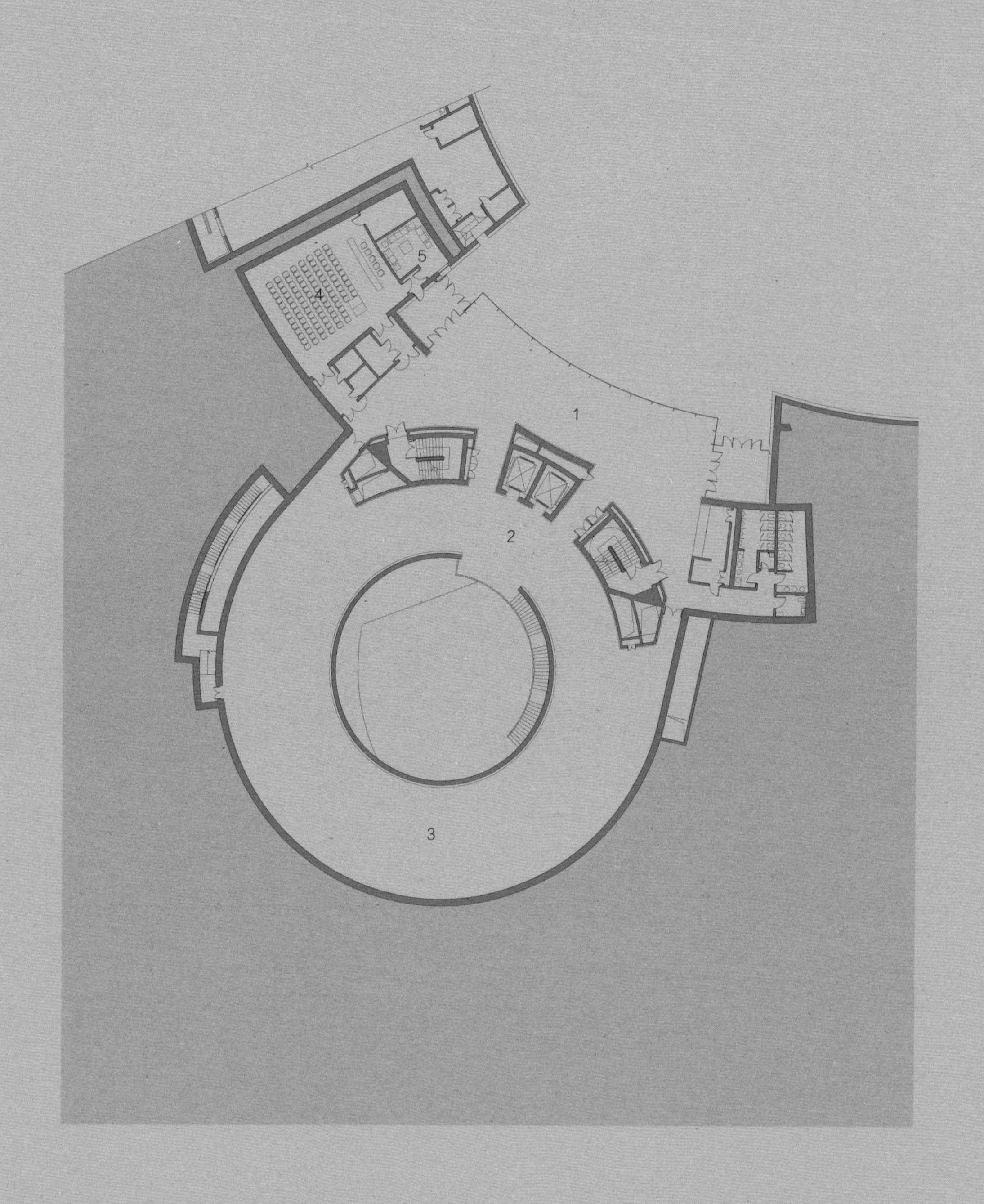

首层平面图

1. 门厅　2. 电梯厅　3. 展厅　4. 报告厅　5. 贵宾室

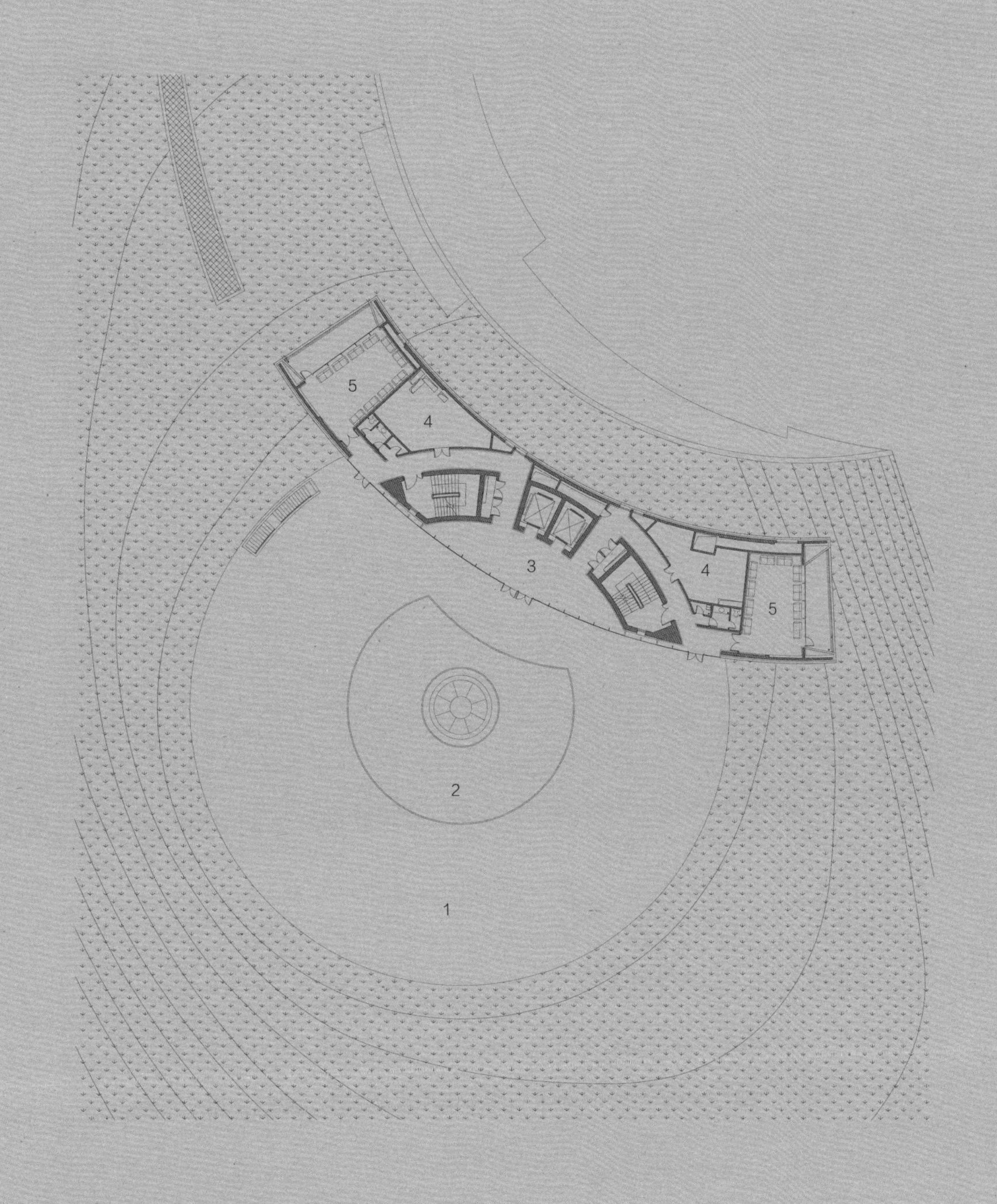

二层平面图

1. 室外广场　2. 镜面水池　3. 电梯厅　4. 空调机房　5.VIP 休息室

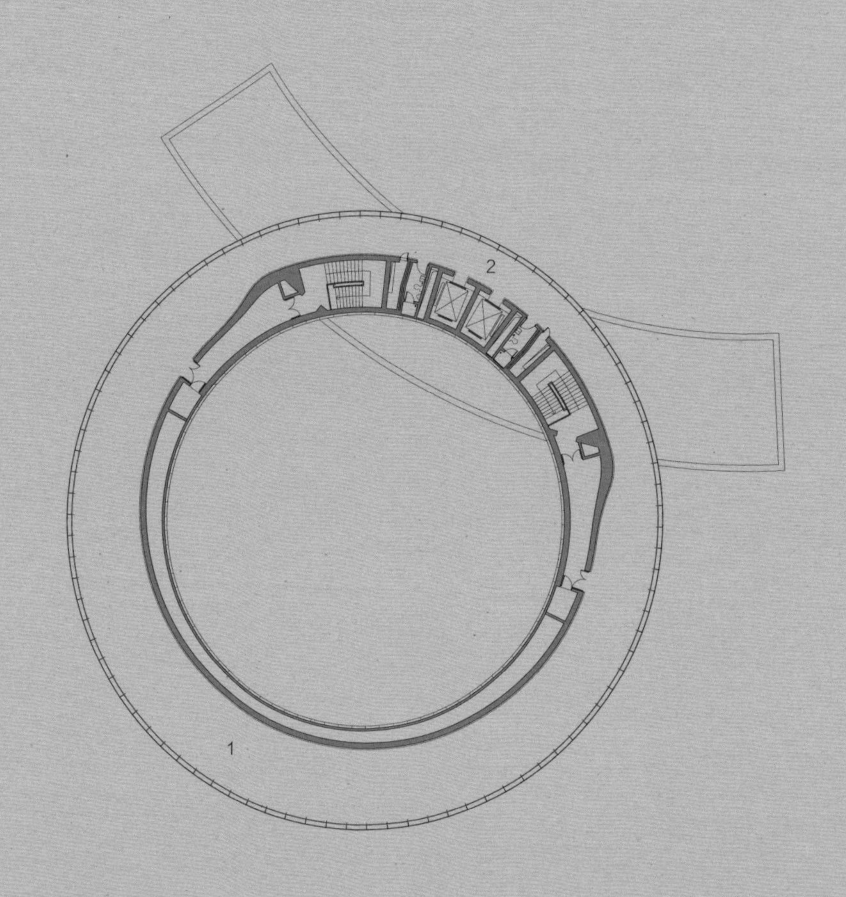

三层平面图

0 2 5 10

1. 展厅　2. 电梯厅

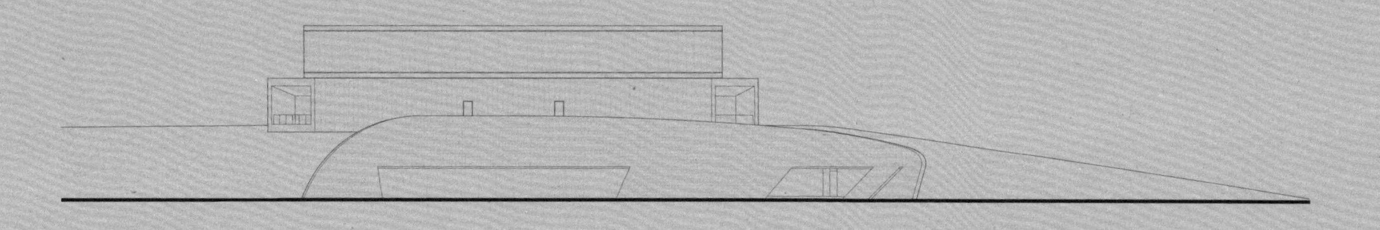

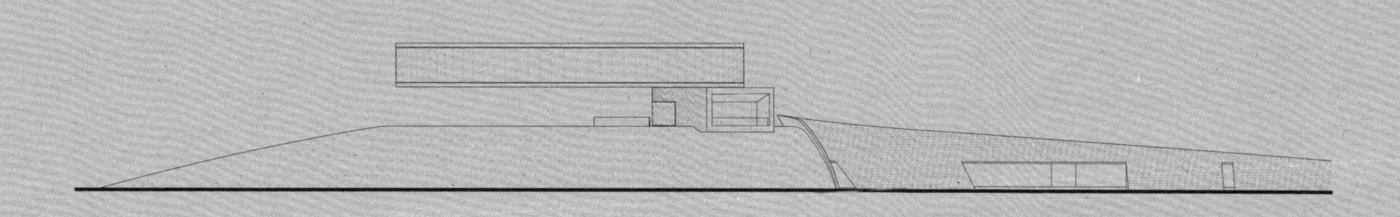

立面图

0 2 5 10

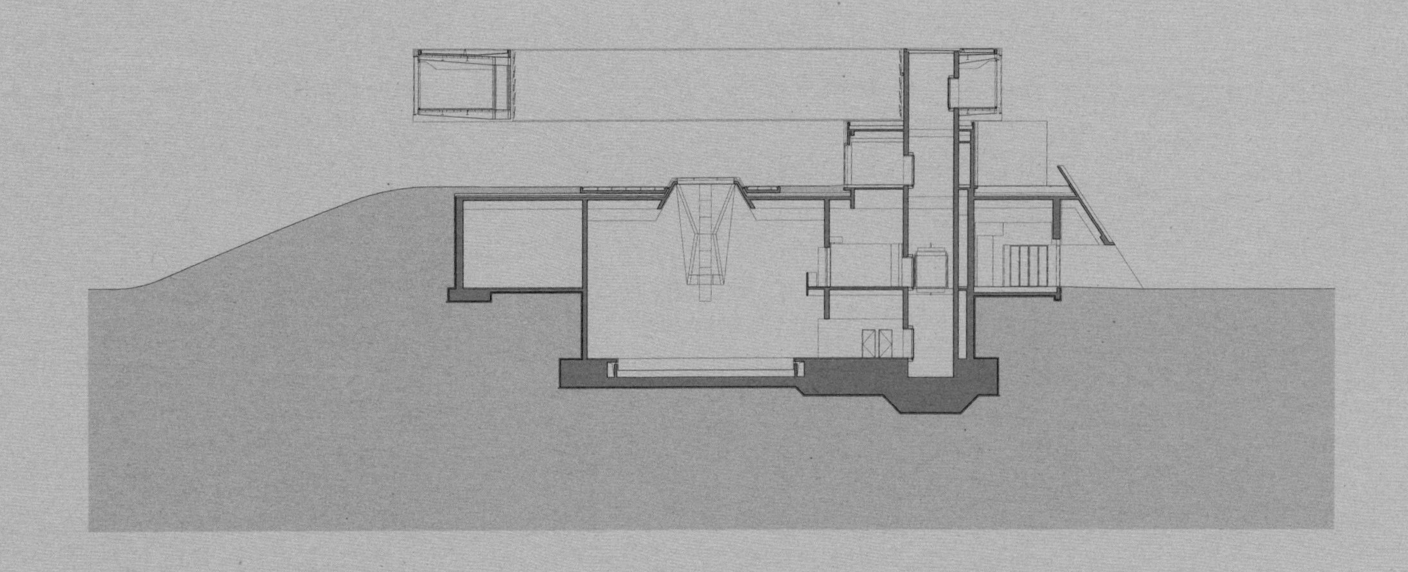

剖面图

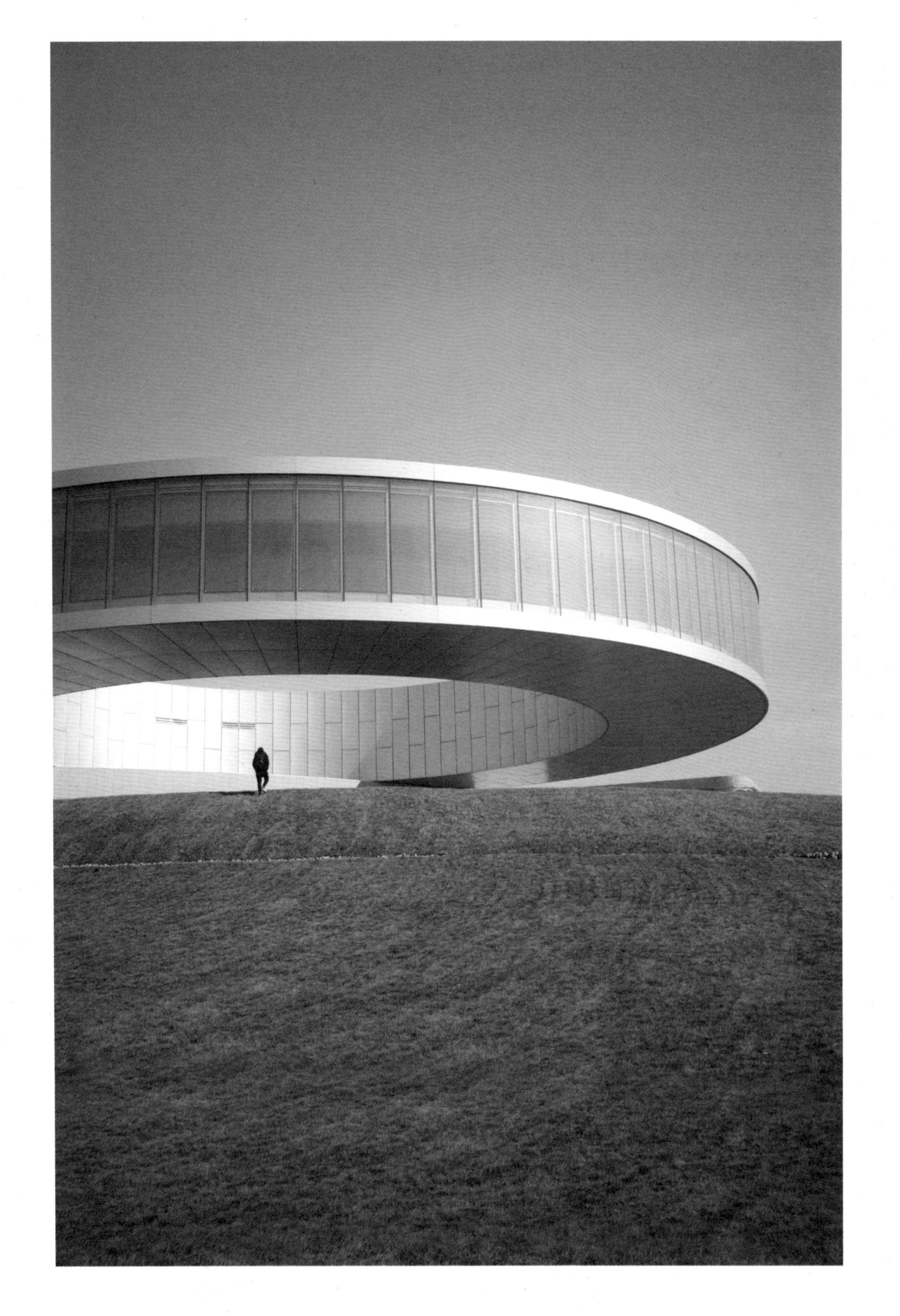

城市展馆

年表 Chronology

● 工程/PROJECT
○ 方案/PROPOSAL

○

望京高层办公方案

项目地点：北京市朝阳区
项目时间：1996
项目类型：办公建筑

●

北京国际金融大厦

项目地点：北京市西城区
项目时间：1998
项目类型：办公建筑
用地面积：18000m^2
建筑面积：103313m^2
设计团队：胡越、王安华、苑泉、齐伍辉、韩永康、徐斌、赵福田、于永明、胡又新

○

北京白塔寺核心区城市设计

项目地点：北京市西城区
项目时间：1998
项目类型：改造建筑

○

望京 mall

项目地点：北京市朝阳区
项目时间：1998
项目类型：商业建筑

○

厦门国际会展中心方案

项目地点：厦门市
项目时间：1999
项目类型：会展建筑

○

南京文化艺术中心方案

项目地点：南京市
项目时间：1999
项目类型：文化建筑

○

联想北京方案

项目地点：北京市
项目时间：1999
项目类型：办公建筑

○

银泰中心方案

项目地点：北京市
项目时间：2001
项目类型：办公建筑

●

望京高层住宅

项目地点：北京市朝阳区
项目时间：2002
项目类型：居住建筑
设计团队：胡越、苑泉、邰方晴、王婷、王皖兵、白冬、于永明、骆平

○

中关村文化商厦方案

项目地点：北京市海淀区
项目时间：2002
项目类型：办公建筑

○

东莞理工学院体育中心

项目地点：东莞市
项目时间：2002
项目类型：体育建筑

●

望京科技园二期

项目地点：北京市朝阳区
项目时间：2003
项目类型：办公建筑
用地面积：25916m^2
建筑面积：46297m^2
设计团队：胡越、邰方晴、王婷、王皖兵、白冬、于永明、孟秀芬、胡又新、甘虹、冯颖玫

●

秦皇岛体育馆

项目地点：秦皇岛市
项目时间：2003
项目类型：体育建筑
设计团队：马国馨、胡越、顾永辉、赵秀福、于永明、胡又新、吴亚君、甘虹、刘燕华、宋予晴、王小杰、薛沙舟、关效

○

檀香山项目方案

项目地点：北京市
项目时间：2005
项目类型：办公建筑

●

望京会所

项目地点：北京市朝阳区
项目时间：2005
项目类型：办公建筑
设计团队：胡越、郜方晴、王皖兵、骆平、于永明

○

五棵松文化体育配套设施方案

项目地点：北京市海淀区
项目时间：2006
项目类型：商业建筑

○

望京 E6、E7 地块办公楼方案

项目地点：北京市朝阳区
项目时间：2006
项目类型：办公建筑

○

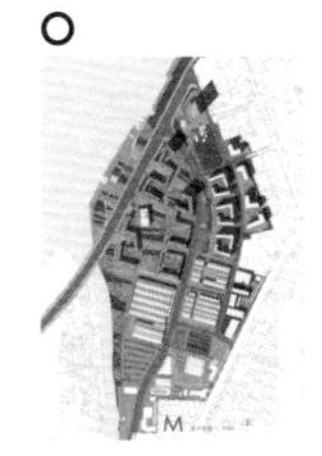

上海世博村方案

项目地点：上海市浦东新区
项目时间：2006
项目类型：会展建筑

●

五棵松棒球场

项目地点：北京市海淀区
项目时间：2007
项目类型：体育建筑
建筑面积：14360m^2
设计团队：胡越、顾永辉、孟峙、韩永康、王雪生、范珑、张野、胡又新、申伟、甘虹

○

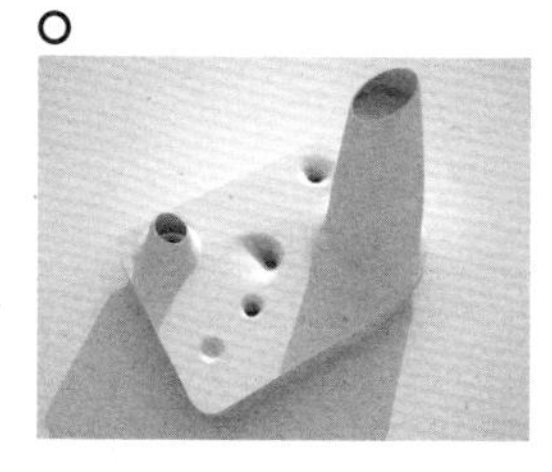

上海世博会国际组织馆方案

项目地点：上海市浦东新区
项目时间：2007
项目类型：会展建筑

○

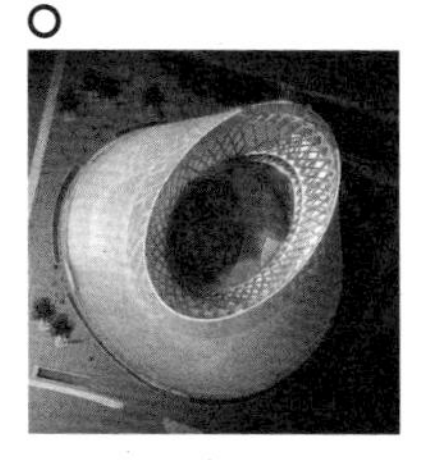

上海青浦新城 6 号地方案

项目地点：上海市
项目时间：2007
项目类型：办公建筑

●

上海青浦体育馆、训练馆改造

项目地点：上海市青浦区
项目时间：2007
项目类型：建筑改造
用地面积：5536m^2
建筑面积：8100m^2
设计团队：胡越、郜方晴、张燕平、薛沙舟、申伟

○

合兴仓库改造

项目地点：上海市浦东新区
项目时间：2007
项目类型：会展建筑

○

辽宁（营口）沿海产业基地社会经济服务行政中心方案

项目地点：营口市
项目时间：2008
项目类型：办公建筑

五棵松体育馆

项目地点：北京市海淀区
项目时间：2008
项目类型：体育建筑
用地面积：520000m²
建筑面积：63000m²
设计团队：胡越、顾永辉、邰方晴、齐五辉、范珑、胡又新、沈莉、薛沙舟、甘虹、罗靖、陈莉、申伟、高峰、闫峰、张燕平、游亚鹏、孟峙、柳颖秋、陈盛、张永莉

上海世博会欧洲四国馆方案

项目地点：上海市浦东新区
项目时间：2008
项目类型：会展建筑

上海世博会中国馆

项目地点：上海市浦东新区
项目时间：2008
项目类型：会展建筑

上海世博会亚洲六国馆

项目地点：上海市浦东新区
项目时间：2008
项目类型：会展建筑
设计团队：胡越、顾永辉、缪波、范波、张胜、王新、周有娣

怀柔下辛庄商务综合楼（初设、施工图）

项目地点：北京市怀柔区
项目时间：2008
项目类型：酒店建筑
设计团队：胡越、顾永辉、罗婧、孟峙、宋予晴、周笋、王雪生、薛沙舟、陈莉、秦鹏华、申伟、孙林

国际组织馆

项目地点：上海市浦东新区
项目时间：2008
项目类型：会展建筑

凤凰传媒中心方案

项目地点：北京市朝阳区
项目时间：2008
项目类型：办公建筑

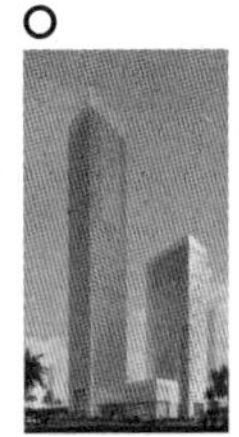

深圳南山高层方案

项目地点：深圳市南山区
项目时间：2008
项目类型：办公建筑

日照金融办公楼

项目地点：日照市
项目时间：2008
项目类型：办公建筑

泰康总部方案

项目地点：北京市
项目时间：2008
项目类型：办公建筑

杭州国际博览中心（方案、初设）

项目地点：杭州市萧山区
项目时间：2009
项目类型：会展建筑
设计团队：胡越、邰方晴、刘明骏、游亚鹏、王建海、袁晓东、冯婧萱、吕超、齐五辉、徐斌、沈莉、朱忠义、张琳、张燕平、马洪步、柳颖秋、徐宏庆、吕静、薛沙舟、陈莉、秦鹏华、富晖、石萍萍、杨一萍、胡又新、申伟、吴威、韩冬

望京地铁站方案

项目地点：北京市朝阳区
项目时间：2009
项目类型：市政建筑

●

污水处理厂

项目地点：北京市
项目时间：2009
项目类型：市政建筑
设计团队：胡越、邰方晴、林东利、王雁、冯骥、李瑞恒、甘虹

●

上海 2010 世博会 UBPA 办公楼改造

项目地点：上海市黄浦区
项目时间：2009
项目类型：建筑改造
用地面积：1562m^2
建筑面积：6052m^2
设计团队：胡越、邰方晴、孟峙、冯婧萱、范波、魏宇、陈蕾、任重、张谦、才喆、杜鹏

○

日照会所方案

项目地点：日照市
项目时间：2009
项目类型：办公建筑

○

天津渤龙湖（方案）

项目地点：天津市
项目时间：2009
项目类型：商业建筑
设计团队：胡越

○

北京延庆设计创意产业园贵宾接待中心

项目地点：北京市延庆区
项目时间：2010
项目类型：接待建筑

●

鄂尔多斯 2010（未竣工）

项目地点：鄂尔多斯市
项目时间：2010
项目类型：办公建筑
设计团队：胡越、邰方晴、赵默超、刘全、吕超

○

杭州“城市之门”

项目地点：杭州市萧山区
项目时间：2010
项目类型：办公建筑

●

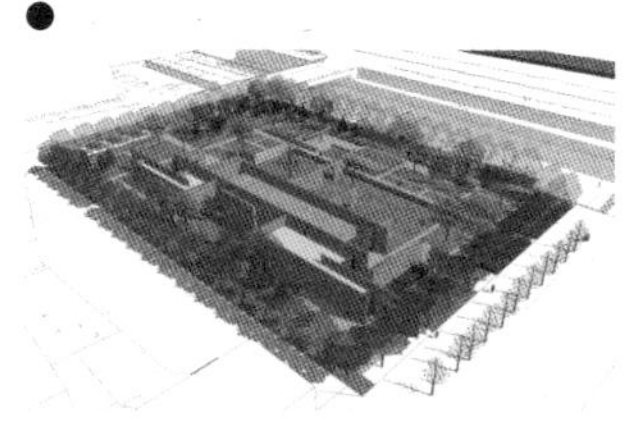

地安门变电站

项目地点：北京市
项目时间：2010
项目类型：市政建筑
设计团队：胡越、邰方晴、缪波

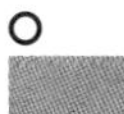

○

怀柔别墅

项目地点：北京市怀柔区
项目时间：2010
项目类型：居住建筑

○

北京明苑培训中心方案设计

项目地点：北京市
项目时间：2011
项目类型：办公建筑

○

国网电力科学研究院北京总部概念性规划方案

项目地点：北京市丰台区
项目时间：2011
项目类型：办公建筑

○

中国工艺美术馆

项目地点：北京市朝阳区
项目时间：2011
项目类型：展览建筑

国务院生产办公室综合楼改造概念方案设计

项目地点：北京市西城区
项目时间：2011
项目类型：办公建筑

北京市人大办公楼方案

项目地点：北京市
项目时间：2011
项目类型：办公建筑

邢台接待中心方案

项目地点：邢台市
项目时间：2011
项目类型：办公建筑

北京建筑工程学院新校区学生综合服务楼

项目地点：北京市大兴区
项目时间：2011
项目类型：多功能厅
用地面积：5567.31m²
建筑面积：4443.19m²
设计团队：胡越、邰方晴、张晓茜、张俏、唐强、田新潮、程春辉、王旭

杭州奥体中心上盖方案

项目地点：杭州市萧山区
项目时间：2011
项目类型：办公建筑

邢台办公楼

项目地点：邢台市
项目时间：2011
项目类型：办公建筑

甘肃武威市罗什寺片区黄土民居改造概念设计

项目地点：甘肃省武威市
项目时间：2012
项目类型：改造建筑

富华长安运河中心项目（北区）概念规划设计

项目地点：北京市通州区
项目时间：2012
项目类型：商业建筑

金宝街 6# 地高端旗舰店方案设计

项目地点：北京市东城区
项目时间：2012
项目类型：商业建筑

平谷区马坊镇芳锦园 21 号别墅

项目地点：北京市昌平区
项目时间：2013
项目类型：居住建筑
设计团队：胡越、邰方晴、刘全、周迪峰、马洪步、杨冰、陈莉、葛昕、孙林、吴威

平谷区马坊镇芳轩园 21 号别墅

项目地点：北京市昌平区
项目时间：2013
项目类型：居住建筑
设计团队：胡越、邰方晴、刘亚东、鲍蕾、张博、马洪步、杨育臣、薛沙舟、赵墨、孙林、吴威

平谷区马坊镇汇景湾售楼处

项目地点：北京市平谷区
项目时间：2013
项目类型：综合楼
用地面积：3200m²
建筑面积：5258m²
设计团队：胡越、邰方晴、林东利、张晓茜、杨剑雷、刘亚东、奚琦、葛昕、赵默、吴威

港珠澳大桥珠海口岸方案设计

项目地点：广东省珠海市
项目时间：2013
项目类型：综合建筑

广安一期城市设计方案

项目地点：北京市西城区
项目时间：2013
项目类型：综合建筑

国家羽毛球、游泳跳水晋江训练基地设计方案

项目地点：福建省晋江市
项目时间：2013
项目类型：体育建筑

杭州市萧山区市民服务中心

项目地点：杭州市萧山区
项目时间：2013
项目类型：综合建筑

2015 年意大利米兰世博会中国馆方案设计

项目地点：意大利米兰
项目时间：2013
项目类型：展览建筑

牛首山“精舍”

项目地点：南京市江宁区
项目时间：2013
项目类型：酒店建筑

首都儿科研究所西所科研楼方案设计

项目地点：北京市西城区
项目时间：2013
项目类型：科研建筑

妫河示范街区

项目地点：北京市延庆区
项目时间：2013
项目类型：办公建筑

平谷马坊镇 A 地块双拼住宅

项目地点：北京市昌平区
项目时间：2014
项目类型：居住建筑
设计团队：胡越、邰方晴、林东利、冯婧萱、吕超、马洪步、杨冰、薛沙舟、葛昕、吴威、张林

平谷区马坊镇汇景湾芳轩园多、高层住宅

项目地点：北京市平谷区
项目时间：2014
项目类型：居住建筑
用地面积：77965m^2
建筑面积：196445m^2
设计团队：胡越、邰方晴、林东利、曹阳、张晓茜、吕超、项曦、刘亚东、喻凡石、鲍蕾、张博、马洪步、杨育臣、薛沙舟、赵墨、葛昕、林坤平、孙林、吴威

霸州市南燕家务城中村改造

项目地点：廊坊市霸州市
项目时间：2014
项目类型：居住建筑

京津合作示范区示范性办公基地方案

项目地点：天津市宁河区
项目时间：2014
项目类型：办公建筑

郑州航空港河西幼儿园

项目地点：郑州市新郑市
项目时间：2014
项目类型：教育建筑

京津冀服装科技中心

项目地点：石家庄正定新区
项目时间：2014
项目类型：综合建筑

北京商务中心区核心区总体概念规划设计

项目地点：北京市朝阳区
项目时间：2014
项目类型：综合建筑

道仑毛杜嘎查新牧区示范点

项目地点：内蒙古道仑毛杜嘎查
项目时间：2014
项目类型：乡村建筑

金蝶深圳软件园二期方案设计

项目地点：深圳市南山区
项目时间：2014
项目类型：办公建筑

郑州航空港河西邻里中心

项目地点：郑州市新郑市
项目时间：2014
项目类型：综合建筑

海淀北部地区集体产业用地 X3 地块概念性方案

项目地点：北京市海淀区
项目时间：2015
项目类型：办公建筑

通州核心区彩虹之门规划设计方案

项目地点：北京市通州区
项目时间：2015
项目类型：办公建筑

成都高新区 GX2011-02-03 地块设计

项目地点：成都市高新区
项目时间：2015
项目类型：综合建筑

西安市西八里村综合改造项目 DK-1 地块规划与概念方案

项目地点：西安市雁塔区
项目时间：2015
项目类型：办公建筑

前门东区草场四合院改造 -19 号院

项目地点：北京市东城区
项目时间：2015
项目类型：建筑改造
用地面积：494.4m^2
建筑面积：356m^2
设计团队：胡越、邰方晴、姜然、吴汉成、赵默超

前门东区草场四合院改造 -8 号院

项目地点：北京市东城区
项目时间：2015
项目类型：建筑改造
用地面积：90.8m^2
建筑面积：79.4m^2
设计团队：胡越、邰方晴、姜然、吴汉成、赵默超

○

中关村集成电路设计园概念方案

项目地点：北京市海淀区
项目时间：2015
项目类型：办公建筑

○

伍拾仁温泉度假村

项目地点：北京市延庆区
项目时间：2015
项目类型：酒店建筑

○

西安东小寨钟元厂片区棚户区改造

项目地点：西安市雁塔区
项目时间：2016
项目类型：办公建筑

○

楼纳建筑公社

项目地点：贵州省兴义市
项目时间：2016
项目类型：乡村建筑

●

西安市雁塔区城市设计

项目地点：西安市雁塔区
项目时间：2016
项目类型：城市设计
设计团队：胡越、顾永辉、陈寅、徐洋、高菲、温喆、张敬南、石鑫

●

平谷区马坊镇汇景湾芳锦园高层住宅

项目地点：北京市平谷区
项目时间：2016
项目类型：居住建筑
用地面积：60390m²
建筑面积：152146m²
设计团队：胡越、邰方晴、林东利、曹阳、张晓茜、项曦、刘亚东、沈沉、马洪步、李国强、奚琦、陈莉、葛昕、孙林、吴威、赵洁

○

法国巴黎 · 中国之家

项目地点：法国巴黎
项目时间：2017
项目类型：居住建筑

○

顺义棒球公园

项目地点：北京市顺义区
项目时间：2017
项目类型：体育建筑

○

鄂旅投 · 荆街“新城古韵区”建筑方案设计

项目地点：武汉市洪山区
项目时间：2017
项目类型：商业建筑

●

妫河创意园区污水处理站

项目地点：北京市延庆区
项目时间：2017
项目类型：公共建筑
用地面积：6327m²
建筑面积：259m²
设计团队：胡越、邰方晴、张晓茜、刘军、张成、逄京、刘凯、刘冬云

●

北京妫河建筑创意区综合管理用房

项目地点：北京市延庆区
项目时间：2017
项目类型：公共建筑
用地面积：9436m²
建筑面积：6257m²
设计团队：胡越、邰方晴、项曦、冯阳、刘军、陈宇、王威、李硕、张晨、郭琦、逄京

○

北京建筑大学大兴校区校园提升设计

项目地点：北京市大兴区
项目时间：2017
项目类型：教育建筑

●

未来科技城公园访客中心

项目地点：北京市昌平区
项目时间：2018
项目类型：公共建筑
用地面积：3716.76m²
建筑面积：886.5m²
设计团队：胡越、邰方晴、吕超、陈威、王西西、项曦、江洋、耿海霞、刘扬、李婷、鲁冬阳、张成、刘沛、裴雷

○

昌平体育中心

项目地点：北京市昌平区
项目时间：2018
项目类型：体育建筑

○

局里书屋

项目地点：北京市洪山区
项目时间：2018
项目类型：乡村建筑

●

威海市东部滨海新城五渚河生活区公共服务设施

项目地点：山东省威海市
项目时间：2018
项目类型：公共服务综合体
用地面积：29035m²
建筑面积：85998m²
设计团队：胡越、邰方晴、林东利、赵默超、王宏睿、项曦、吴汉成、温喆、奚琦、杨育臣、许洋、杨晓宇、赵墨、严一、旷汶涛、杨奕、张曦

○

前门东区集群设计

项目地点：北京市东城区
项目时间：2018
项目类型：改造建筑

○

温州滨江商务区金融广场

项目地点：温州市鹿城区
项目时间：2019
项目类型：综合建筑

○

邢台大剧院

项目地点：邢台市襄都区
项目时间：2019
项目类型：文化建筑

●

2019 中国北京世界园艺博览会国际馆

项目地点：北京市延庆区
项目时间：2019
项目类型：展览建筑
建筑面积：22000m²
设计团队：胡越、邰方晴、游亚鹏、刘全、马立俊、耿多、杨剑雷、冯婧萱、徐洋、温喆、陈彬磊、江洋、马凯、常莹莹、黄中杰、李婷、杨勇、陈辉、金汉、丁博伦、周文静、徐宏庆、鲁冬阳、张杰、刘沛、赵煜、王熠宁、张成、潘硕、郑克白、郭玉凤、胡笑蝶、郭佳鑫、裴雷、韩京京、田梦、张松华、贾燕彤、赵亦宁、苑丁、杜倩、靳丽新、王国胜、杨彩青、张爽、陈玖玖

●

昌平体育公园

项目地点：北京市昌平区
项目时间：2019
项目类型：体育建筑
设计团队：胡越、邰方晴、王西西

○

北京大兴国际机场临空经济区发展服务中心

项目地点：北京市大兴区
项目时间：2020
项目类型：综合建筑

○

北京建院张家湾新总部

项目地点：北京市通州区
项目时间：2020
项目类型：办公建筑

○

中国人民大学通州校区

项目地点：北京市通州区
项目时间：2020
项目类型：教育建筑

中国驻非盟使团新建馆舍工程

项目地点：埃塞俄比亚的斯亚贝巴
项目时间：2020
项目类型：办公建筑

中国电科成都产业基地概念规划设计方案

项目地点：成都市双流区
项目时间：2020
项目类型：城市设计

中联水泥（山东）研发中心大楼项目（概念方案阶段）

项目地点：济南市长清区
项目时间：2020
项目类型：办公建筑
设计团队：胡越、游亚鹏、赵默超、张安翔

中建三局 · 大兴之星办公总部

项目地点：北京市大兴区
项目时间：2020
项目类型：办公建筑
用地面积：23639m^2
建筑面积：120259m^2
设计团队：胡越、游亚鹏、于春辉、陈寅、卢超、卢清刚、刘长东、刘华、张爱勇、江雅卉、李佳庆、于越、刘洁、魏尧、周彦卿

南京鲁能美高梅美荟酒店

项目地点：南京市江宁区
项目时间：2020
项目类型：酒店建筑
用地面积：20318.01m^2
建筑面积：33102.14 m^2
设计团队：胡越、顾永辉、郜方晴、冯婧萱、王西西、杨剑雷、孙冬喆、杨育臣、杨晓宇、薛沙舟、尹航、骆平、马云飞、李胜奇、赵默、严一、申伟、吴威

北京未来设计园区（铜牛地块老旧厂房改造项目一期）办公楼

项目地点：北京市通州区
项目时间：2021
项目类型：办公建筑
用地面积：51700m^2
建筑面积：2989.24m^2
设计团队：胡越、郭少山、游亚鹏、吴英时、马立俊、郭宇龙、孙冬喆、卜倩、杨剑雷、谌晓晴、于猛、马文丽、张连河、曾若浪、贺进城、王晖、易玉超、马金、刘晨

北京未来设计园区（铜牛地块老旧厂房改造项目一期）成衣车间

项目地点：北京市通州区
项目时间：2021
项目类型：改造建筑
用地面积：51700m^2
建筑面积：8312.70m^2
设计团队：胡越、郭少山、游亚鹏、吴英时、马立俊、杨剑雷、孙冬喆、郭宇龙、卜倩、谌晓晴、于猛、张连河、马文丽、曾若浪、贺进城、王晖、易玉超、刘晨、马金

北京未来设计园区（铜牛地块老旧厂房改造项目一期）食堂改造

项目地点：北京市通州区
项目时间：2021
项目类型：改造建筑
用地面积：51700m^2
建筑面积：1659.57m^2
设计团队：胡越、郭少山、游亚鹏、吴英时、马立俊、郭宇龙、孙冬喆、卜倩、杨剑雷、谌晓晴、于猛、马文丽、张连河、曾若浪、贺进城、王晖、易玉超、马金、刘晨

南礼士路 62 号院 BIAD 之眼

项目地点：北京市西城区
项目时间：2020
项目类型：服务建筑

八里庄电建总部办公（方案一）

项目地点：北京市
项目时间：2021
项目类型：办公建筑

八里庄电建总部办公（方案二）

项目地点：北京市
项目时间：2021
项目类型：办公建筑

重庆广阳湾智创生态城长江工业园城市更新设计

项目地点：重庆市南岸区
项目时间：2021
项目类型：城市设计

重庆广阳湾智创生态城 – 牛头山“绿中游”

项目地点：重庆市南岸区
项目时间：2021
项目类型：乡村建筑

重庆广阳湾智创生态城 – 牛头山“林中行”

项目地点：重庆市南岸区
项目时间：2021
项目类型：乡村建筑

重庆广阳湾智创生态城 – 牛头山“临江驿”

项目地点：重庆市南岸区
项目时间：2021
项目类型：乡村建筑

重庆广阳湾智创生态城城乡融合规划 – 苟家咀村创意汇

项目地点：重庆市南岸区
项目时间：2021
项目类型：乡村建筑

重庆广阳湾智创生态城城乡融合规划 – 银湖村乡村市集

项目地点：重庆市南岸区
项目时间：2021
项目类型：乡村建筑

重庆广阳湾智创生态城 – 牛头山总部基地

项目地点：重庆市南岸区
项目时间：2021
项目类型：办公建筑

广州桥西小学（方案一）

项目地点：广州市
项目时间：2021
项目类型：教育建筑

上庄镇更新和高新科技论坛会址规划设计

项目地点：北京市
项目时间：2021
项目类型：改造建筑

河南第四安置区住宅

项目地点：郑州市新郑市
项目时间：2021
项目类型：居住建筑
用地面积：400000m²
建筑面积：1050000m²
设计团队：胡越、邰方晴、林东利、马立俊、陈威、陈寅、于春辉、刘全、王宏睿、成延伟、郭宇龙、耿多、项曦、姜然、吴汉成、赵默超、喻凡石、高菲、徐洋、刘会兴、张晧、段立华、李乐、宋立军、秦乐、周冰、刘莅川、马敬友、赵雪冰、高金、张偲、梁爽、杨城硕、王飞、袁美玲、王磊、李静、王谛、马楠、张建亮、徐东、孙传波、俞振乾、张磊、许山、蔡正康、孙洁、段晓敏、沈逸赉、张辉、陈浩华、蔡正康、吕晓薇、王玉超、马世谦、苑海兵、郭金超、贾宇超、胡安娜、罗明、彭军、方蓬蓬、唐睿睿、尹玉洁、富饶、牟旸、吴丹、王朔、孙慧一、王亚菲、包鑫萍

北京国际戏剧中心

项目地点：北京市东城区
项目时间：2021
项目类型：观演建筑
用地面积：17755m²
建筑面积：23026m²
设计团队：胡越、游亚鹏、陈威、赵默超、邰方晴、梁雪成、陈向飞、吴爽、张燕平、奚琦、杨晓宇、马云飞、杨育臣、薛沙舟、赵墨、严一、申伟、吴威、张林、林东利、杨剑雷、吕超、喻凡石、高菲

新大都园区鸭王饭店楼改造

项目地点：北京市西城区
项目时间：2021
项目类型：建筑改造
用地面积：3571.3m²
建筑面积：39431.1m²
设计团队：胡越、游亚鹏、王宏睿、徐洋、郭宇龙、江洋、贺阳、陈辉、翁思娟、崔春月、王娟、薛登月

城市绿心配套服务设施（保留建筑）- 造纸七厂

项目地点：北京市通州区
项目时间：2021
项目类型：文化建筑
用地面积：15100m^2
建筑面积：5438m^2
设计团队：胡越、游亚鹏、陈向飞、耿多、张安翔、倪晨辉、陈辉、刘晓茹、潘硕、王焕舒、田梦

城市绿心配套服务设施（保留建筑）- 东亚铝业

项目地点：北京市通州区
项目时间：2021
项目类型：体育 / 酒店 / 饮食建筑
用地面积：25798.687m^2
建筑面积：19140m^2
设计团队：胡越、游亚鹏、于春晖、卢超、耿多、陈辉、刘晓茹、陈佳宁、韩京京、田梦、周彦卿、潘硕、王焕舒

城市绿心配套服务设施（保留建筑）- 民国院子

项目地点：北京市通州区
项目时间：2021
项目类型：文化建筑
用地面积：1790.54m^2
建筑面积：486m^2
设计团队：胡越、梁雪成、陈辉、刘晓茹、潘硕、田梦

山东大学龙山校区（创新港）概念性总体规范方案

项目地点：济南市
项目时间：2021
项目类型：教育建筑

崇文门饭店改造

项目地点：北京市
项目时间：2021
项目类型：酒店建筑

新大都饭店改造（1 号楼）

项目地点：北京市西城区
项目时间：2021
项目类型：改造建筑
用地面积：3571.3m^2
建筑面积：39431m^2
设计团队：胡越、游亚鹏、郭宇龙、王宏睿、徐洋

国家速滑馆

项目地点：北京市朝阳区
项目时间：2021
项目类型：体育建筑
设计团队：胡越、郑方、孙卫华、黄越、董晓玉、何荻、崔伟、陈彬磊、王哲、杨育臣、奚琦、段世昌、徐宏庆、林坤平、李丹、陈盛、孙成群、申伟、刘洁、张林 杨帆

杭州奥体中心体育游泳馆

项目地点：杭州市萧山区
项目时间：2022
项目类型：体育建筑
用地面积：227900m^2
建筑面积：396950m^2
设计团队：胡越、邰方晴、顾永辉、游亚鹏、曹阳、于春晖、孟峙、缪波、冯婧萱、杨剑雷、徐洋、王宏睿、张安翔、沈莉、张燕平、李国强、马洪步、奚琦、杨育臣、徐宏庆、郑克白、祁峰、张成、刘晓茹、胡又新、张永利、吴威、景蜀北

姑射山庄（方案一）

项目地点：临汾市
项目时间：2022
项目类型：酒店建筑

姑射山庄（方案二）

项目地点：临汾市
项目时间：2022
项目类型：酒店建筑

红星厂改造项目

项目地点：霍州市
项目时间：2022
项目类型：改造建筑

金钩漫上

项目地点：霍州市
项目时间：2022
项目类型：乡村建筑

○

七里峪村

项目地点：霍州市
项目时间：2022
项目类型：乡村建筑

●

河南第四安置区中小学

项目地点：郑州市新郑市
项目时间：2022
项目类型：教育建筑
用地面积：31519m²（中学）、24303.5m²（小学）
建筑面积：19348m²（中学）、11697.42m²（小学）
设计团队：胡越、陈威、陈寅、项曦、王宏睿、高菲、温喆、张皓、周冰、张建亮、孙洁、蔡正康、孟桃、苑海兵、王振、罗明、彭军、尹玉洁、吴丹、孙慧一、包鑫萍、富饶、乔丽霞

○

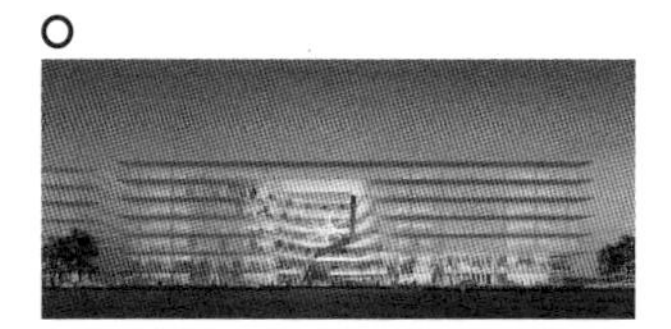

环球建筑科创广场暨 2025 新总部

项目地点：北京市通州区
项目时间：2022
项目类型：办公建筑

●

礼士工坊

项目地点：北京市西城区
项目时间：2022
项目类型：服务建筑
设计团队：赵默超、王宏睿、陈寅、燕钊、马振宇

○

北京建院院史馆空间及展陈概念方案设计

项目地点：北京市西城区
项目时间：2022
项目类型：改造建筑

●

京津合作示范区示范性办公基地一期

项目地点：天津市宁河区
项目时间：2023
项目类型：办公建筑
用地面积：38411.7m²
建筑面积：49751.85m²
设计团队：胡越、游亚鹏、陈威、王西西、赵默超、张安翔、贺阳、付良辰、袁国苗、赵亦宁、魏琳、刘双、周彦卿、夏子言、段茜

●

京津合作示范区城市展馆－展馆

项目地点：天津市宁河区
项目时间：2023
项目类型：展览建筑
用地面积：15985m²
建筑面积：9705m²
设计团队：胡越、游亚鹏、杨剑雷、陈威、喻凡石、卜倩、江洋、贺阳、孙柯、赵亦宁、魏琳、刘双、周彦卿、夏子言、段茜

●

光谷总部中心

项目地点：湖北省武汉市
项目时间：2023
项目类型：办公商业综合体建筑
用地面积：26274m²
建筑面积：136904m²
设计团队：胡越、郜方晴、马立俊、陈向飞

●

天津于家堡高层（未竣工）

项目地点：天津市滨海新区
项目类型：办公建筑
设计团队：胡越、郜方晴、游亚鹏、于春辉、沈莉、张燕平、鲍蕾、薛沙舟、陈莉、秦鹏华、申伟、杨一平、韩冬

●

昌平未来科技城展示中心（未竣工）

项目地点：北京市昌平区
项目类型：文化建筑
设计团队：胡越、郜方晴、陈威、杨剑雷、赵默超、陈彬磊、李占伟、金汉、潘硕、夏澄元、窦玉、李曼、周彦卿、赵亦宁

●

成都红仓禾创二期（未竣工）

项目地点：成都市成华区
项目类型：综合建筑
设计团队：胡越、游亚鹏、王西西、陈向飞、陈寅、卜倩、于春辉、孙冬喆、赵锁慧、李明川、郭晓阳、李懿霏、郑勤、李骄、苏鹏、李文钧、周西玲、王安梅、雷晓东、李兵、杨得钊、李春荣

●

成都国宝剧场（未竣工）

项目地点：成都市成华区
项目类型：商业建筑
设计团队：胡越、游亚鹏、陈威、陈寅、梁雪成、倪晨辉、王小龙、严重、郑方、李明川、赵锁慧、郭晓阳、李懿霏、李骄、何荣、黄雨薇、王安梅、杨帆、陆星宇、袁申林、胡天林、李奇英、杨得钊、周伟军

成都建工集团成华基地项目（未竣工）

项目地点：成都市成华区
项目类型：综合建筑
设计团队：胡越、游亚鹏、郭宇龙、王西西、王宏睿、卜倩、李明川、赵锁慧、毕洋、郭晓阳、冉光杰、彭英才、魏聪、李懿霏、王安梅、秦凯、刘礼、袁申林、杨得钊、周伟军

姑射山庄（未竣工）

项目地点：临汾市
项目类型：酒店建筑
设计团队：胡越、游亚鹏、陈威、耿多、陈寅、燕钊、倪晨辉、卜倩

姑射山庄—游客中心（未竣工）

项目地点：临汾市
项目类型：服务建筑
设计团队：胡越、游亚鹏、燕钊

后 记

本书是工作室二十年设计实践的总结。2003年工作室成立伊始，出于创新的需求，我已经开始关注设计方法论。凭借在国有大院的先天优势，我从毕业开始就参与了一系列国家重要工程的设计工作，这类工程主要是为国际重大赛事设计场馆，而这些场馆的会后韧性问题非常突出。带着这个问题，结合对设计方法的研究，我逐渐将工作的重心转向广义韧性建筑。在关于广义韧性建筑的研究中，我把关注点从传统的安全韧性扩展到应对各种变化的综合韧性上，特别注重在广义韧性建筑设计中提升建筑设计的品质。通过服务国家重大建设需求，我提出了整体的广义韧性建筑理论和设计方法。设计方法是基于对设计流程，特别是中国传统建筑设计流程的研究，并提出了以法则性设计为基础的科学设计方法。该方法可以在方法论上保障普通建筑的韧性能力。在服务国家重大建设需求时，除解决大场馆的韧性问题外，我还持续关注城市更新中的建筑韧性能力提升问题。通过在设计流程的设计输入环节研究建筑的普遍性问题，我总结了14个具体方法用来提升建筑的韧性能力。

在本书的编写过程中，工作室的游亚鹏和冯颖负责统筹工作，工作室梁雪成、卢超和张安翔负责排版工作，他们为本书的出版做出了突出的贡献。另外工作室相关同志和我的三位研究生在图纸绘制和文字介绍上也给予了支持，在这里一并表示感谢。
本书虽然由我撰写，但如果没有工作室全体同仁在项目上做出的贡献，没有相关专业工程师、分包设计单位、顾问公司、业主和施工单位以及材料供应商的大力支持，本书也难以成形。
最后衷心感谢我的妻子和儿子对我的关爱。
感谢北京建筑大学对本书出版的大力支持。

胡越 2023年6月6日